ライブラリ レシピ de 演習【物理学】＝2

レシピ de 演習 電磁気学

轟木 義一 著

サイエンス社

本文・カバーイラスト：SAGAE DESIGN　寒河江厚史

サイエンス社のホームページのご案内
https://www.saiensu.co.jp
ご意見・ご要望は　rikei@saiensu.co.jp　まで.

まえがき

本書はライブラリ レシピ de 演習［物理学］力学の続編であり，力学を学んだ後の大学 1, 2 年生を対象とした，電磁気学の自習用や授業補助教材である．このライブラリは，何ステップもある問題を料理レシピのように１つ１つ順を追っていくことで解けるようになることを目指しており，以下の３点の特長がある．

- 料理レシピのように問題を解く手順が明確に示されている．
- 「基本例題メニュー」と「実践例題メニュー」という２つの例題を用意し，基本例題メニューで学んだ後に，基本例題メニューを真似て実践例題メニューを行うことで理解を確認できる．
- 重要なポイントや間違いやすい箇所が，吹き出しで示されている．

本書においても問題解答では順を追えば理解できるように，できるだけ途中計算を示してある．

ところで，皆さんは電磁気学に対してどのような印象をもっているだろうか．高校物理を学んだならば，高校物理の教科書には多くの公式が記載されており，それらを覚える必要がある科目だと誤解しているかもしれない．しかし，実際には高校物理で学ぶ多くの公式はわずかな基本法則から導き出せるのである．この誤った印象は，大学物理の電磁気学を用いて高校物理の公式を基本法則から導くことで解決できる．本書では難しい数学を避けつつも，高校物理での印象が変わるように，できる範囲で高校物理の公式の間のつながりを意識できるような演習問題を揃えてある．

また，高校物理の電磁気学を学んだ過程で生じたであろう疑問にも対応している．例えば，「電子と同じ速度で移動する観察者が電流をどのように観測するのか（問題 5.1 の解答）」，「ローレンツ力において作用・反作用の法則が成り立たないのはなぜか（91 ページの解説）」，「同じ方向に電流が流れる平行導線には引力が作用するが，電流の大きさを保ったまま導線を近づけるとなぜ磁気エネルギーが増加するのか（問題 6.13）」といった疑問である．これらの疑問の答えは初学者には難しいため，高校物理の教科書や初学者向けの本にはあまり書かれていない．本書は具体的な例や簡単な解説を通して，このような問題に対する解答も理解できるように工夫してある．

さらに，本書は同レベルの演習書に比べて電気回路（第 4 章 直流回路，第 7 章交流回路）の内容がやや充実している．これは高校物理とのつながりを意識していることと，工学系の学生が使用することを想定しているからである．また，工学系の学生を想定しているという理由から，演習問題としては指数計算が面倒だが，回路計算において電流値などを実際に扱うものと近い値にしてある．なお，必要がなければ電気回路の部分については，読み飛ばしても問題ない．

本書では，基本的な問題だけでは物足らない読者のために，発展的なトピックや計算が大変な問題を**【チャレンジ問題】**として用意した．余力がある場合にはチャレンジするとよいだろう．

一方で，一部のトピックは割愛している．例えば，ビオ–サバールの法則とアンペールの法則の関係やベクトルポテンシャルの導入，マクスウェル方程式の微分形などは，著者がベクトル解析を用いないでそれらを説明する能力に欠けているために，本書には含まれていない．高校物理では扱っている非オーム抵抗，半導体，磁気力に関するクーロンの法則等も紙面の都合上含まれていない．また，交流回路では複素数を使用していないために，計算がやや煩雑になっていることも白状しておく．これらの内容については，本書で学んだ後に，より高度な教科書で学ぶとよいだろう．

コロナ禍の影響もあり，本書の完成までに時間がかかってしまった．しかし，その分，オンライン授業での学生からのフィードバックを活かして，良い内容に仕上げられたと考えている．有益なフィードバックをしてくれた千葉工業大学応用化学科の電磁気学の受講生に感謝したい．また，本書の親しみあるイラストを描いていただいた，千葉工業大学大学院工学研究科デザイン科学専攻修了生の寒河江厚史氏（SAGAE DESIGN）に感謝したい．この本が完成するまでの長い道のりで，編集者の田島伸彦氏と鈴木綾子氏と仁平貴大氏には熱心にサポートしていただいた．本書が完成できたのは皆さんのサポートのおかげである．その熱意に感謝の意を表したい．

2024 年 1 月

轟木義一

目　　次

本書で学習するにあたって

本書は「初心者でもレシピ通りやれば基本料理が完成する」を目標にまとめられています．

例題は次の順で構成されています．

【1 例題メニュー】→【2 材料】→【3 レシピと解答】

【1 例題メニュー】
お手軽メニューからパンチの効いたメニューまでを揃えました．
どれも選りすぐりの絶品メニューです．
【2 材料】
必要な公式・定理・法則などを紹介します．特別な材料は必要ありません．
また料理中に「材料が無い」と慌てて調達に走ることもありません．
【3 レシピと解答】
Step1 , Step2 , . . . と料理レシピのような手順で解説しています．
お料理は突然出来上がりません．途中のやり方もしっかり確認できるとびっきりの秘伝レシピです．

なお，例題メニューは次の 2 種類があります．
基本例題メニュー のレシピでまずはお手本を確認しましょう．

実践例題メニュー でお料理を自分で作ってみましょう．ポイントになるところは空欄です．実際に書き込んでみるのもいいでしょう．

基本例題メニュー ，**実践例題メニュー** にある難易度の表記も参考にしてください．
★☆☆は初心者向きのお手軽メニューです．レシピをしっかりマスターしてください．
★★☆は少し難しいピリ辛メニューです．レシピはやや難しくなりますが落ち着いて取り組んでください．
★★★は難易度の高いパンチの効いたメニューです．レシピは Step の数が多いのですが，おいしいお料理ができますのでチャレンジしてください．

レシピ通りにやれば，どんなお料理もおいしく完成します．
せっかくのレシピをみるだけではもったいないので，ぜひ自分で作って味わってください．

第1章 電　荷

この章では，まず，電荷に関する基本的な性質について学ぼう．次に，点電荷間に働く力の法則であるクーロンの法則を学ぼう．

1.1 電　荷

電　荷　物体は正と負の値をもつ**電荷**（でんか）という性質をもっている．同符号の電荷をもつ物体の間には**斥力**（せきりょく）（反発力）が働き，異符号の電荷をもつ物体の間には引力が働く．電荷を定量的に表すとき，**電気量**（でんきりょう）という言葉を用いる．「電荷 Q」と，「電気量 Q の電荷」は同じことを意味する．物体が電荷をもっているとき，物体は**帯電**（たいでん）しているという．また，帯電した物体を大きさを無視して考えるとき，それを**点電荷**（てんでんか）という．

> 電荷の符号の「正」，「負」というのは人間が勝手に決めたもので正負の定義が全く逆であっても現象は変わらないということに注意しましょう．

電荷の単位　全ての物体は原子からできている．原子は，正の電荷をもつ陽子を含んだ原子核と，負の電荷をもつ電子からなる．陽子または電子のもつ電気量の大きさを**電気素量**（でんきそりょう）という．電気素量が $1.602176634 \times 10^{-19}$ C であるとして，電荷の単位クーロン（記号：C）を定義する．電子と陽子の質量と電気量を表 1.1 に示す．

表 1.1　電子と陽子の質量と電気量

	質量 [kg]	電気量 [C]
電子	$9.1093837 \times 10^{-31}$	$-1.602176634 \times 10^{-19}$
陽子	$1.6726219 \times 10^{-27}$	$1.602176634 \times 10^{-19}$

摩擦電気　帯電した物体の電荷の起源は，陽子と電子のもつ電荷である．物体内の陽子の数と電子の数が等しい場合には，物体は帯電していない（**中性**（ちゅうせい）である）が，電子の数が陽子の数よりも多いと負に帯電し，陽子の数が電子の数よりも多いと正に帯電する．

帯電していない2つの物体をこすり合わせたときに，物体が電荷をもつことがある．これが**摩擦電気**である．摩擦電気は物体の電荷が一方から他方に移ることによって生じる．このとき，こすり合わせた2つの物体のもつ電荷は，等しい大きさで互いに逆符号であり，符号を含めた電荷の総量は変わらない．このように始めと終わりで電荷の総量が変わらないことを，**電荷保存則**という．電荷保存則は摩擦電気だけでなくいかなる場合も成り立つ．

> 中性の物体は，内部に電荷をもっていないのではなく，内部の正と負の電荷の和が0であるということに注意しましょう．

帯電した物体の描き方　帯電した物体の概略図を描くとき，それが帯電しているということを明らかにするために，図1.1のように正に帯電している物体には＋（正符号）を，負に帯電している物体には－（負符号）を描く．ここで，描く符号の数で，帯電している電気量の大小関係を表す．符号の数が，電子の数や陽子の数ではないので注意が必要である．

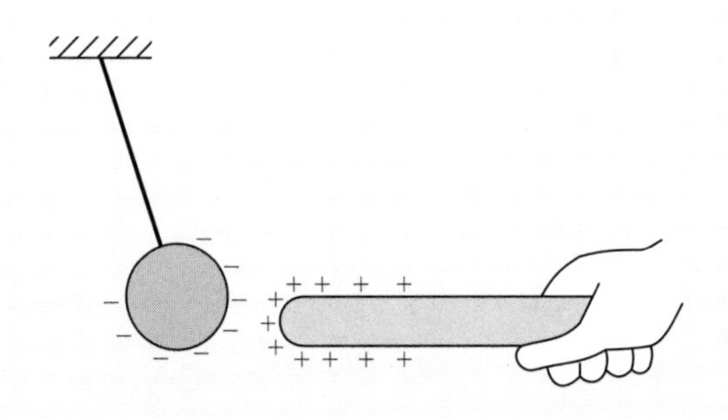

図1.1　帯電した物体の描き方（棒は正に，球は負に帯電している）

1.2　導体と絶縁体

導体と絶縁体　物質の中で特に電気を通しやすいものを**導体**(どうたい)といい，物質の中で特に電気を通しにくいものを**絶縁体**(ぜつえんたい)という．導体が電気を通しやすいのは，導体内部に自由に動き回れる電子（**自由電子**(じゆうでんし)）があるからである．一方で，絶縁体が電気を通しにくいのは，絶縁体内部の電子がイオンに強く束縛されていて自由に動き回れないからである．

金や銅など金属の多くは導体です．ガラスやゴムなどは絶縁体です．ただし，どのくらい電流を通しやすいかは，加える電圧や温度などによっても変わってきます．

静電誘導と誘電分極　導体に帯電体を近づけると，図 1.2(a) のように導体内部の自由電子が力を受けて移動し，帯電体に近い側には帯電体と異符号の電荷が，遠い側には帯電体と同符号の電荷が現れる．これを**静電誘導**(せいでんゆうどう)という．

絶縁体に帯電体を近づけると，図 1.2(b) のように絶縁体をつくる分子内部に電荷のかたよりが生じ，帯電体と異符号の電荷が帯電体側に，同符号の電荷が逆側に向いて揃う．これを**誘電分極**(ゆうでんぶんきょく)という．

静電誘導や誘電分極のために，ある物体 A に帯電している物体 B を近づけると，A が帯電していなくても A, B 間には引力が働く．A, B 間に引力が働いたからといって，必ずしも A, B が共に帯電しているわけではないので，注意が必要である．

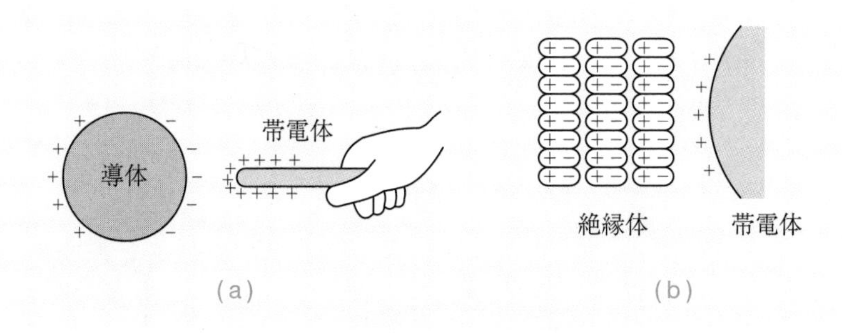

図 1.2　静電誘導 (a) と誘電分極 (b)

電荷の性質を理解しよう

難易度★☆☆

基本例題メニュー 1.1　箔検電器

金属棒でつながれた金属板と箔(はく)からなる図 1.3 のような装置を**箔検電器**(はくけんでんき)という．箔検電器では，箔が帯電すると，箔どうしが斥力によって開くので，帯電の様子を知ることができる．

はじめに，帯電していない箔検電器の金属板に，正に帯電した棒を触れないように近づける．次に，棒をそのままにして金属板を指で触れる．さらに，指を外してから，正に帯電した棒を遠ざける．このとき箔はどうなるか説明しなさい．

図 1.3　箔検電器

【材料】

Ⓐ 電荷の性質（同符号では斥力が，異符号では引力が働く），Ⓑ 静電誘導

【レシピと解答】

Step1　正に帯電した棒を近づけたときの，電荷分布の様子を描く．
図 1.4 (a) のように負の電荷が棒に引き寄せられ，箔は正に帯電して開く．

Step2　指で触れたときの，電荷分布の様子を描く．
正の電荷は指を通して逃げていき（実際には負の電荷をもつ電子が流入している），箔は閉じるが，棒は近づいたままなので，図 1.4 (b) のように金属板は負に帯電したままである．

Step3　指を外してから，正に帯電した棒を遠ざけた後の電荷分布の様子を描く．
図 1.4 (c) のように金属板の負の電荷は金属板と箔全体に広がる．箔も負に帯電するので，箔は再び開く．ただし，(a) よりも開きは小さい．

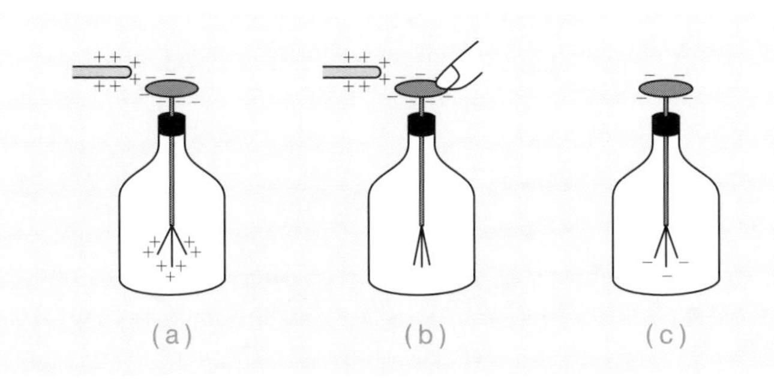

図 1.4　箔検電器の電荷分布

難易度 ★☆☆

実践例題メニュー 1.2　静電誘導

図 1.5 のように絶縁された台の上に帯電していない 2 個の導体球 A, B が接触して置かれている．まず，負に帯電した棒を，どちらの導体球にも触れないように，左側の球 A の近くにもってくる．次に，棒の位置をそのままにしておき，右側の球 B を動かして，A と B を離す．最後に帯電した棒を離す．帯電した棒を離した後で，各導体球の電荷はどうなっているか説明しなさい．

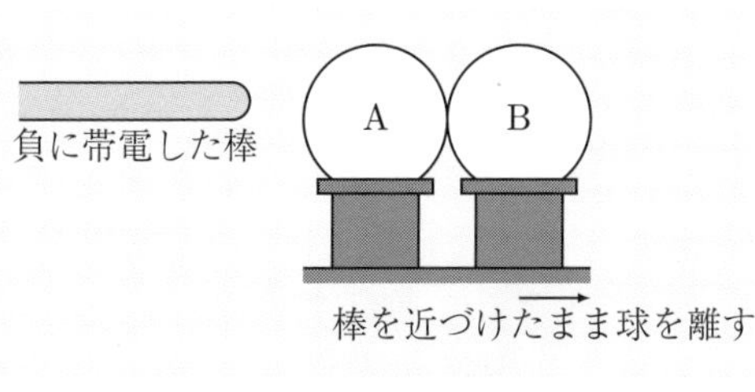

図 1.5　2 つの導体球

【材料】

Ⓐ 電荷の性質（同符号では斥力が，異符号では引力が働く），Ⓑ 静電誘導

【レシピと解答】

Step1　負に帯電した棒を A の近くにもってきたときの，電荷分布を描く．
図 1.6(a) のように，A は ① [　　] に B は ② [　　] に帯電する．

Step2　A と B を離した後で，帯電した棒を離したときの，電荷分布を描く．
帯電した棒を離した後でも，図 1.6(b) のように，A は ③ [　　] に B は ④ [　　] に帯電したままである（このとき A, B の電気量の大きさは等しい）．

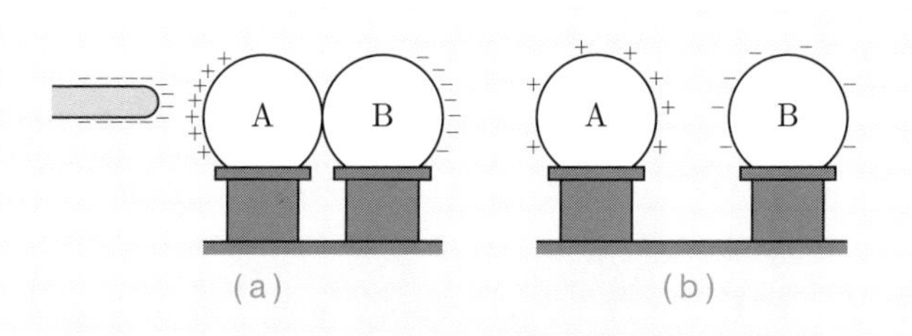

図 1.6　2 つの導体球の電荷分布

【実践例題解答】 ① 正　② 負　③ 正　④ 負

問　題

1.1　摩擦によって正に帯電したガラス棒のもつ電気量は 10 nC（$1\ \mathrm{nC} = 10^{-9}\ \mathrm{C}$）から 1.0 μC（$1\ \mu\mathrm{C} = 10^{-6}\ \mathrm{C}$）程度である．この帯電したガラス棒は中性のときと比べて何個の電子が不足しているか求めなさい．ただし，電子の電気量の大きさを 1.6×10^{-19} C とする．

1.2　電気量 $+0.20\ \mu$C と $+0.30\ \mu$C の電荷をもつ 2 つの同じ導体球 A, B がある．この 2 つの導体球を接触させた後で離した．離した後の B の電気量を求めなさい．ただし，電荷は導体球の間でのみやりとりされるとする．

1.3　3 つの同じ導体球 A, B, C がある．A と B は，それぞれ，電気量 $+0.60\ \mu$C と $+0.50\ \mu$C に帯電しており，C は中性である．これらを接触させることによって，C を $+0.40\ \mu$C に帯電させるにはどうすればよいか．ただし，電荷は導体球の間でのみやりとりされるとする．

1.4　正に帯電した箔検電器の金属板に，負に帯電した棒を触れないように近づける．このとき箔はどうなるか説明しなさい．

1.5　図 1.7 のように同じ長さの絶縁体のひもで軽い導体球 A, B が，接するように吊るされている．正に帯電した棒で A に触れた後で棒を遠ざけると，導体球はどうなるか説明しなさい．

1.6　前問と同様に図 1.7 のように同じ長さの絶縁体のひもで軽い導体球 A, B が，接するように吊るされている．まず，正に帯電した棒を A に触れないように近づける．次に，棒を A に近づけたまま，B を A から離す．最後に，棒を遠ざける．このとき，導体球はどうなるか説明しなさい．

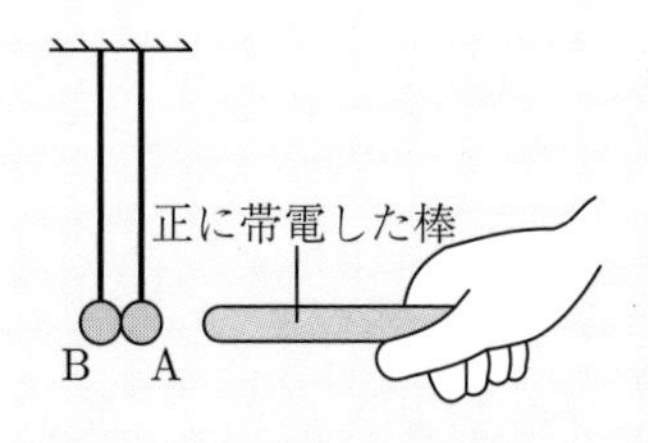

図 1.7　天井からつり下げた 2 つの導体球の帯電

1.7　**【チャレンジ問題】** 貴ガス原子は閉殻構造であるが，ヘリウムを除いて十分に低温では常圧で固体になる．固体状態を保持するための引力は何か説明しなさい．

1.3 静電気力

電荷をもった物体間には力が働く．この力を**静電気力**(せいでんきりょく)または**クーロン力**(りょく)という．

電場に関するクーロンの法則　図 1.8 のように，電気量 q_A [C] と q_B [C] の 2 つの点電荷が距離 r [m] だけ離れて置かれている．

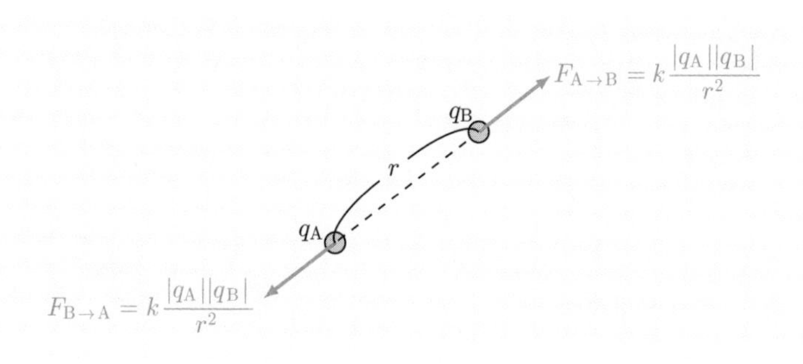

図 1.8　クーロンの法則

このとき電荷間には，電荷が同符号の場合は斥力，異符号の場合は引力が働く．$\boldsymbol{F}_{A\to B}$ [N] を A が B に及ぼす力，$\boldsymbol{F}_{B\to A}$ [N] を B が A に及ぼす力とすれば，その力の大きさ $F_{A\to B}$ および $F_{B\to A}$ は

$$F_{A\to B} = F_{B\to A} = k\frac{|q_A||q_B|}{r^2} \text{ [N]} \tag{1.1}$$

と書ける．これを**クーロンの法則**(ほうそく)という（本書ではベクトル量 $\boldsymbol{A}$ の大きさを A で表す）．ここで，$\boldsymbol{F}_{A\to B}$ と $\boldsymbol{F}_{B\to A}$ は作用・反作用の関係にある．すなわち，これらの力は 2 つの点電荷を結ぶ直線上にあり，同じ大きさで互いに逆向きである．k [N · m^2/C^2] を**クーロンの法則の比例定数**(ほうそく ひれいていすう)といい，その値は点電荷が置かれた媒質によって決まる．また，k は 2.2 節で導入する誘電率 ε [F/m] と $k = \frac{1}{4\pi\varepsilon}$ の関係がある（問題 2.15 参照）．真空におけるクーロンの法則の比例定数の値 k_0 は

$$k_0 \fallingdotseq 9.0 \times 10^9 \text{ N} \cdot \text{m}^2/\text{C}^2 \tag{1.2}$$

である．空気中における k の値は，k_0 にほぼ等しい．

クーロンの法則ははじめキャベンディシュによって発見されました．しかし，キャベンディシュはそれを発表しませんでした．その後，クーロンによって再発見され，いまではクーロンの法則という名前がついています．

静電気力についての重ね合わせの原理 図 1.9 のように，電気量 q_A [C], q_B [C], q_C [C] の 3 つの点電荷がある場合，q_B が q_A に及ぼす静電気力を $\boldsymbol{F}_{B\to A}$ [N]，q_C が q_A に及ぼす静電気力を $\boldsymbol{F}_{C\to A}$ [N] とすると，q_A に働く静電気力の合力は，それぞれの点電荷からの静電気力のベクトル和で，次のように表される．

$$\boldsymbol{F}_{\text{合力}} = \boldsymbol{F}_{B\to A} + \boldsymbol{F}_{C\to A} \text{ [N]} \quad \text{(静電気力についての重ね合わせの原理)} \tag{1.3}$$

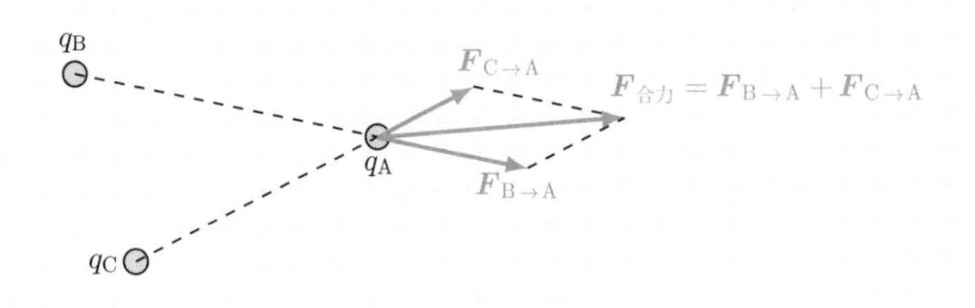

図 1.9 静電気力の重ね合わせの原理

重ね合わせの原理とクーロンの法則

重ね合わせの原理によれば，原点に電気量 q_A [C] の 1 つの点電荷があるとき，位置 $\boldsymbol{r}$ [m] に電気量 $2q_B$ [C] の 1 つの点電荷がある場合と，位置 $\boldsymbol{r}$ に電気量 q_B の 2 つの点電荷がある場合とで，原点の点電荷に働く力の和が同じになる．このことから，静電気力の大きさが電荷の積に比例しなくてはならないことがわかる．

なぜなら，例えば，静電気力が電荷の積の n 乗に比例しているとすると，$2q_B$ の点電荷が原点の点電荷に及ぼす力の大きさは

$$F = k\,\frac{(2|q_A||q_B|)^n}{r^2} \text{ [N]}$$

であり，q_B の 2 つの点電荷が原点の点電荷に及ぼす力の大きさは

$$F' = k\,\frac{(|q_A||q_B|)^n}{r^2} + k\,\frac{(|q_A||q_B|)^n}{r^2} \text{ [N]}$$

である．すると，F と F' とが等しくなるのは，$n = 0$ を除けば $n = 1$ に限られるからである．

直線上に並んだ点電荷に働く静電気力を求めよう

難易度 ★☆☆

基本例題メニュー 1.3 直線上に並んだ点電荷に働く力

図 1.10 のように，x 軸上，$x = 0.0\,\text{mm}$, $-1.0\,\text{mm}$, $2.0\,\text{mm}$ の位置に，それぞれ電気量 $q_\text{A} = 20\,\text{nC}$ （$1\,\text{nC} = 10^{-9}\,\text{C}$），$q_\text{B} = 30\,\text{nC}$, $q_\text{C} = 40\,\text{nC}$ の点電荷 A, B, C が固定して置かれている．原点に置かれた A に働く静電気力を求めなさい．ただし，クーロンの法則の比例定数を $k = 9.0 \times 10^9\,\text{N}\cdot\text{m}^2/\text{C}^2$ とする．

B A C
−1.0 O 1.0 2.0 x [mm]

図 1.10 静電気力の合成

【材料】

Ⓐ クーロンの法則（大きさ：$k\dfrac{|q_\text{A}||q_\text{B}|}{r^2}$），Ⓑ 静電気力の重ね合わせの原理

【レシピと解答】

Step1 クーロンの法則を用いて，B, C が A に及ぼす静電気力 $\boldsymbol{F}_{\text{B}\to\text{A}}$, $\boldsymbol{F}_{\text{C}\to\text{A}}$ を求める．

B が A に及ぼす静電気力は

$$F_{\text{B}\to\text{A}} = 9.0 \times 10^9\,\text{N}\cdot\text{m}^2/\text{C}^2 \times \frac{20 \times 10^{-9}\,\text{C} \times 30 \times 10^{-9}\,\text{C}}{(1.0 \times 10^{-3}\,\text{m})^2} = 5.4\,\text{N} \tag{1.4}$$

であり，向きは x 軸の正の向きである．また，C が A に及ぼす静電気力は

$$F_{\text{C}\to\text{A}} = 9.0 \times 10^9\,\text{N}\cdot\text{m}^2/\text{C}^2 \times \frac{20 \times 10^{-9}\,\text{C} \times 40 \times 10^{-9}\,\text{C}}{(2.0 \times 10^{-3}\,\text{m})^2} = 1.8\,\text{N} \tag{1.5}$$

であり，向きは x 軸の負の向きである．

Step2 力の向きに注意して，A に働く静電気力の合力 $\boldsymbol{F}_\text{合力}$ を求める．

A に働く静電気力は

$$F_\text{合力} = |F_{\text{B}\to\text{A}} - F_{\text{C}\to\text{A}}| = |5.4 - 1.8| = 3.6\,\text{N} \tag{1.6}$$

であり，向きは x 軸の正の向きである．

力を合成するときには，力の向きに注意しましょう．

難易度★☆☆

実践例題メニュー 1.4 点電荷に働く力が0になる位置

図1.11のように，x 軸上，$x = -1.0\,\mathrm{mm}$, $2.0\,\mathrm{mm}$ の位置に，それぞれ，電気量 $q_\mathrm{A} = 80\,\mathrm{nC}$ ($1\,\mathrm{nC} = 10^{-9}\,\mathrm{C}$), $q_\mathrm{B} = 20\,\mathrm{nC}$ の点電荷A, Bが固定して置かれている．x 軸上に点電荷Cを置くときに，このCに働く静電気力が0になる位置を求めなさい．

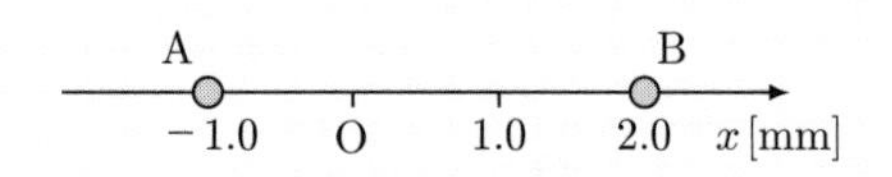

図1.11 点電荷に働く力が0になる位置

【材料】

Ⓐ クーロンの法則（大きさ：$k\frac{|q_\mathrm{A}||q_\mathrm{B}|}{r^2}$），Ⓑ 静電気力の重ね合わせの原理

【レシピと解答】

Step1 Cの電気量を q_C [C] ($q_\mathrm{C} > 0$)，置く位置の x 座標を x [mm] ($-1.0\,\mathrm{mm} < x < 2.0\,\mathrm{mm}$)，クーロンの法則の比例定数を k [$\mathrm{N \cdot m^2/C^2}$] として，A, BがCに及ぼす静電気力 $\boldsymbol{F}_{\mathrm{A}\to\mathrm{C}}$, $\boldsymbol{F}_{\mathrm{B}\to\mathrm{C}}$ を求める．

AがCに及ぼす静電気力は

$$F_{\mathrm{A}\to\mathrm{C}} = \boxed{①\qquad\qquad} \ [\mathrm{N}] \tag{1.7}$$

であり，向きは x 軸の正の向きである．また，BがCに及ぼす静電気力は

$$F_{\mathrm{B}\to\mathrm{C}} = \boxed{②\qquad\qquad} \ [\mathrm{N}] \tag{1.8}$$

であり，向きは x 軸の負の向きである．

Step2 力の向きに注意して，合力の大きさ $F_{合力}$ を求める．

Cに働く静電気力の大きさは次のようになる．

$$F_{合力} = \boxed{③\qquad\qquad} \ [\mathrm{N}] \tag{1.9}$$

Step3 合力の大きさが0になる x を求める．

$-1.0\,\mathrm{mm} < x < 2.0\,\mathrm{mm}$ なので，$x = \boxed{④\quad}$ mmとわかる．

【実践例題解答】① $k\frac{q_\mathrm{C} \times 80 \times 10^{-9}\ \mathrm{C}}{\{(1.0+x) \times 10^{-3}\ \mathrm{m}\}^2} = \frac{80}{(1.0+x)^2} \times 10^{-3} kq_\mathrm{C}$ ② $k\frac{q_\mathrm{C} \times 20 \times 10^{-9}\ \mathrm{C}}{\{(2.0-x) \times 10^{-3}\ \mathrm{m}\}^2} = \frac{20}{(2.0-x)^2} \times 10^{-3} kq_\mathrm{C}$ ③ $|F_{\mathrm{A}\to\mathrm{C}} - F_{\mathrm{B}\to\mathrm{C}}| = \left|\frac{80}{(1.0+x)^2} - \frac{20}{(2.0-x)^2}\right| \times 10^{-3} kq_\mathrm{C}$
④ 1.0

平面上に置かれた点電荷に働く静電気力を求めよう

難易度 ★★☆

基本例題メニュー 1.5 正三角形の頂点に置かれた電荷

図 1.12 のように 1 辺の長さ a [m] の正三角形の 3 つの頂点に，共に電気量 q [C] ($q > 0$) の点電荷 A, B, C が固定して置かれている．A に働く力を求めなさい．ただし，クーロンの法則の比例定数を k [N・m^2/C^2] とする．

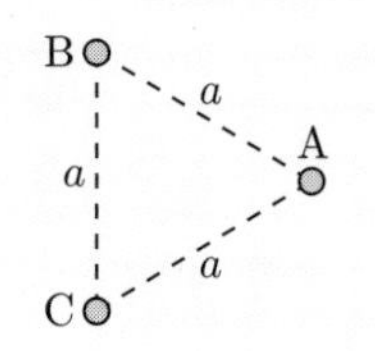

図 1.12 正三角形の頂点に置かれた電荷

【材料】

Ⓐ クーロンの法則（大きさ：$k\frac{|q_A||q_B|}{r^2}$），Ⓑ 静電気力の重ね合わせの原理，Ⓒ ベクトル和

【レシピと解答】

Step1 B, C が A に及ぼす静電気力と，その合力を描く．

A に働く静電気力は図 1.13 のようになる．B と C の電気量が同じなので，B が A に及ぼす力 $\boldsymbol{F}_{B\to A}$ [N] と C が A に及ぼす力 $\boldsymbol{F}_{C\to A}$ [N] の大きさは同じ $k\frac{q^2}{a^2}$ であり，共に斥力である．また，作図より A に働く力の合力 $\boldsymbol{F}_A$ [N] は図の右向きになる．

Step2 クーロンの法則を用いてそれぞれの力の大きさを求め，力の合成により A に働く力の合力 $\boldsymbol{F}_A$ の大きさを求める．

図より，$\boldsymbol{F}_A$ の大きさは次のようになる．

$$F_A = |\boldsymbol{F}_{C\to A} + \boldsymbol{F}_{B\to A}| = \frac{\sqrt{3}\,kq^2}{a^2} \text{ [N]} \tag{1.10}$$

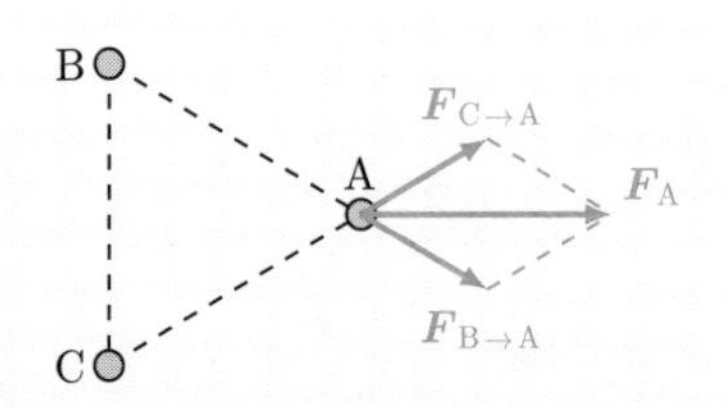

図 1.13 正三角形の頂点に置かれた A に働く力

難易度 ★★☆

実践例題メニュー 1.6 直角三角形の頂点に置かれた電荷

図 1.14 のように直角三角形の頂点に，電気量 $q_{\mathrm{A}} = 2q$ [C], $q_{\mathrm{B}} = -3q$ [C], $q_{\mathrm{C}} = -2q$ [C] $(q > 0)$ の点電荷 A, B, C が固定して置かれている．A に働く力を求めなさい．ただし，クーロンの法則の比例定数を k [N · m^2/C^2] とする．

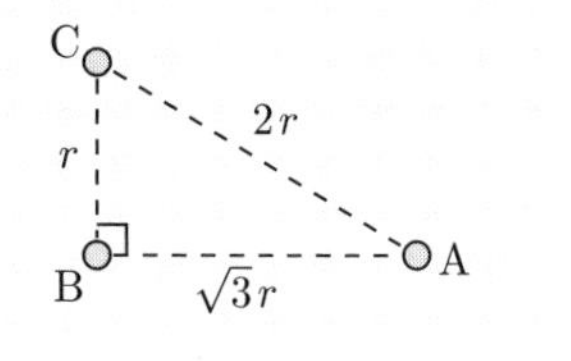

図 1.14 直角三角形の各頂点に置かれた電荷

【材料】

Ⓐ クーロンの法則（大きさ：$k\frac{|q_{\mathrm{A}}||q_{\mathrm{B}}|}{r^2}$），Ⓑ 静電気力の重ね合わせの原理，Ⓒ ベクトル和

【レシピと解答】

Step1 B, C が A に及ぼす静電気力と，その合力を描く．
図 1.15 のようになる．

Step2 図の右向きを x 軸，上向きを y 軸とし，クーロンの法則を用いて，B が A に及ぼす力 $\boldsymbol{F}_{\mathrm{B}\to\mathrm{A}}$，C が A に及ぼす力 $\boldsymbol{F}_{\mathrm{C}\to\mathrm{A}}$ を求める．
クーロンの法則より，これらの力は

$$\boldsymbol{F}_{\mathrm{B}\to\mathrm{A}} = \boxed{①\quad} \text{[N]}, \quad \boldsymbol{F}_{\mathrm{C}\to\mathrm{A}} = \boxed{②\quad} \text{[N]} \qquad (1.11)$$

となる．

Step3 静電気力の重ね合わせの原理により，A に働く力の合力を求める．

$$\boldsymbol{F}_{\mathrm{B}\to\mathrm{A}} + \boldsymbol{F}_{\mathrm{C}\to\mathrm{A}} = \boxed{③\quad} \text{[N]} \qquad (1.12)$$

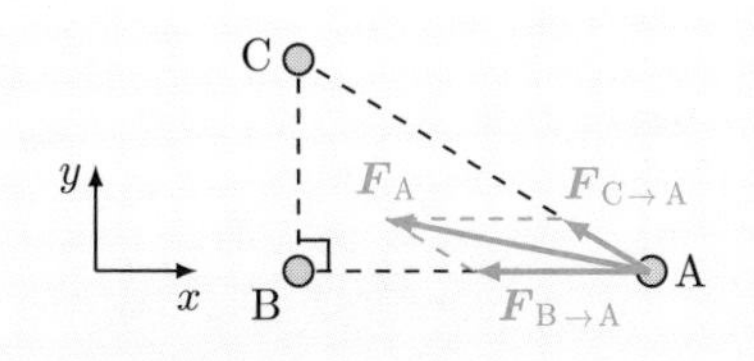

図 1.15 直角三角形の頂点に置かれた A に働く力

【実践例題解答】 ① $\left(-\frac{2kq^2}{r^2}, 0\right)$ ② $\left(-\frac{\sqrt{3}\,kq^2}{2r^2}, \frac{kq^2}{2r^2}\right)$ ③ $\left(-\left(2+\frac{\sqrt{3}}{2}\right)\frac{kq^2}{r^2}, \frac{kq^2}{2r^2}\right)$

問 題

1.8 真空中に，同じ電気量 q [C]（$q > 0$）をもつ 2 つの点電荷が距離 1.0 m だけ離れて置かれており，電荷間に働く静電気力の大きさが 1.0 N であった．q の値を求めなさい．ただし，クーロンの法則の比例定数を 9.0×10^9 N · m^2/C^2 とする．

1.9 水素原子は 1 つの陽子と 1 つの電子からなり，電子と陽子の平均距離は 5.3×10^{-11} m である．電子と陽子の間に働く静電気力の大きさと万有引力の大きさを求め，それらの比を求めなさい．ただし，電子の質量を 9.1×10^{-31} kg，陽子の質量を 1.7×10^{-27} kg，電気素量を 1.6×10^{-19} C，万有引力定数を 6.7×10^{-11} N·m^2/kg^2，クーロンの法則の比例定数を 9.0×10^9 N · m^2/C^2 とする．

1.10 【チャレンジ問題】原子核は正の電荷をもった陽子と電荷をもたない中性子からなり，陽子間の平均距離は数 fm（フェムトメートル）（1 fm $= 10^{-15}$ m）である．隣り合う陽子と陽子の間隔が 1.0 fm であるとして，この 2 つの陽子の間に働く静電気力を求めなさい．また，このことからどのようなことが予想できるか説明しなさい．ただし，クーロンの法則の比例定数を 9.0×10^9 N · m^2/C^2，電気素量を 1.6×10^{-19} C とする．

1.11 図 1.16 のように xy 平面上，$(x, y) = (-a, 0)$ [m], $(a, 0)$ [m], $(0, r)$ [m] の位置に電気量が共に q [C] の点電荷 A, B, C が固定して置かれている．C に働く静電気力を求めなさい．ただし，クーロンの法則の比例定数を k [N · m^2/C^2] とする．

1.12 絶縁体でできた伸び縮みしない軽い糸の一端を天井に固定し，他端に質量 27 g の小球 A を付けて吊り下げる．A に電荷を与えた後で，電気量 0.98 μC をもつ小球 B を近づけたところ，B は図 1.17 のように，A と同じ高さ，10 cm だけ離れた位置で，糸が鉛直との角 60° を成して静止した．小球 A の電気量を求めなさい．ただし，クーロンの法則の比例定数を 9.0×10^9 N · m^2/C^2，重力加速度の大きさを 9.8 m/s^2 とする．

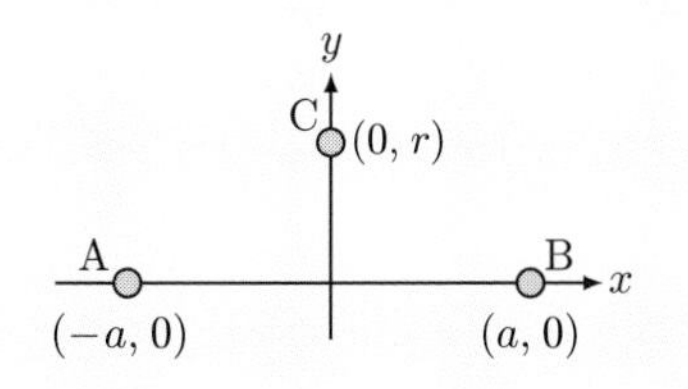

図 1.16　xy 平面上に置かれた 3 つの電荷

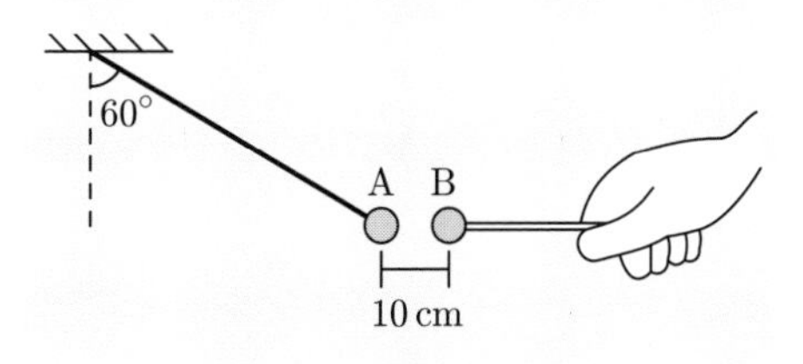

図 1.17　天井からつり下げた小球に働く力

1.13 質量 10 g の 2 つの同じ小球 A, B が，長さ 10 cm の絶縁体でできた 2 本の伸び縮みしない軽い糸で同じ点から吊るされている．A, B に等しい電気量の電荷を与えたところ，A, B は 10 cm だけ開いた．A, B の電気量を求めなさい．ただし，クーロンの法則の比例定数を $9.0 \times 10^9\ \mathrm{N \cdot m^2/C^2}$，重力加速度の大きさを $9.8\ \mathrm{m/s^2}$ とする．

1.14 はじめに，図 1.18 (a) のように，1 辺の長さ 1.0×10^{-2} m の正方形の 4 つの頂点に電気量 10 nC の点電荷を固定して置く．この正方形の中心に −10 nC の点電荷を置いたとき，この点電荷に働く静電気力を求めなさい．次に，図 1.18 (b) のように，正方形の 1 つの頂点の点電荷の電気量を −10 nC に変えた．中心の点電荷に働く静電気力を求めなさい．ただし，クーロンの法則の比例定数を $9.0 \times 10^9\ \mathrm{N \cdot m^2/C^2}$ とする．

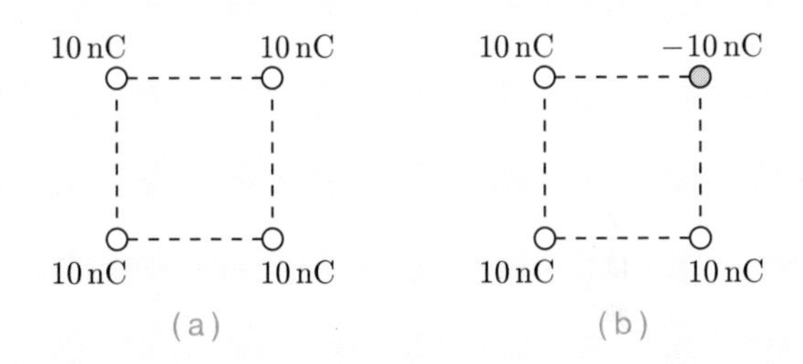

図 1.18 正方形の頂点に置かれた点電荷が及ぼす静電気力

1.15 質量 40 g の正に帯電した 2 つの小球を，10 cm だけ間を空けて静かに放したところ，放した直後の小球の加速度の大きさは共に $9.0 \times 10^{-3}\ \mathrm{m/s^2}$ であった．2 つの球の電気量が等しかったとして，その電気量を求めなさい．ただし，クーロンの法則の比例定数を $9.0 \times 10^9\ \mathrm{N \cdot m^2/C^2}$ とする．

1.16 x 軸上の原点に電気量 Q [C]（$Q > 0$）の点電荷が固定して置かれている．静電気力に逆らって，十分に離れた位置（$x = \infty$）から $x = r$ [m]（$r > 0$）まで電気量 q [C]（$q > 0$）の点電荷をゆっくりと運ぶのに必要な外力のする仕事を求めなさい．ただし，クーロンの法則の比例定数を k [$\mathrm{N \cdot m^2/C^2}$] とする．

電磁気学をつくった人々

電磁気現象は古くから知られていたが，物理学としての発展が本格化したのは18世紀末からである．この時期は，人類の自然の理解に大きな変革をもたらす時期でもあった．

1785年に，クーロンがクーロンの法則を発見すると，電気と磁気の相互作用について定量的な議論ができるようになった．そして，1813年にポアソンがクーロンの法則を基に電場と磁場のポテンシャル理論を発展させ，静電気学と静磁気学の基盤を築いた．さらに1840年には，ガウスが距離の2乗に反比例する力に関するガウスの法則を導き出し，電磁気学に大きな影響を与えた．

静電気学と静磁気学は順調に発展したが，電気と磁気が絡む現象の理解は難航した．1820年にエルステッドが，電流が磁針に影響を与えることを発見し，電気と磁気の関係を示唆した．この発見は大きな衝撃を与え，アラゴーによってすぐにフランスアカデミーに紹介された．アンペール，ビオ，サバールなどの科学者たちはエルステッドの実験結果に魅了された．アンペールはわずか1週間後に電流間の力についての発表をしはじめ，ビオとサバールはおよそ1ヶ月後にビオ–サバールの法則に関係する発表をした．このスピードからも当時の興奮がうかがえる．さらに，アンペールは定常電流についての研究を深め，1823年に電流間の力を基本とする自身の理論をまとめあげた．この理論はさらにウェーバーによって発展した．このように理解は深まってきてはいたが，遠隔作用というニュートン力学からの考え方から抜け出せないでいた．

この状況を打破したのはファラデーである．ファラデーはデイビィの助手として働いており，電磁気学に強い興味を抱いていた．デイビィが病に倒れた後で，ファラデーは独自の研究に取り組む時間を得た．そして，1831年に電磁誘導の法則を発見し，さらに1837年には，場の考え方を用いた新しい近接作用の理論を発表した．ファラデーの直観的なアプローチが，ついに遠隔作用というニュートン力学からの考え方を覆し，物理学を新しい次元に導いたのである．

ファラデーの理論を数学的に体系化したのがマクスウェルである．彼はファラデーの理論を数学的に表現し，さらに，変位電流の概念を導入して方程式としてまとめあげ1864年に発表した．これらの方程式は電磁気学の基本方程式であるマクスウェル方程式として幅広く受け入れられた．そして，場の考え方は自然を理解する上で不可欠なものとなった．

第2章 静電場

この章では，まず，空間の電気的性質を表す物理量である電場を理解しよう．次に，電磁気学の基本方程式の1つである電場に関するガウスの法則を学ぼう．そして，電荷分布の対称性が良い場合に，ガウスの法則を利用して電荷のつくる電場を求められるようになろう．

2.1 電　場

相互作用の伝わり方　相互作用する物体どうしに力が直接働くと考えた場合，物体は**遠隔作用**（えんかくさよう）しているという．一方で，物体によって空間の性質に歪みが生じ，その歪みを介して相互作用が伝わると考えた場合，物体は**近接作用**（きんせつさよう）しているという．電磁気学において，電気・磁気的な相互作用は近接作用であり，相互作用を伝える空間の歪みが，**電場**（でんば）（**電界**（でんかい））や**磁場**（じば）（**磁界**（じかい））である．

電場の定義　位置 $\boldsymbol{r}$ [m] に，空間の性質を乱さない小さな電気量 q [C]（$q > 0$）の点電荷を置く（これを**試験電荷**（しけんでんか）という）．このとき，電荷が力 $\boldsymbol{F}(\boldsymbol{r})$ [N] を受けたならば，その点での電場は次のように定義される．

$$\boldsymbol{E}(\boldsymbol{r}) = \frac{\boldsymbol{F}(\boldsymbol{r})}{q} \text{ [N/C]} \quad \text{（電場の定義）}$$

電場の単位はニュートン毎クーロン（記号：N/C）であるが，ボルト毎メートル（記号：V/m）を用いることもある．

電場は，試験電荷が「ある」，「ない」に関わらず，空間に存在する性質であることに注意しましょう．試験電荷は電場を測定する「測定器」にすぎません．

点電荷のつくる電場 電気量 Q [C] の点電荷から距離 r [m] の位置に電気量 q [C]（$q>0$）の試験電荷を置いたときに，試験電荷に働く静電気力は，クーロンの法則の比例定数を k [N·m²/C²] として

$$\begin{cases} \text{大きさ：} F = k\dfrac{|Q||q|}{r^2} \ [\text{N}] \\ \text{向き　：} Q>0 \text{ では斥力，} Q<0 \text{ では引力} \end{cases} \tag{2.1}$$

と書けた．したがって，点電荷 Q がつくる電場は図 2.1 のように Q を中心として等方的になり，次のように書ける．

$$\begin{cases} \text{大きさ：} E = \dfrac{F}{q} = k\dfrac{|Q|}{r^2} \ [\text{N/C}] \\ \text{向き　：} Q>0 \text{ では } Q \text{ から遠ざかる向き，} Q<0 \text{ では } Q \text{ に向かう向き} \end{cases} \tag{2.2}$$

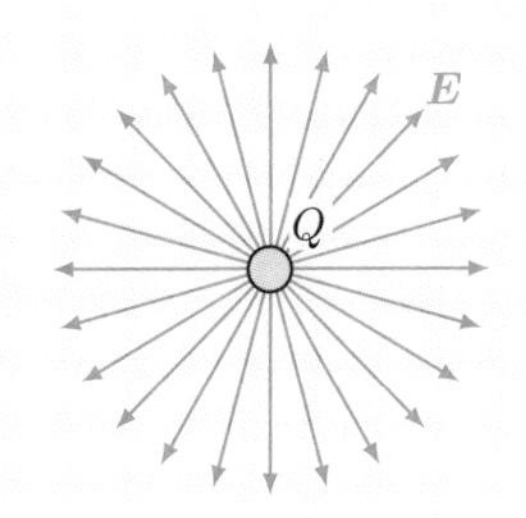

図 2.1 点電荷のつくる電場

電場についての重ね合わせの原理 N 個の点電荷と，電気量 q [C] の 1 個の試験電荷を考える．このとき，試験電荷が受ける合力はそれぞれの点電荷から受ける力のベクトル和で書けた．したがって，i 番目の点電荷によって，試験電荷が受ける力を $\boldsymbol{F}_{i\to\text{試験電荷}}$ [N] とし，i 番目の点電荷が試験電荷の位置につくる電場を $\boldsymbol{E}_i$ [N/C] とすると，次のように書ける．

$$\begin{aligned} \boldsymbol{F}_{\text{合力}} &= \sum_{i=1}^{N} \boldsymbol{F}_{i\to\text{試験電荷}} = q\boldsymbol{E}_1 + q\boldsymbol{E}_2 + \cdots + q\boldsymbol{E}_N \\ &= q\sum_{i=1}^{N} \boldsymbol{E}_i \ [\text{N/C}] \quad \text{（電場についての重ね合わせの原理）} \end{aligned} \tag{2.3}$$

つまり，合成電場はそれぞれの点電荷がつくる電場のベクトル和になる．これを**電場**（でんば）**についての重**（かさ）**ね合**（あ）**わせの原理**（げんり）という．

電場の描き方 電場は，空間内のある領域内の全ての点に存在するが，全ての点の電場を正確に図に表すことはできない．そこで電場を図に表すときには，図 2.2 のように，**電気力線**(でんきりきせん)もしくはベクトル図を用いる（第5章で磁場を導入するが，磁場も電場と同様に**磁力線**(じりょくせん)，もしくはベクトル図を用いる）．

電気力線は，接線の方向をその点での電場の方向とし，電気力線に垂直な微小面積 ΔS を貫く電気力線の本数を ΔN，その点での電場の大きさを E としたとき，$\Delta N \propto E\Delta S$ となるように描いた向き付きの曲線である．

> 実際に電気力線を描くときには，一般には正確に $\Delta N = E\Delta S$ とすることはできません．そこで，正確ではないですが，電場の大きさにおおよそ比例するように，電場の強いところでは電気力線の本数を多く，電場の弱いところでは電気力線の本数を少なく描きます．

ベクトル図は，空間内の代表点において，その点での電場を矢印で描く．ベクトル図では代表点でしか電場ベクトルが描かれていないが，それ以外の点で，電場が 0 というわけではないので注意する．

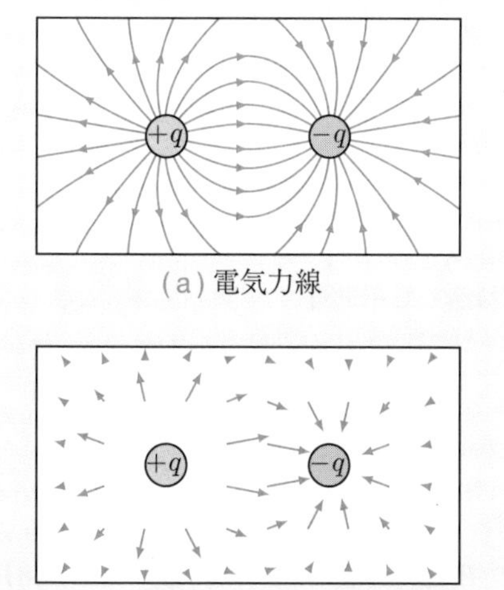

(a) 電気力線

(b) ベクトル図

図 2.2 電場の描き方（符号の異なる 2 つの点電荷のつくる電場）

電荷密度　現実の帯電体では，帯電の原因となる電子は莫大な数であり，1つ1つの電子を考えることはできない（問題 1.1 参照）．そこで，連続的な電荷分布を考える．連続的な電荷分布のつくる電場は次の手順で計算できる．

(1) 電荷分布を微小部分に分割する．このとき，微小部分の電荷を点電荷とみなし，(2.2) より各微小部分のつくる電場を求める．
(2) 重ね合わせの原理を用いて電場の各成分を和の形で書く．分割を細かくした極限では，和は積分の形で書ける．
(3) 積分を実行し，電荷分布のつくる電場を求める．

電荷が連続して分布する場合には，次の**電荷密度**（でんかみつど）を用いると便利である．

体電荷密度（たいでんかみつど）：電気量 Q [C] の電荷が体積 V [m^3] の領域に一様に分布しているとき，体電荷密度を次のように定義する．

$$\rho = \frac{Q}{V} \text{ [C/m}^3\text{]} \tag{2.4}$$

体電荷密度のことを単に電荷密度ともいう．

面電荷密度（めんでんかみつど）：電気量 Q [C] の電荷が面積 S [m^2] の面上に一様に分布しているとき，面電荷密度を次のように定義する．

$$\sigma = \frac{Q}{S} \text{ [C/m}^2\text{]} \tag{2.5}$$

線電荷密度（せんでんかみつど）：電気量 Q [C] の電荷が長さ l [m] の線上に一様に分布しているとき，線電荷密度を次のように定義する．

$$\lambda = \frac{Q}{l} \text{ [C/m]} \tag{2.6}$$

分布が一様でないときには，位置 $\boldsymbol{r}$ [m] における体電荷密度，面電荷密度，線電荷密度を，それぞれ，次のように定義する．

$$\rho(\boldsymbol{r}) = \lim_{\Delta V \to 0} \frac{\Delta Q(\boldsymbol{r})}{\Delta V(\boldsymbol{r})}, \quad \sigma(\boldsymbol{r}) = \lim_{\Delta S \to 0} \frac{\Delta Q(\boldsymbol{r})}{\Delta S(\boldsymbol{r})}, \quad \lambda(\boldsymbol{r}) = \lim_{\Delta l \to 0} \frac{\Delta Q(\boldsymbol{r})}{\Delta l(\boldsymbol{r})} \tag{2.7}$$

ここで，$\Delta V(\boldsymbol{r})$, $\Delta S(\boldsymbol{r})$, $\Delta l(\boldsymbol{r})$ は，それぞれ，位置 $\boldsymbol{r}$ での微小体積，微小面積，微小長さであり，$\Delta Q(\boldsymbol{r})$ はそこに含まれる電荷の電気量である．

複数の点電荷がつくる合成電場を求めよう

難易度 ★★☆

基本例題メニュー 2.1 電気双極子のつくる電場 1

微小な距離 d [m] だけ隔てて，同じ大きさの正負の電荷が固定して置かれている場合を，**電気双極子**（でんきそうきょくし）という.

xy 平面上，位置 $(0, \frac{d}{2})$ [m], $(0, -\frac{d}{2})$ [m] に，それぞれ電気量 q [C], $-q$ [C]（$q > 0$）の点電荷が固定して置かれた電気双極子がある．y 軸上 $y = r$ [m]（$r \gg d$）の点 P での電場を求めなさい．ただし，クーロンの法則の比例定数を k [N·m^2/C^2] とする.

【材料】

Ⓐ 点電荷のつくる電場（大きさ：$k\frac{|Q|}{r^2}$），Ⓑ 電場についての重ね合わせの原理，
Ⓒ 2 項展開近似：$(1 \pm x)^\alpha \fallingdotseq 1 \pm \alpha x$

【レシピと解答】

Step1 それぞれの点電荷が P につくる電場を求める.

図 2.3 のように点電荷 q および $-q$ が P につくる電場をそれぞれ $\boldsymbol{E}_+$, $\boldsymbol{E}_-$ とすると，次のように求まる.

$$\boldsymbol{E}_+ = \left(0, \frac{kq}{\left(r - \frac{d}{2}\right)^2}\right) \text{ [N/C]}, \quad \boldsymbol{E}_- = \left(0, -\frac{kq}{\left(r + \frac{d}{2}\right)^2}\right) \text{ [N/C]} \tag{2.8}$$

Step2 上で求めた電場を合成する.

合成電場 $\boldsymbol{E}$ は，電場の向きに注意して足せば次のようになる.

$$\boldsymbol{E} = \left(0, \frac{kq}{\left(r - \frac{d}{2}\right)^2} - \frac{kq}{\left(r + \frac{d}{2}\right)^2}\right) \text{ [N/C]} \tag{2.9}$$

Step3 $r \gg d$ として近似を行う.

2 項展開近似 $(1 \pm x)^\alpha \fallingdotseq 1 \pm \alpha x$ を用いれば

$$\frac{1}{\left(r \pm \frac{d}{2}\right)^2} = \frac{1}{r^2\left(1 \pm \frac{d}{2r}\right)^2} \fallingdotseq \frac{1}{r^2}\left(1 \mp \frac{d}{r}\right) \tag{2.10}$$

となるから

$$\boldsymbol{E} = \left(0, 2k\frac{qd}{r^3}\right) \text{ [N/C]} \tag{2.11}$$

となり，その大きさは r の 3 乗に反比例する.

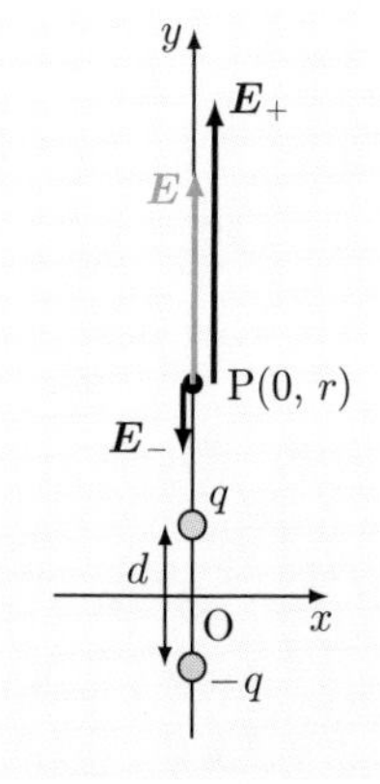

図 2.3 電気双極子 1

難易度★★☆

実践例題メニュー 2.2 電気双極子のつくる電場 2

xy 平面上，位置 $(0, \frac{d}{2})$ [m], $(0, -\frac{d}{2})$ [m] にそれぞれ電気量 q [C], $-q$ [C]（$q > 0$）の点電荷が固定して置かれた電気双極子がある．x 軸上，$x = r$ [m]（$r \gg d$）の点 P での電場を求めなさい．ただし，クーロンの法則の比例定数を k [N·m^2/C^2] とする．

【材料】

Ⓐ 点電荷のつくる電場（大きさ：$k\frac{|Q|}{r^2}$），Ⓑ 電場についての重ね合わせの原理

【レシピと解答】

Step1 それぞれの点電荷が P につくる電場を求める．

図 2.4 のように点電荷 q および $-q$ が P につくる電場をそれぞれ $\boldsymbol{E}_+$, $\boldsymbol{E}_-$ とすると次のようになる．

$$\boldsymbol{E}_+ = \boxed{①} \text{ [N/C]},$$
$$\boldsymbol{E}_- = \boxed{②} \text{ [N/C]} \quad (2.12)$$

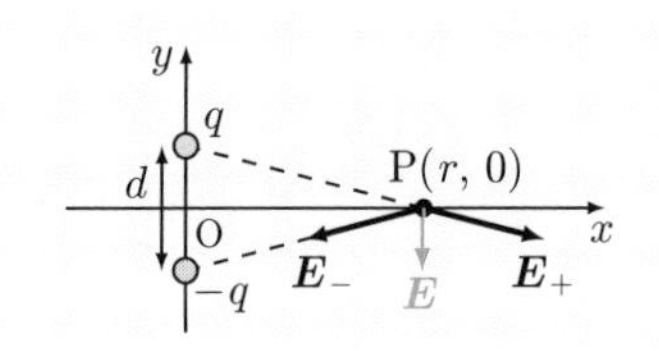

図 2.4 電気双極子 2

Step2 上で求めた電場を合成する．

合成電場 $\boldsymbol{E}$ は y 成分のみになり，次のようになる．

$$\boldsymbol{E} = \boxed{③} \text{ [N/C]} \quad (2.13)$$

Step3 $r \gg d$ として近似を行う．

$r \gg d$ の場合，$r^2 \pm \left(\frac{d}{2}\right)^2 \fallingdotseq r^2$ として

$$\boldsymbol{E} = \boxed{④} \text{ [N/C]} \quad (2.14)$$

この場合も，電場の大きさは r [m] の 3 乗に反比例している．このように，電気双極子がつくる電場は中心からの距離 r の 3 乗に反比例する．

【実践例題解答】 ① $\left(\frac{kqr}{\left\{r^2+\left(\frac{d}{2}\right)^2\right\}^{3/2}}, -\frac{kqd}{2\left\{r^2+\left(\frac{d}{2}\right)^2\right\}^{3/2}}\right)$

② $\left(\frac{-kqr}{\left\{r^2+\left(\frac{d}{2}\right)^2\right\}^{3/2}}, -\frac{kqd}{2\left\{r^2+\left(\frac{d}{2}\right)^2\right\}^{3/2}}\right)$ ③ $\left(0, -\frac{kqd}{\left\{r^2+\left(\frac{d}{2}\right)^2\right\}^{3/2}}\right)$ ④ $\left(0, -\frac{kqd}{r^3}\right)$

連続的な電荷分布のつくる電場を求めよう　難易度★★★

基本例題メニュー 2.3　線分上に分布した電荷がつくる電場

電気量 Q [C]（$Q > 0$）の電荷が長さ $2a$ [m] の線分上に一様に分布している．線分の垂直2等分線上で，線分からの距離 r [m] の点Pでの電場を求めなさい．ただし，クーロンの法則の比例定数を k [$\mathrm{N \cdot m^2/C^2}$] とする．

【材料】

Ⓐ 点電荷のつくる電場（大きさ：$k\frac{|Q|}{r^2}$），Ⓑ 線電荷密度：$\lambda = \frac{Q}{l}$，Ⓒ 電場の重ね合わせの原理

【レシピと解答】

Step1　線電荷密度を求める．

電荷は一様に分布しているので，線電荷密度 λ は全電荷を線分の長さ $2a$ で割ることで求められる．

$$\lambda = \frac{Q}{2a} \text{ [C/m]} \tag{2.15}$$

Step2　図2.5のように，線分の中点を原点とし，線分に平行な方向を x 軸，垂直な方向を y 軸とする．線分上 x の位置にある微小長さ dx [m] 部分の電荷がPにつくる電場 $d\boldsymbol{E}$ を求める．

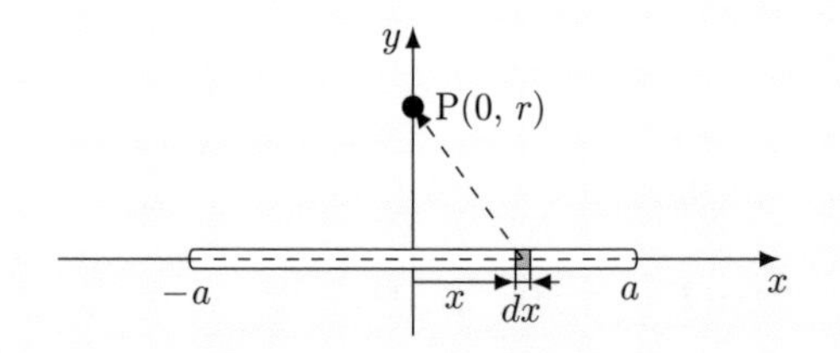

図2.5　線分上に分布した電荷がつくる電場

dx 部分の電気量は $\lambda\,dx = \frac{Q\,dx}{2a}$ [C] であり，dx 部分からPまでの距離は $\sqrt{x^2+r^2}$ [m] である．したがって，dx 部分の電荷がPにつくる電場 $d\boldsymbol{E}$ の大きさは

$$dE = \frac{k\lambda\,dx}{x^2+r^2} \text{ [N/C]} \tag{2.16}$$

であり，点 $(x, 0)$ からPに引いた直線の向きである．これを x 成分と y 成分に分けて書けば

$$dE_x = \frac{k\lambda\,dx}{x^2+r^2}\frac{x}{\sqrt{x^2+r^2}} \text{ [N/C]}, \tag{2.17}$$

$$dE_y = \frac{k\lambda\,dx}{x^2+r^2}\,\frac{r}{\sqrt{x^2+r^2}}\ [\mathrm{N/C}] \tag{2.18}$$

となる．

Step3 **電場を線分全体で足し合わせて，P における電場 $\boldsymbol{E}$ を求める．**

dE_x, dE_y を $x=-a$ から a まで積分すれば，線分全体が P につくる電場が求められる．ここで，dE_x は x についての奇関数になっているので，$x=-a$ から a まで積分すると 0 になる．これは，問題 1.11 のように y 軸に対して対称の位置にある部分の電荷の x 成分が互いに打ち消し合うからである．

結局，P における電場は y 方向を向き，その大きさ E は

$$E = kr\lambda\int_{-a}^{a}\frac{dx}{(x^2+r^2)^{\frac{3}{2}}} = kr\lambda\int_{-a}^{a}\frac{dx}{x^3\{1+(\frac{r}{x})^2\}^{\frac{3}{2}}}$$

$$= 2kr\lambda\int_{0}^{a}\frac{dx}{x^3\{1+(\frac{r}{x})^2\}^{\frac{3}{2}}}\ [\mathrm{N/C}] \tag{2.19}$$

より求められる．この積分は $u=1+(\frac{r}{x})^2$ と置いて置換積分をすれば計算できる．このとき，$\frac{du}{dx}=-\frac{2r^2}{x^3}$ であり，積分範囲は表 2.1 のようになる．

表 2.1 積分範囲

x	0	a
u	∞	$1+(\frac{r}{a})^2$

したがって，積分は次のように求まる．

$$E = 2kr\lambda\times\int_{u=\infty}^{u=1+(\frac{r}{a})^2}\left(-\frac{1}{2r^2u^{\frac{3}{2}}}\right)du$$

$$= 2kr\lambda\left[\frac{1}{r^2u^{\frac{1}{2}}}\right]_{u=\infty}^{u=1+(\frac{r}{a})^2}$$

$$= \frac{2k\lambda}{r\sqrt{1+(\frac{r}{a})^2}} = \frac{kQ}{r\sqrt{a^2+r^2}}\ [\mathrm{N/C}] \tag{2.20}$$

最後に，$\lambda=\frac{Q}{2a}$ を代入した．

線分の長さが十分に短い $r\gg a$ の場合は $k\,\frac{Q}{r^2}$ となり，点電荷がつくる電場と一致する．また，長さが十分に長い $r\ll a$ の場合は，$k\,\frac{Q}{ra}=2k\,\frac{\lambda}{r}$ となる．これは基本例題メニュー 2.5 でガウスの法則を用いて導く．

難易度★★☆

実践例題メニュー 2.4 円環上に分布した電荷がつくる電場

電気量 Q [C]（$Q>0$）の電荷が半径 a [m] の円環上に一様に分布している．円環の中心を通る円に垂直な軸上で，中心からの距離 z [m] の点Pでの電場を求めなさい．ただし，クーロンの法則の比例定数を k [N·m^2/C^2] とする．

【材料】

Ⓐ 点電荷のつくる電場（大きさ：$k\frac{|Q|}{r^2}$），Ⓑ 線電荷密度：$\lambda=\frac{Q}{l}$，Ⓒ 電場の重ね合わせの原理

【レシピと解答】

Step1 線電荷密度 λ を求める．

電荷は一様に分布しているので，線電荷密度は $\lambda=$ ① [C/m] となる．

Step2 円環の微小長さ dl 部分が，Pにつくる電場の大きさを求める．

図2.6より $dE=$ ② [N/C] となる．

Step3 円環全体で電場を足し合わせて，Pでの電場 $\boldsymbol{E}$ を求める．

軸線に垂直な成分は，円環全体で足し合わせると打ち消し合って0になる．よって，$\boldsymbol{E}$ は軸方向の成分のみになる．

$$dE_{\text{軸}}= \text{③}\ \text{[N/C]} \tag{2.21}$$

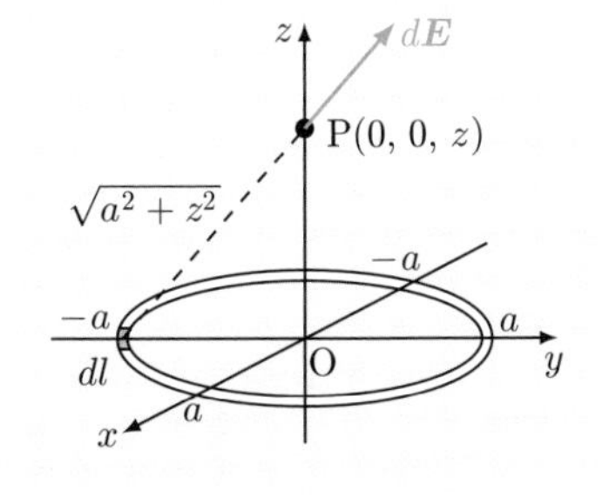

図2.6 円環上に一様に分布した電荷のつくる電場

であるから，$\boldsymbol{E}$ を求めるには，これをリング全体で足せばよい．$dl=a\,d\theta$ として，次のように求まる．

$$E= \text{④}\ \text{[N/C]} \tag{2.22}$$

であり，z 軸に平行で円環から遠ざかる向きである．

円環の半径が十分に小さい $z\gg a$ のときには，点電荷がつくる電場と一致する．

【実践例題解答】 ① $\frac{Q}{2\pi a}$ ② $\frac{k\lambda dl}{z^2+a^2}$ ③ $dE\times\frac{z}{\sqrt{z^2+a^2}}=\frac{k\lambda z}{(z^2+a^2)^{3/2}}dl$
④ $\int_0^{2\pi}\frac{k\lambda z}{(z^2+a^2)^{3/2}}a\,d\theta=\frac{kQz}{(z^2+a^2)^{3/2}}$

問　題

2.1 それぞれ電気量 $-q$ [C], $2q$ [C], $-q$ [C]（$q > 0$）の電荷 A, B, C が xy 平面上，位置 $(0, \frac{d}{2})$ [m], $(0, 0)$ [m], $(0, -\frac{d}{2})$ [m] の位置に固定されて置かれている（これを**直線電気四極子**（ちょくせんでんきしきょくし）という）．y 軸上，$y = r$ [m]（$r \gg d$）の点 P での電場を求めなさい．ただし，クーロンの法則の比例定数を k [N·m^2/C^2] とする．

2.2 図 2.7 のような 1 辺の長さ 3.0 mm の正三角形の 3 つの頂点に，それぞれ 2.0 nC, 3.0 nC, 2.0 nC の点電荷を固定して置く．正三角形の重心 G における電場を求めなさい．ただし，クーロンの法則の比例定数を 9.0×10^9 N·m^2/C^2 とする．

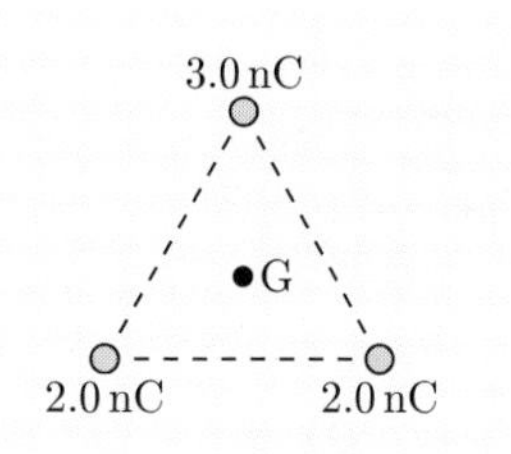

図 2.7　正三角形の重心の電場

2.3 半径 a [m] の円周上に，電気量 $\frac{Q}{n}$ [C]（$Q > 0$）の n 個の点電荷が等間隔に固定して置かれている．円の中心を通る円に垂直な軸上で，中心からの距離 z [m] の点 P での電場を求めなさい．特に，n が大きい極限で実践例題メニュー 2.4 の結果と一致することを確かめなさい．ただし，クーロンの法則の比例定数を k [N·m^2/C^2] とする．

2.4 大きさ E [N/C] の一様な電場中で，質量 m [kg]，電気量 q [C]（$q > 0$）の荷電粒子を静かに放したところ，粒子は電場の方向に等加速度運動をした．ニュートンの運動方程式を解いて，任意の時刻の粒子の位置および速度を求めなさい．また，初期位置から距離 d [m] だけ運動する間の，粒子の運動エネルギーの変化を求めなさい．

2.5 図 2.8 のように水平方向，大きさ E [N/C] の一様な電場中で，質量 m [kg]，電気量 q [C]（$q > 0$）の小球を，伸び縮みしない長さ l [m] の軽い糸で天井から吊るした．そして，糸がたるまないように球をわずかにずらしてから静かに放すと，球は単振り子の運動をはじめた．この振り子の周期を求めなさい．ただし，重力加速度の大きさを g [m/s^2] とし，また，電荷は球から逃げていかないものとする．

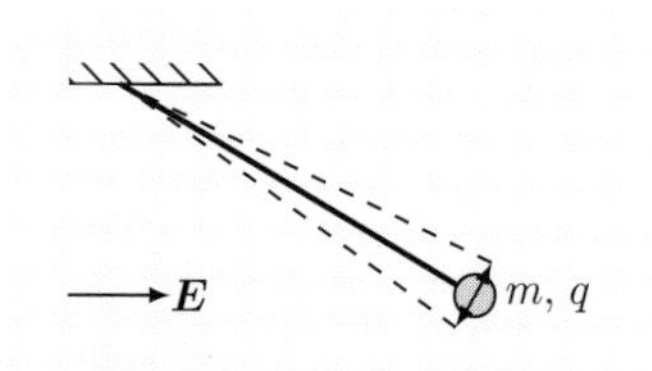

図 2.8　電場中の単振り子

2.6 半径 a [m] の円に内接する正 n 角形の辺上に電気量 Q [C]（$Q > 0$）の電荷が一様に分布している．円の中心を通る円に垂直な軸上で，中心から距離 z [m] だけ離れた点 P での電場を求めなさい．特に，n が大きい極限で実践例題メニュー 2.4 の結果と一致することを確かめなさい．ただし，クーロンの法則の比例定数を k [N·m^2/C^2] とする．

2.7　線電荷密度 λ [C/m], $-\lambda$ [C/m]（$\lambda > 0$）で電荷が一様に分布した2本の直線導線が d [m] だけ離れて平行に置かれている．2本の直線を含む面内，2つの導線の間で $+\lambda$ の直線からの距離 r [m] だけ離れた点Pでの電場の大きさを求めなさい．ただし，クーロンの法則の比例定数を k [N·m^2/C^2] とし，基本例題メニュー 2.3 の結果を使ってよい．

2.8　**【チャレンジ問題】**半径 a [m] の円板上に面電荷密度 σ [C/m^2]（$\sigma > 0$）で電荷が一様に分布している．円板の中心を通る円板に垂直な軸上で，中心からの距離 z [m] の点Pでの電場を求めなさい．ただし，クーロンの法則の比例定数を k [N·m^2/C^2] とし，実践例題メニュー 2.4 の結果を使ってよい．

2.9　面電荷密度 σ [C/m^2], $-\sigma$ [C/m^2]（$\sigma > 0$）で電荷が一様に分布した半径 a [m] の2枚の円板が d [m] だけ離して重なるように平行に置かれている．2つの円板間，円板の中心を通る円板に垂直な軸上で，$+\sigma$ の円板からの距離 z [m] の点Pでの電場の大きさを求めなさい．ただし，クーロンの法則の比例定数を k [N·m^2/C^2] とし，問題 2.8 の結果を使ってよい．

2.10　図 2.9 のように，それぞれ，電気量 Q [C], $-Q$ [C]（$Q > 0$）の電荷が一様に分布した半径 a [m], b [m]（$a < b$）の2つの円環が xy 平面上，中心が原点Oに一致するように置かれている．Oを通る円環に垂直な軸上で，Oからの距離 z [m] の点Pでの電場を求めなさい．ただし，クーロンの法則の比例定数を k [N·m^2/C^2] とし，実践例題メニュー 2.4 の結果を使ってよい．

2.11　図 2.10 のように，電荷密度 σ [C/m^2]（$\sigma > 0$）で電荷が一様に分布した内半径 a [m]，外半径 b [m]（$a < b$）の穴の空いた円板が，xy 平面上，中心が原点Oに一致するように置かれている．Oを通る円板に垂直な軸上で，Oからの距離 z [m] の点Pでの電場を求めなさい．ただし，クーロンの法則の比例定数を k [N·m^2/C^2] とし，問題 2.8 の結果を使ってよい．

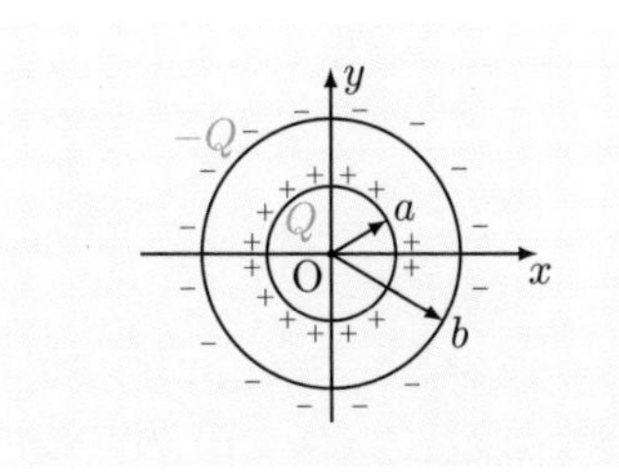

図 2.9　2つの円環

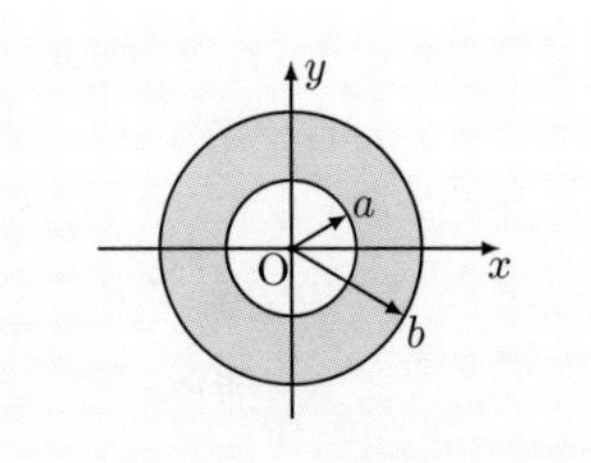

図 2.10　穴の空いた円板

2.2 電場に関するガウスの法則

「閉曲面の内側から外側へ出て行く電気力線の正味の本数は，その閉曲面内部に含まれる電荷の総量を $\frac{1}{\varepsilon}$ 倍したものに等しい.」

これを**電場に関するガウスの法則**（でんば かん ほうそく）という．ここで，正味の本数とは，内側から外側へ出て行く電気力線を正とし，外側から内側に入ってくる電気力線を負として，足し合わせた本数である．また，ε を**誘電率**（ゆうでんりつ）といい，その値は電荷の置かれている媒質によって決まる．誘電率は，クーロンの比例定数 k と

$$k = \frac{1}{4\pi\varepsilon} \tag{2.23}$$

の関係があり（問題 2.15），真空の誘電率 ε_0 は次の値になる．

$$\varepsilon_0 = 8.85418782 \times 10^{-12}\ \mathrm{F/m} \tag{2.24}$$

誘電率の単位は (2.23) より $\mathrm{C^2/(N \cdot m^2)}$ でもあるが，ファラド毎メートル（記号：F/m）を用いる．

図 2.11 のように，一様な電場 $\boldsymbol{E}$ [N/C] の中でそれに垂直な面積 S [$\mathrm{m^2}$] の面 S を考えよう．電気力線の本数が電場の強さに対応するので，S を通過する電気力線の本数は ES と書ける．図 2.12 のように電場が S に垂直でないときには，S を通過する電気力線の本数は，S に垂直に立てた法線方向の単位ベクトル（単位法線ベクトル）$\boldsymbol{n}$ と電場 $\boldsymbol{E}$ の成す角を θ として

$$ES\cos\theta = \boldsymbol{E} \cdot \boldsymbol{n}S = \boldsymbol{E} \cdot \boldsymbol{S} \tag{2.25}$$

と書ける．ここで，「·」は内積を表しており，また，$\boldsymbol{S} = \boldsymbol{n}S$ である．

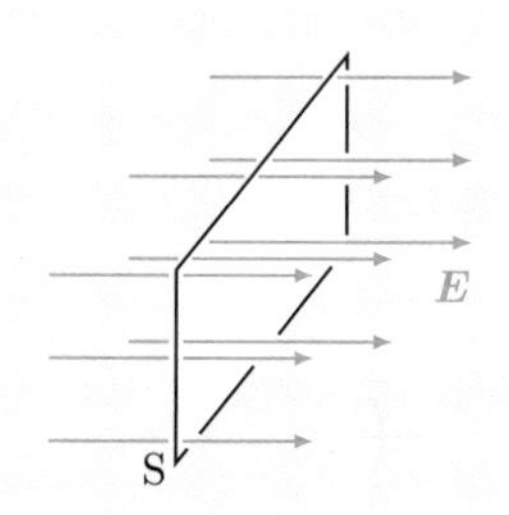

図 2.11 面 S と電場が垂直な場合の面を通過する電気力線

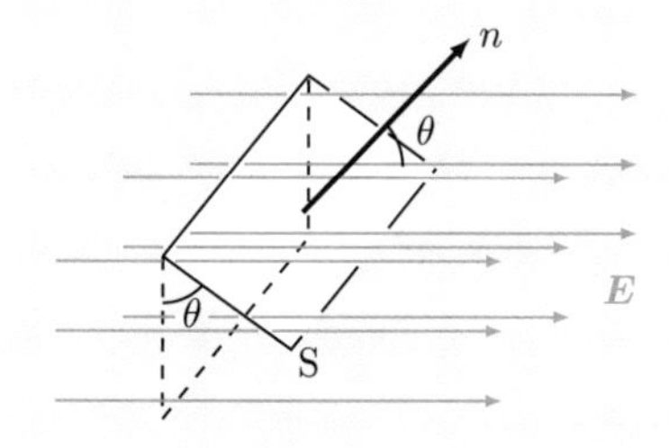

図 2.12 面 S と電場が垂直でない場合の面を通過する電気力線

面S上で電場が一様でないときには, Sを微小部分に分割すればよい. その微小部分の面積が十分に小さければ微小部分上で電場は一様だと考えることができ, (2.25) を適用できる. i 番目の微小部分の面積とその部分の単位法線ベクトルの積を $\Delta\boldsymbol{S}_i$ [m^2] とし, そこでの電場を $\boldsymbol{E}_i$ [N/C] とすれば, 面全体を通過する電気力線の本数は $\sum_i \boldsymbol{E}_i \cdot \Delta\boldsymbol{S}_i$ と書ける. ここで和は面全体について行う. これを形式的に $\oint_{\mathrm{S}} \boldsymbol{E} \cdot d\boldsymbol{S}$ と書き, $\boldsymbol{E}$ の面Sについての**法線面積分**(ほうせんめんせきぶん)という. 積分記号 $\oint_{\mathrm{S}}$ の ∘ は閉曲面についての積分であることを表している. これを用いれば電場に関するガウスの法則は

$$\oint_{\mathrm{S}} \boldsymbol{E} \cdot d\boldsymbol{S} = \frac{1}{\varepsilon} \sum_i Q_i \quad \text{(電場に関するガウスの法則)} \tag{2.26}$$

と書ける. ここで, $\sum_i Q_i$ はSの内部に含まれる全電気量を表しており, 法線ベクトルは閉曲面の内側から外側に向かうとする.

曲面によって内側と外側に分けられる場合, その曲面を閉曲面といいます. 例えば, 球面は内側から外側に出られないので閉曲面です. コップは内側と外側がつながっているので, 閉曲面ではありません.

電場に関するガウスの法則によれば, 電気量 $+Q$ [C] の点電荷から出る電気力線の本数は $\frac{Q}{\varepsilon}$ 本なので, 電場 $\boldsymbol{E}$ [N/C] を誘電率 ε [F/m] 倍した物理量として

$$\boldsymbol{D} = \varepsilon \boldsymbol{E} \ [\mathrm{C/m^2}] \quad \text{(電場に関する物質の方程式)} \tag{2.27}$$

と定義しておくと便利である. この $\boldsymbol{D}$ を**電束密度**(でんそくみつど)という. 電束密度を用いると, 電場に関するガウスの法則は, 次のように言い換えられる.

「閉曲面の内側から外側へ出て行く電束の正味の本数は, その閉曲面内部に含まれる電荷の総量に等しい.」

ここで, 閉曲面を内側から外側に貫く電束は, 電束密度の閉曲面に垂直な成分を閉曲面全体で足し合わせたものである. よって, 電束密度 $\boldsymbol{D}$ を用いた電場に関するガウスの法則は次のようになる.

$$\oint_{\mathrm{S}} \boldsymbol{D} \cdot d\boldsymbol{S} = \sum_i Q_i \quad \text{(電場に関するガウスの法則)} \tag{2.28}$$

対称性がよい電荷分布がつくる電場を求めよう

難易度 ★★☆

基本例題メニュー 2.5 直線電荷のつくる電場

真空中で，無限に長い直線上に線電荷密度 λ [C/m]（$\lambda > 0$）で電荷が一様に分布している．直線から距離 r [m] だけ離れた位置での電束密度および電場を求めなさい．ただし，真空の誘電率を ε_0 [F/m] とする．

【材料】

Ⓐ 電場に関するガウスの法則：$\oint_S \boldsymbol{D} \cdot d\boldsymbol{S} = \sum Q_i$，Ⓑ $\boldsymbol{D} = \varepsilon_0 \boldsymbol{E}$，Ⓒ 円筒の側面積：$2\pi rl$

【レシピと解答】

Step1 閉曲面として，図 2.13 のような，直線を中心軸とする底面の半径 r [m]，高さ l [m] の円筒面 S を考え，S に含まれる電荷 $\sum_i Q_i$ を求める．

S に含まれる電荷は，直線の長さ l の部分であるから，線電荷密度 λ に長さ l を掛けて，$\sum_i Q_i = \lambda l$ [C] となる．

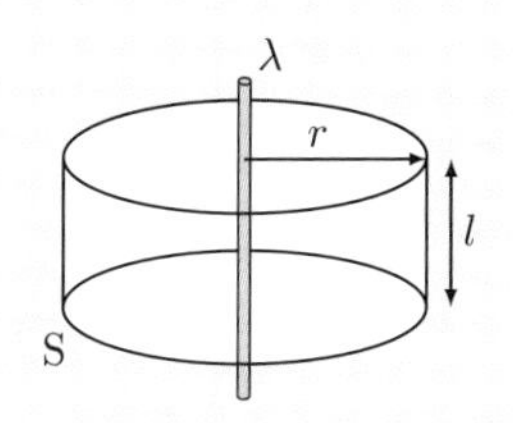

図 2.13　無限に長い直線上に分布した電荷

Step2 対称性より，S を貫く電束密度（および電場）は S 上の至る所で同じ大きさ，S に垂直で内側から外側に向かう向きになる．電束密度を $\boldsymbol{D}$ [C/m^2] として，S を貫く全電束 Φ_E を求める．

$$\Phi_E = \oint_S \boldsymbol{D} \cdot d\boldsymbol{S} = D \times (\text{側面積}) = D \times (2\pi rl) = 2\pi rlD \ \text{[C]} \quad (2.29)$$

Step3 電場に関するガウスの法則より，電束密度 $\boldsymbol{D}$ を求める．

ガウスの法則より，$2\pi rlD = \lambda l$ が成り立つ．これより $D = \frac{\lambda}{2\pi r}$ [C/m^2] であり，直線に垂直で直線から遠ざかる向きである．

Step4 $\boldsymbol{D} = \varepsilon_0 \boldsymbol{E}$ より，電場 $\boldsymbol{E}$ を求める．

$\boldsymbol{D} = \varepsilon_0 \boldsymbol{E}$ より $E = \frac{D}{\varepsilon_0} = \frac{\lambda}{2\pi\varepsilon_0 r}$ [N/C] であり，直線に垂直で直線から遠ざかる向きである．これは基本例題メニュー 2.3 において $r \ll a$ の場合にクーロンの法則の比例定数 k を $\frac{1}{4\pi\varepsilon_0}$ としたものと一致している．

難易度★★☆

実践例題メニュー 2.6　　球殻上に分布した電荷

真空中で，電気量 Q [C]（$Q > 0$）の電荷が，半径 a [m] の球殻上に一様に分布している．球の中心から距離 r [m] だけ離れた位置での電束密度および電場を求めなさい．ただし，真空の誘電率を ε_0 [F/m] とする．

【材料】

Ⓐ 電場に関するガウスの法則：$\oint_S \boldsymbol{D} \cdot d\boldsymbol{S} = \sum Q_i$，Ⓑ $\boldsymbol{D} = \varepsilon_0 \boldsymbol{E}$，Ⓒ 球の表面積：$4\pi r^2$

【レシピと解答】

Step1　閉曲面として，球と同心の半径 r [m] の球面 S を考え，S に含まれる電荷 $\sum Q_i$ [C] を求める．

S に含まれる電荷は，図 2.14 のように考えれば，$r \geqq a$ の場合は ① [C]，$r < a$ の場合は ② となる．

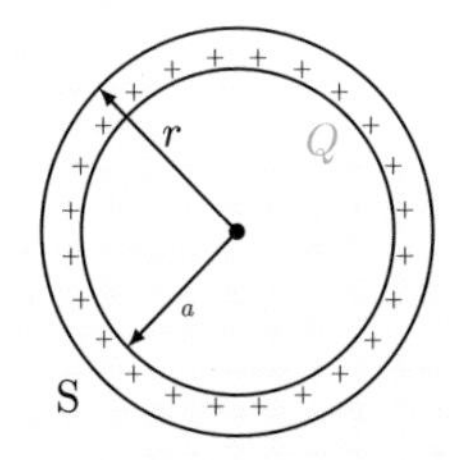

(a) $r \geqq a$：全ての電荷が含まれる

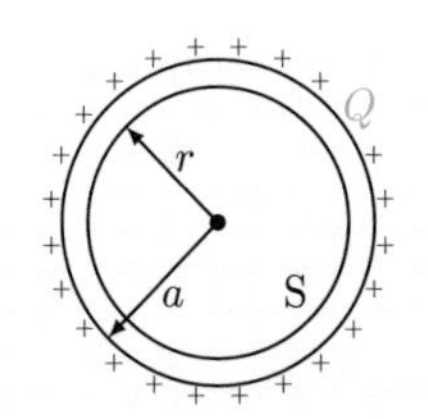

(b) $r < a$：電荷が含まれない

図 2.14　球殻上に分布した電荷

$r < a$ のときには，電荷は全て S の外側になることに注意しましょう．

Step2　対称性より，S を貫く電束密度は S 上の至る所で同じ大きさ，S に垂直で S の内側から外側に向かう向きになる．電束密度を $\boldsymbol{D}$ として，S を貫く全電束 Φ_E を求める．

$$\Phi_E = \oint_S \boldsymbol{D} \cdot d\boldsymbol{S} = \text{③} \ \text{[C]} \qquad (2.30)$$

Step3　**電場に関するガウスの法則より，電束密度 $\boldsymbol{D}$ を求める．**

ガウスの法則より

$$4\pi r^2 D = \begin{cases} \boxed{④\quad} & (r \geqq a) \\ \boxed{⑤\quad} & (r < a) \end{cases} \tag{2.31}$$

が成り立つ．これを整理すると D は次のようになる．

$$D = \begin{cases} \boxed{⑥\quad}\ [\mathrm{C/m^2}] & (r \geqq a) \\ \boxed{⑦\quad} & (r < a) \end{cases} \tag{2.32}$$

向きは球面に垂直で球の中心から遠ざかる向きである．

Step4　**$\boldsymbol{D} = \varepsilon_0 \boldsymbol{E}$ より，電場 $\boldsymbol{E}$ を求める．**

$\boldsymbol{D} = \varepsilon_0 \boldsymbol{E}$ より

$$E = \frac{D}{\varepsilon_0} = \begin{cases} \boxed{⑧\quad}\ [\mathrm{N/C}] & (r \geqq a) \\ \boxed{⑨\quad} & (r < a) \end{cases} \tag{2.33}$$

であり，球面に垂直で球の中心から遠ざかる向きである．

これより，$r \geqq a$ では，球殻上に分布した電荷のつくる電場は，球の中心に全電荷が集中しているとした点電荷のつくる電場 (2.2) の $k = \frac{1}{4\pi\varepsilon_0}$ とした場合と一致することがわかる．また，E の r 依存性のグラフを描くと，図 2.15 のようになる．

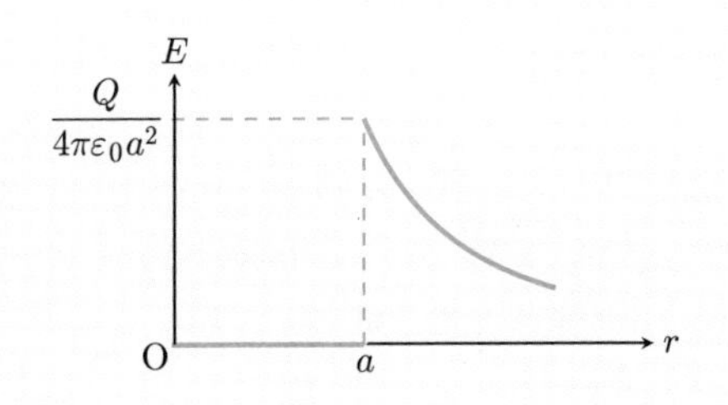

図 2.15　球殻上に分布した電荷のつくる電場の大きさの r 依存性

【実践例題解答】 ① Q　② 0　③ $D \times$ (半径 r の球の表面積) $= D \times (4\pi r^2) = 4\pi r^2 D$
④ Q　⑤ 0　⑥ $\frac{Q}{4\pi r^2}$　⑦ 0　⑧ $\frac{Q}{4\pi\varepsilon_0 r^2}$　⑨ 0

問 題

2.12 真空中に固定して置かれた電気量 Q [C]（$Q > 0$）の点電荷を中心とする仮想的な立方体を考える．この立方体の1つの面を貫く電束を求めなさい．

2.13 図2.16のように真空中に，電気量 q [C], $2q$ [C], $-q$ [C]（$q > 0$）の点電荷A, B, Cが固定して置かれている．いま，仮想的な閉曲面 S_1, S_2, S_3 を考え，S_1 の内部にはAとBが，S_2 の内部にはAとCが含まれているとし，S_3 の内部には電荷が含まれていないとする．それぞれの閉曲面を貫く正味の電束を求めなさい．

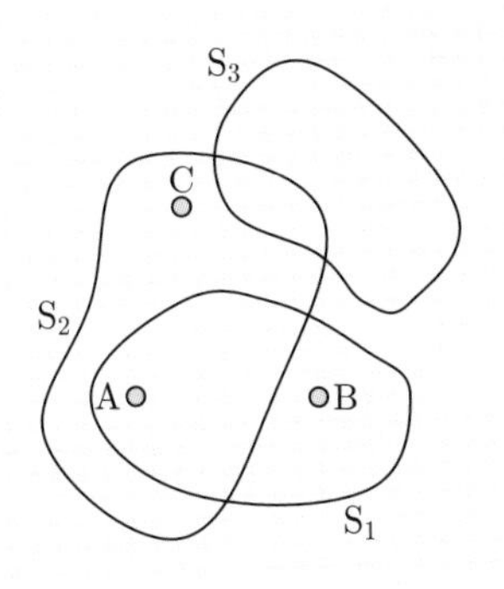

図2.16 真空中に置かれた3つの点電荷と3つの閉曲面

2.14 空洞のある導体を電気量 Q [C]（$Q > 0$）に帯電させておき，その空洞内部に q [C]（$q > 0$）の点電荷を固定して置いた．点電荷と導体との間の電荷のやりとりがないとしたとき，導体の内側と外側の表面に誘起される電荷の電気量を求めなさい（**ヒント**：導体内部の電場が0でないと内部の自由電子が静電気力を受けて移動するので，電荷の移動がない平衡状態では内部の電場は0になる）．

2.15 クーロンの法則の比例定数 k と誘電率 ε に $k = \frac{1}{4\pi\varepsilon}$ の関係があることを示しなさい．

2.16 真空中で，電気量 Q [C]（$Q > 0$）の電荷が，半径 a [m] の球内に一様に分布している．球の中心から距離 r [m] だけ離れた位置での電束密度および電場を求めなさい．ただし，真空の誘電率を ε_0 [F/m] とする．

2.17 真空中で，半径 a [m], b [m]（$a < b$）の2つの同心球殻上に，それぞれ電荷 Q [C], $-Q$ [C]（$Q > 0$）の電荷が一様に分布している．球の中心から距離 r [m] だけ離れた位置での電束密度および電場を求めなさい．ただし，真空の誘電率を ε_0 [F/m] とし，実践例題メニュー2.6の結果を使ってよい．

2.18 真空中で，内半径 a [m]，外半径 b [m]（$a < b$）の中空球内に電荷密度 ρ [C/m^3]（$\rho > 0$）で電荷が一様に分布している．球の中心から距離 r [m] だけ離れた位置での電束密度および電場を求めなさい．ただし，真空の誘電率を ε_0 [F/m] とし，問題 2.16 の結果を使ってよい．

2.19 真空中の無限に広い平面に，面電荷密度 σ [C/m^2]（$\sigma > 0$）で電荷が一様に分布している．この電荷がつくる電束密度および電場を求めなさい．また，結果が問題 2.8 の円板の半径が大きい極限のものと一致することを確かめなさい．ただし，真空の誘電率を ε_0 [F/m] とする．

2.20 真空中で，平行に置かれた無限に広い 2 枚の平面に，それぞれ，面電荷密度 σ [C/m^2]，$-\sigma$ [C/m^2]（$\sigma > 0$）で電荷が一様に分布している．この電荷がつくる電束密度および電場を求めなさい．ただし，真空の誘電率を ε_0 [F/m] とし，問題 2.19 の結果を使ってよい．

2.21 真空中で，断面の半径 a [m] の無限に長い円筒表面に，軸方向に単位長さ当たり λ [C/m]（$\lambda > 0$）で電荷が一様に分布している．円筒軸から距離 r [m] だけ離れた位置での電束密度および電場を求めなさい．ただし，真空の誘電率を ε_0 [F/m] とする．

2.22 真空中で，断面の半径 a [m]，b [m]（$a < b$）の無限に長い同軸円筒表面に，軸方向に単位長さ当たりそれぞれ λ [C/m]，$-\lambda$ [C/m]（$\lambda > 0$）で電荷が一様に分布している．円筒軸から距離 r [m] だけ離れた位置での電束密度および電場を求めなさい．ただし，真空の誘電率を ε_0 [F/m] とし，問題 2.21 の結果を使ってよい．

2.23 真空中で，断面の半径 a [m] の無限に長い円柱内に電荷密度 ρ [C/m^3]（$\rho > 0$）で電荷が一様に分布している．円柱軸から距離 r [m] だけ離れた位置での電束密度および電場を求めなさい．ただし，真空の誘電率を ε_0 [F/m] とする．

2.24 真空中で，断面の内半径 a [m]，外半径 b [m]（$a < b$）の無限に長い中空円柱内に電荷密度 ρ [C/m^3]（$\rho > 0$）で電荷が一様に分布している．円筒軸から距離 r [m] だけ離れた位置での電束密度および電場を求めなさい．ただし，真空の誘電率を ε_0 [F/m] とし，問題 2.23 の結果を使ってよい．

2.25 **【チャレンジ問題】** 真空中で，半径 a [m] の球の内部に電荷が分布している．中心からの距離 r [m] での電荷密度は，A を正の定数として $\rho(r) = Ar$ [C/m^3] で与えられる．原点から距離 r だけ離れた位置での，電荷のつくる電束密度および電場を求めなさい．ただし，真空の誘電率を ε_0 [F/m] とする．

第3章 電　位

静電気力は保存力なのでポテンシャルエネルギーが定義できる．この章では，まず，単位電気量当たりのポテンシャルエネルギーである電位について学ぼう．そして，コンデンサに蓄えられる電荷と極板間の電位差の関係を学び，コンデンサからなる回路の計算方法を習得しよう．

3.1 電　位

静電気力は保存力であり，ポテンシャルエネルギーが定義できる．単位電気量当たりの静電気力によるポテンシャルエネルギーを**電位**(でんい)という．位置 $\boldsymbol{r}$ [m] に電気量 q [C] の試験電荷があるとき，位置 $\boldsymbol{r}$ での静電気力によるポテンシャルエネルギーを $U(\boldsymbol{r})$ [J] とすれば，位置 $\boldsymbol{r}$ での電位 $\phi(\boldsymbol{r})$ は次のように書ける．

$$\phi(\boldsymbol{r}) = \frac{U(\boldsymbol{r})}{q} \text{ [V]} \quad \text{（電位の定義）} \tag{3.1}$$

電位の単位はジュール毎クーロンでもあるが，ボルト（記号：V）を用いる．

力がポテンシャルエネルギーの座標についての偏導関数で表せたように，電場 $\boldsymbol{E} = (E_x, E_y, E_z)$ も電位 ϕ [V] を用いて次のように書ける．

$$E_x = -\frac{\partial \phi}{\partial x} \text{ [V/m]}, \quad E_y = -\frac{\partial \phi}{\partial y} \text{ [V/m]}, \quad E_z = -\frac{\partial \phi}{\partial z} \text{ [V/m]} \tag{3.2}$$

電位は電場と同様に試験電荷が存在するかどうかに関わらず，空間全体に存在することに注意しましょう．

点電荷による電位　誘電率 ε の媒質中に置かれた電気量 Q [C] の点電荷による，点電荷から距離 r [m] だけ離れた点 P での電位を求めよう．点電荷による P の電位 ϕ [V] は，静電気力に逆らって基準点から P まで電気量 q [C] の試験電荷をゆっくりと移動させるのに要する仕事 W [J] を q で割ったものだから，基準点を無限遠とすれば次のように求まる（問題 1.16 参照）．

$$\phi = \frac{W}{q} = \frac{Q}{4\pi\varepsilon r} \text{ [V]} \quad \text{（点電荷による電位）} \tag{3.3}$$

電位差　図 3.1 のように，電気量 q [C] の試験電荷が電位 ϕ_A [V] の点 A から電位 ϕ_B [V] の点 B まで静電気力を受けて移動するとき，静電気力のする仕事は，電位を用いて次のように書ける．

$$W_{A \to B} = q\phi_A - q\phi_B = qV \text{ [J]} \tag{3.4}$$

ここで，2 点 AB 間の電位の差 V（$= \phi_A - \phi_B$）[V] を AB 間の**電位差**（でんいさ）もしくは**電圧**（でんあつ）という．

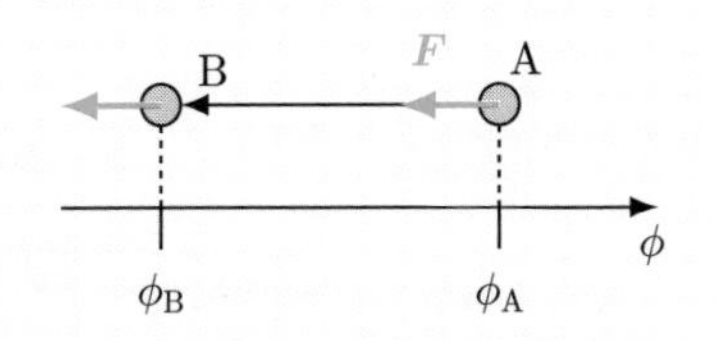

図 3.1　電位差

静電気力と同じ大きさで逆向きの力を加えて，試験電荷を A から B までゆっくりと移動させたとき，加えた力のする仕事は静電気力のする仕事と逆符号になります．符号を間違えないようにしましょう．

荷電粒子が静電気力だけを受けて運動するとき，荷電粒子の力学的エネルギーは保存する．質量 m [kg]，電気量 q [C] の荷電粒子を点 A から点 B へ移動したとき，点 A での荷電粒子の速さを v_A [m/s]，点 B での荷電粒子の速さを v_B [m/s] とすると，力学的エネルギー保存の法則は次のように書ける．

$$\frac{1}{2}m{v_B}^2 - \frac{1}{2}m{v_A}^2 = qV \text{ [J]} \tag{3.5}$$

エネルギーの単位はジュールであるが，微視的な現象を扱う際にはエレクトロンボルト（記号：eV）を用いることがある．1 eV とは，電子が 1 V の電位差のある 2 点間を通過するときに電場から得るエネルギーの大きさとして定義される．すなわち

$$1 \text{ eV} = 1.602176634 \times 10^{-19} \text{ J} \tag{3.6}$$

である．

等電位面 電場内で，電位の等しい点を連ねてできる面を**等電位面**(とうでんいめん)という．等電位面に沿って電荷を移動するのに要する仕事は0なので，電場は等電位面に対して常に垂直である．

> 等電位面は，地図の等高線に例えて想像するとわかりやすいでしょう．ただし，電荷は正負の2種類あるため，正の電荷には電位の高い方から低い方へ向かって，負の電荷は電位の低い方から高い方へ向かって静電気力が働くので注意が必要です．

導体の表面の電場と電位 問題 2.14 で述べたように，平衡状態の導体の内部では，全ての点で電場は0であり，したがって，導体の表面は等電位面となる．等電位面と電気力線は垂直であるから，電気力線は導体表面に対して垂直になる．

電位についての重ね合わせの原理 話を簡単にするために x 成分のみ考えよう．電場については重ね合わせの原理

$$(\boldsymbol{E}_{\text{合成}})_x = (\boldsymbol{E}_1)_x + (\boldsymbol{E}_2)_x + \cdots + (\boldsymbol{E}_N)_x \tag{3.7}$$

が成り立った．(3.7) に電場と電位の関係

$$(\boldsymbol{E}_1)_x = -\frac{\partial \phi_1}{\partial x}, \quad (\boldsymbol{E}_2)_x = -\frac{\partial \phi_2}{\partial x}, \quad \ldots, \quad (\boldsymbol{E}_N)_x = -\frac{\partial \phi_N}{\partial x} \tag{3.8}$$

を代入すると

$$(\boldsymbol{E}_{\text{合成}})_x = -\frac{\partial \phi_1}{\partial x} - \frac{\partial \phi_2}{\partial x} - \cdots - \frac{\partial \phi_N}{\partial x} = -\frac{\partial}{\partial x}(\phi_1 + \phi_2 + \cdots + \phi_N) \tag{3.9}$$

となる．ここで，合成電位を $\phi_{\text{合成}} = \phi_1 + \phi_2 + \cdots + \phi_N$ とすれば

$$(\boldsymbol{E}_{\text{合成}})_x = -\frac{\partial \phi_{\text{合成}}}{\partial x} \tag{3.10}$$

と書ける．同様に y 成分，z 成分も $(\boldsymbol{E}_{\text{合成}})_y = -\frac{\partial \phi_{\text{合成}}}{\partial y}$，$(\boldsymbol{E}_{\text{合成}})_z = -\frac{\partial \phi_{\text{合成}}}{\partial z}$ と書けるから，**電位についての重ね合わせの原理**(でんいについてのかさねあわせのげんり)が成り立つことが確かめられる．

> 電場はベクトル量なのに対して，電位はスカラー量ですので，方向を考慮する必要がありません．そのため，各電場を求めてからそれを足して合成電場を求めるよりも，電位を合成してからそれを微分して合成電場を求める方が計算が楽になります．

電場から電位を求めよう

難易度 ★★☆

基本例題メニュー 3.1 平行平板間の電位差

図 3.2 のように真空中で，距離 d [m] だけ離れた無限に広い 2 枚の平行平板に，面電荷密度 σ [C/m^2], $-\sigma$ [C/m^2]（$\sigma > 0$）で電荷が一様に分布している．平板間の電位差を求めなさい．ただし，真空の誘電率を ε_0 [F/m] とし，問題 2.20 の結果を使ってよい．

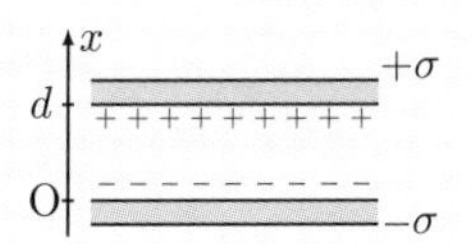

図 3.2 正負に帯電した平行平板間の電位差

【材料】

Ⓐ 平行平板のつくる平板間の電場（大きさ：$\frac{\sigma}{\varepsilon_0}$（問題 2.20 参照)), Ⓑ 静電気力：$\boldsymbol{F} = q\boldsymbol{E}$, Ⓒ 電位差と仕事の関係：$W = qV$

【レシピと解答】

Step1 平板間に電気量 q [C]（$q > 0$）の試験電荷を置いたときに，試験電荷に働く静電気力 $\boldsymbol{F}$ を求める．

問題 2.20 より，平板間の電場の大きさは $\frac{\sigma}{\varepsilon_0}$ なので，試験電荷に働く静電気力は $F = qE = q\frac{\sigma}{\varepsilon_0}$ [N] であり，正の平板から負の平板の向きである．

Step2 静電気力に逆らって，試験電荷を負に帯電した平板から正に帯電した平板までゆっくりと移動させるときに要する仕事 W を求める．

図 3.2 のように平板に垂直な方向を x 軸とし，x 軸に平行に経路をとると

$$W = \int_0^d F\,dx = q\frac{\sigma d}{\varepsilon_0} \text{ [J]} \tag{3.11}$$

Step3 電位差と仕事の関係 $V = \frac{W}{q}$ より，平板間の電位差 V を求める．

$$V = \frac{W}{q} = \frac{\sigma d}{\varepsilon_0} \text{ [V]} \tag{3.12}$$

であり，正の平板の方が負の平板よりも電位が高い．

大きさ E [N/C] の一様な電場中で，電場の方向に d [m] だけ離れた 2 点間の電位差は Ed [V] になります．

難易度★★★

実践例題メニュー 3.2 球殻上の電荷のつくる電位

真空中で，電気量 Q [C]（$Q > 0$）の電荷が半径 a [m] の球殻上に一様に分布している．球の中心から距離 r [m] だけ離れた点 P での電位を求めなさい．ただし，電位の基準点を無限遠とし，真空の誘電率を ε_0 [F/m] とする．また，実践例題メニュー 2.6 の結果を使ってよい．

【材料】

Ⓐ 球殻上に一様に分布する電荷のつくる電場（大きさ：$\frac{Q}{4\pi\varepsilon_0 r^2}$（$r \geqq a$）および 0（$r < a$）（実践例題メニュー 2.6）），Ⓑ 静電気力：$\boldsymbol{F} = q\boldsymbol{E}$，Ⓒ 電位差と仕事の関係：$W = qV$

【レシピと解答】

Step1 球の中心から距離 r [m] の点 P に電気量 q [C]（$q > 0$）の試験電荷を置いたときに，試験電荷に働く静電気力 $\boldsymbol{F}$ を求める．

実践例題メニュー 2.6 より，P の電場の強さは $\frac{Q}{4\pi\varepsilon_0 r^2}$（$r \geqq a$）および 0（$r < a$）と与えられるので，電気量 q の点電荷を置いたときに，点電荷に働く力は

$$F = \begin{cases} \boxed{①\qquad} \ [\mathrm{N}] & (r \geqq a) \\ \boxed{②\qquad} & (r < a) \end{cases} \tag{3.13}$$

であり，その向きは中心から遠ざかる向きである．

Step2 静電気力に逆らって，試験電荷を基準点である無限遠から P まで直線に沿ってゆっくりと移動させるときに要する仕事 $W_{基準点\to\mathrm{P}}$ を求める．

試験電荷の電気量を q [C]（$q > 0$）とすると，試験電荷は中心から遠ざかる向きの力を受ける．つまり，ゆっくりと P まで移動させるには，図 3.3 のように，同じ大きさで中心に向かう力を加えなければならない．したがって，$W_{基準点\to\mathrm{P}}$ は次のようになる．

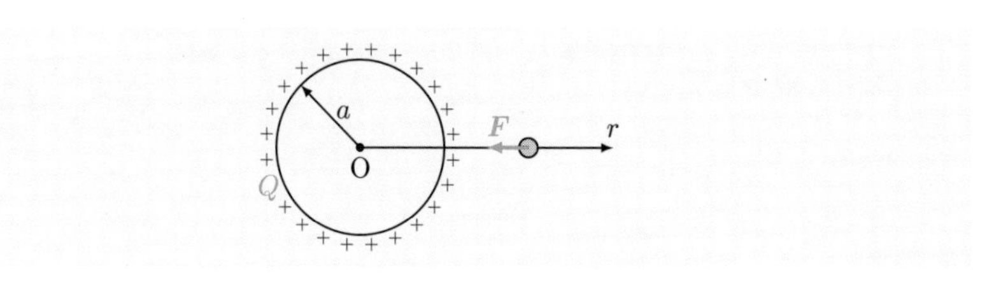

図 3.3 球殻上の電荷のつくる電位

$$W_{基準点\to \mathrm{P}} = \begin{cases} \fbox{③} \ [\mathrm{J}] & (r \geqq a) \\ \fbox{④} \ [\mathrm{J}] & (r < a) \end{cases} \tag{3.14}$$

Step3 電位と仕事の関係 $\phi = \frac{W_{基準点\to \mathrm{P}}}{q}$ より，P の電位 ϕ を求める．

$$\phi = \begin{cases} \fbox{⑤} \ [\mathrm{V}] & (r \geqq a) \\ \fbox{⑥} \ [\mathrm{V}] & (r < a) \end{cases} \tag{3.15}$$

となる．$r \geqq a$ のときには，球殻上の電荷のつくる電位が点電荷のつくる電位と一致することが確認できる．

電位の r 依存性のグラフは図 3.4 のようになり，図 2.15 の球殻上に分布した電荷のつくる電場の大きさは，このグラフの傾きの大きさになっていることが確認できる．

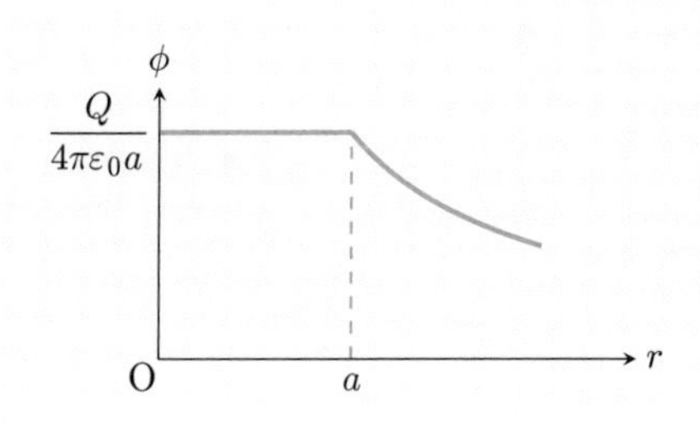

図 3.4　球殻上に分布した電荷のつくる電位の r 依存性

【実践例題解答】 ① $\frac{Qq}{4\pi\varepsilon_0 r^2}$ ② 0 ③ $\int_\infty^r \left(-\frac{Qq}{4\pi\varepsilon_0 r^2}\right) dr = \frac{Qq}{4\pi\varepsilon_0}\left[\frac{1}{r}\right]_\infty^r = \frac{Qq}{4\pi\varepsilon_0 r}$
④ $\int_\infty^a \left(-\frac{Qq}{4\pi\varepsilon_0 r^2}\right) dr + \int_a^r 0\, dr = \frac{Qq}{4\pi\varepsilon_0 a}$ ⑤ $\frac{Q}{4\pi\varepsilon_0 r}$ ⑥ $\frac{Q}{4\pi\varepsilon_0 a}$

問 題

3.1 大きさ E [N/C] の一様な電場中で質量 m [kg]，電気量 q [C]（$q>0$）の荷電粒子を静かに放す．放してから粒子が d [m] だけ移動したときの，粒子の速さを力学的エネルギー保存の法則 (3.5) から求めなさい．そしてこれが，問題 2.4 の解答と一致することを確かめなさい．

3.2 【チャレンジ問題】真空中で，位置 $(0, \frac{d}{2})$ [m], $(0, -\frac{d}{2})$ [m] に固定して置かれた電気量 q [C], $-q$ [C]（$q>0$）の点電荷からなる電気双極子がある．この電気双極子による位置 $\boldsymbol{r}=(x,y)$ [m]（$d \ll r$）での電位を，電位についての重ね合わせの原理を利用して求めなさい．また，電位を微分することにより電場を求めなさい．特に，$(0,r)$ [m], $(r,0)$ [m] の位置の電場が，それぞれ基本例題メニュー 2.1，実践例題メニュー 2.2 の解答と一致していることを確かめなさい．ただし，電位の基準点を無限遠とし，真空の誘電率を ε_0 [F/m] とする．

3.3 真空中で，半径 a [m] の円環が線電荷密度 λ [C/m]（$\lambda>0$）で一様に帯電している．円環の中心を通り円に垂直な軸上で，中心からの距離 z [m] の点 P での電位を，電位についての重ね合わせの原理を利用して求めなさい．また，電位を微分することにより電場を求め，実践例題メニュー 2.4 の解答と一致することを確かめなさい．ただし，電位の基準点を無限遠とし，真空の誘電率を ε_0 [F/m] とする．

3.4 真空中で，半径 a [m] の円板が面電荷密度 σ [C/m^2]（$\sigma>0$）で一様に帯電している．円板の中心を通り円に垂直な軸上で，中心からの距離 z の点 P での電位を，電位についての重ね合わせの原理を利用して求めなさい．また，電位を微分することにより電場を求め，問題 2.8 の解答と一致することを確かめなさい．ただし，電位の基準点を無限遠とし，真空の誘電率を ε_0 [F/m] とする．

3.5 真空中で，電気量 Q [C]（$Q>0$）の電荷が半径 a [m] の球内に一様に分布している．球の中心から距離 r [m] の位置での電位を求めなさい．ただし，電位の基準点を無限遠とし，真空の誘電率を ε_0 [F/m] とし，問題 2.16 の結果を使ってよい．

3.6 真空中で，半径 a [m], b [m]（$a<b$）の 2 つの同心球殻上に，それぞれ電気量 Q [C], $-Q$ [C]（$Q>0$）の電荷が一様に分布している．この球殻間の電位差を求めなさい．ただし，真空の誘電率を ε_0 [F/m] とし，問題 2.17 の結果を使ってよい．

3.7 真空中で，半径 a [m]，半径 b [m]（$a<b$）の無限に長い 2 つの同軸円筒面上に，軸方向に単位長さ当たりそれぞれ λ [C/m], $-\lambda$ [C/m]（$\lambda>0$）で電荷が一様に分布している．円筒面間の電位差を求めなさい．ただし，真空の誘電率を ε_0 [F/m] とし，問題 2.22 の結果を使ってよい．

3.8 【チャレンジ問題】真空中に置かれた帯電した導体は，平衡状態では導体表面の曲率半径が小さい所ほど電荷分布が大きくなる傾向にあることを示しなさい．

3.2 コンデンサ

面積の等しい2つの導体板A, Bを平行に置き，これに電池とスイッチSをつないで図3.5のような回路をつくる．この回路のSを閉じると，電池によって導体板Aは正に，Bは負に帯電する．その後，Sを開いても，Aの正電荷とBの負電荷が互いに引力を及ぼし合うために，電荷は導体板上に蓄電され続ける．このような電荷を蓄える装置のことを**コンデンサ**という．

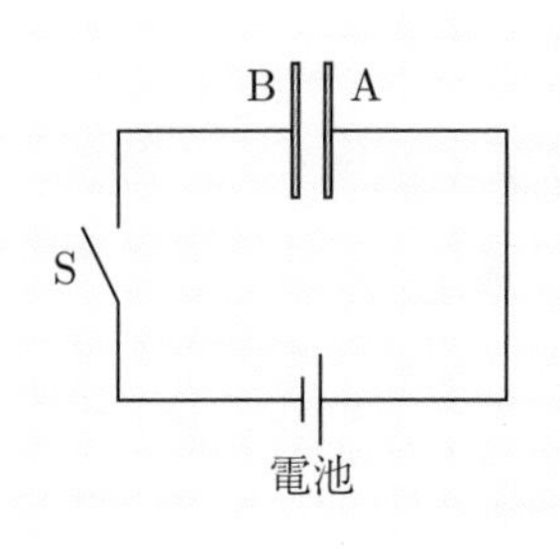

図3.5 コンデンサの原理

コンデンサに用いられる導体板をコンデンサの**極板**（きょくばん）といい，正の電荷が蓄えられた極板を正の極板，負の電荷が蓄えられた極板を負の極板という．

コンデンサの各極板に蓄えられる電荷の電気量が，それぞれ，$+Q$, $-Q$ のとき，コンデンサは電気量 Q の電荷を蓄えているといいます．

コンデンサに蓄えられる電気量 Q [C] は，極板間の電位差 V [V] に比例する．これを式で書くと次のようになる．

$$Q = CV \text{ [C]} \tag{3.16}$$

ここで，比例定数 C をコンデンサの**電気容量**（でんきようりょう）または**静電容量**（せいでんようりょう）という．電気容量の単位はクーロン毎ボルト（記号：C/V）でもあるが，ファラド（記号：F）を用いる．

面積 S [m^2]，間隔 d [m] の平行板からなる平行平板コンデンサの電気容量 C は，極板間の媒質の誘電率を ε [F/m] とすれば，次のように表される（問題3.9参照）．

$$C = \varepsilon \frac{S}{d} \text{ [F]} \tag{3.17}$$

コンデンサは，極板間の媒質の誘電率 ε が大きいほど電気容量が大きくなるので，蓄えられる電気量が大きくなります．セラミックコンデンサに使われるセラミック誘電体の誘電率は，大きいもので真空の誘電率の数万倍にもなります．

コンデンサの接続　複数のコンデンサを接続したとき，それらを1つのコンデンサとみなせる．このときの1つのコンデンサの電気容量を，**合成容量**という．

図3.6(a)のように接続した回路をコンデンサの**並列接続**という．並列接続した電気容量 C_1 [F] と C_2 [F] の2つのコンデンサを図3.6(b)のように1つのコンデンサとみなすと，その合成容量 C は，次のようになる．

$$C = C_1 + C_2 \ [\mathrm{F}] \tag{3.18}$$

この式は次のように示せる．電源電圧を V [V] とすると，2つのコンデンサに加わる電圧は共に V である（詳しくは4.2節）．また，2つのコンデンサが蓄える電気量はそれぞれ，$Q_1 = C_1 V$ [C], $Q_2 = C_2 V$ [C] となる．したがって，2つのコンデンサに蓄えられる電荷の総和 Q は

$$Q = Q_1 + Q_2 = (C_1 + C_2)V \ [\mathrm{C}] \tag{3.19}$$

となり，並列接続したコンデンサの合成容量の式(3.18)を得る．

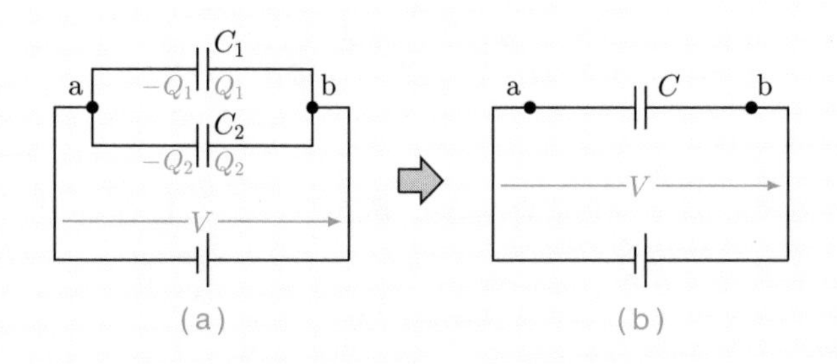

図3.6　コンデンサの並列接続

ある物質の誘電率 ε を真空の誘電率 ε_0 で割った比誘電率 $\varepsilon_\mathrm{r} = \frac{\varepsilon}{\varepsilon_0}$ を定義しておくと，媒質の異なる2つのコンデンサの電気容量を比較するときに便利です．ある物質の比誘電率 ε_r が与えられていれば，その物質の誘電率は $\varepsilon = \varepsilon_\mathrm{r}\varepsilon_0$ より求めることができます．

図 3.7 (a) のように接続した回路をコンデンサの**直列接続**という．スイッチを入れる前にコンデンサに電荷が蓄えられていないとき，直列接続した電気容量 C_1 [F] と C_2 [F] の 2 つのコンデンサを図 3.7 (b) のように 1 つのコンデンサとみなすと，その合成容量 C は，次のようになる．

$$C = \frac{C_1 C_2}{C_1 + C_2} \text{ [F]} \tag{3.20}$$

この式は次のように示せる．スイッチを入れる前に，電荷が蓄えられていないとき，スイッチを入れてから十分に時間が経った後では，2 つのコンデンサには等しい電気量が蓄えられる．これを Q [C] とする．また，2 つのコンデンサの両端の電圧は，それぞれ，$V_1 = \frac{Q}{C_1}$ [V], $V_2 = \frac{Q}{C_2}$ [V] である．この 2 つの電圧の和が電源電圧に等しくなる．よって

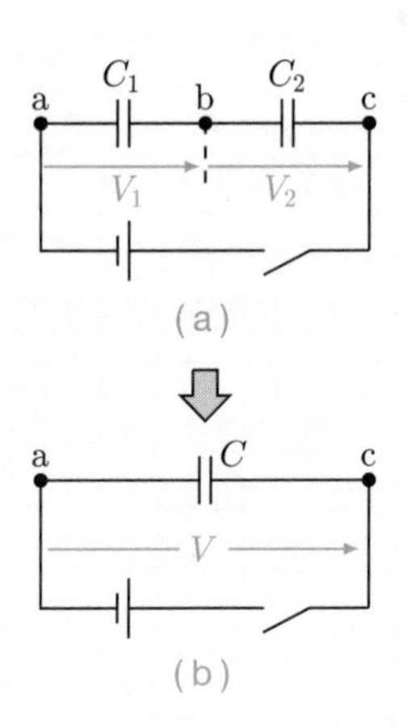

図 3.7　コンデンサの直列接続

$$V = V_1 + V_2 = \left(\frac{1}{C_1} + \frac{1}{C_2}\right) Q = \frac{C_1 + C_2}{C_1 C_2} Q \text{ [V]} \tag{3.21}$$

より，直列接続したコンデンサの合成容量の式 (3.20) を得る．

コンデンサに蓄えられるエネルギー　電気容量 C [F] の平行平板コンデンサに電気量 q [C] だけ電荷が蓄えられており，極板間の電位差を $v\,(= \frac{q}{C})$ [V] とする．この状態から dq [C] の電荷を負から正の極板まで移動させるのに要する仕事は $v\,dq = \frac{q}{C}\,dq$ [J] で与えられる．電気量 Q [C] だけ蓄えられたときのエネルギーは，充電されていないコンデンサを Q まで充電するのに要する仕事と等しいので

$$U_{\mathrm{E}} = \int_0^Q \frac{q}{C}\,dq = \frac{1}{2}\frac{Q^2}{C} = \frac{1}{2}CV^2 \text{ [J]} \quad \text{（コンデンサの静電エネルギー）} \tag{3.22}$$

これを**静電エネルギー**という．最後の等号では，電荷が Q だけ蓄えられているときの極板間の電位差を V [V] とし，$Q = CV$ を用いた．いま，コンデンサの極板間の電場の大きさを E [N/C]，極板間隔を d [m]，極板の面積を S [m^2]，極板間の誘電体の誘電率を ε [F/m] とすれば $V = Ed$ [V], $C = \varepsilon \frac{S}{d}$ [F] であるから，コンデンサに蓄えられる電場のエネルギー密度（単位体積当たりのエネルギー）は，次のようになる．

$$u_{\mathrm{E}} = \frac{U_{\mathrm{E}}}{Sd} = \frac{1}{2}\varepsilon E^2 \text{ [J/m}^3\text{]} \quad \text{（電場のエネルギー密度）} \tag{3.23}$$

コンデンサの合成容量を求めよう

難易度 ★☆☆

基本例題メニュー 3.3 コンデンサの接続 1

電気容量 $C_1 = 1.0\,\mu\mathrm{F}$, $C_2 = 2.2\,\mu\mathrm{F}$, $C_3 = 6.8\,\mu\mathrm{F}$ の 3 つのコンデンサ，起電力 $V = 9.0$ V の電池と，スイッチ S を用いて図 3.8 のように接続する．S を閉じて十分に時間が経った後の，3 つのコンデンサに蓄えられる全電気量はいくらか．ただし，はじめコンデンサには電荷は蓄えられていないものとする．

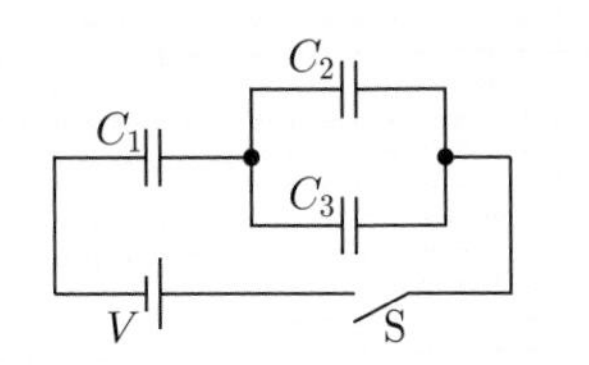

図 3.8 コンデンサの接続 1

【材料】

Ⓐ 並列接続の合成容量：$C_1 + C_2$，Ⓑ 直列接続の合成容量：$\frac{C_1 C_2}{C_1 + C_2}$，Ⓒ コンデンサに蓄えられる電荷：$Q = CV$

【レシピと解答】

Step1 C_2 と C_3 のコンデンサの合成容量を求める．

C_2 と C_3 のコンデンサは並列接続だから，合成容量は

$$C_2 + C_3 = 2.2\,\mu\mathrm{F} + 6.8\,\mu\mathrm{F} = 9.0\,\mu\mathrm{F} \tag{3.24}$$

したがって，図 3.8 は図 3.9 と等価になる．

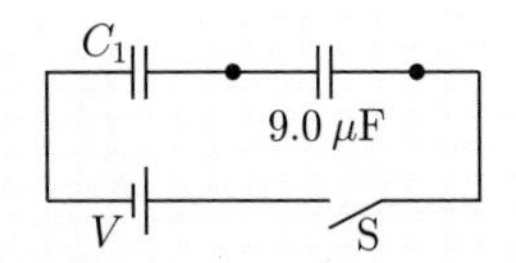

図 3.9 コンデンサの接続 1（C_2 と C_3 を合成した回路）

Step2 C_1 と 9.0 μF のコンデンサの合成容量を求める．

C_1 と 9.0 μF のコンデンサは直列接続だから

$$\frac{1.0\,\mu\mathrm{F} \times 9.0\,\mu\mathrm{F}}{1.0\,\mu\mathrm{F} + 9.0\,\mu\mathrm{F}} = 0.90\,\mu\mathrm{F} \tag{3.25}$$

Step3 3 つのコンデンサに蓄えられる全電気量を求める．

$Q = CV$ より

$$(0.90 \times 10^{-6}\ \mathrm{F}) \times (9.0\ \mathrm{V}) = 8.1 \times 10^{-6}\ \mathrm{C} = 8.1\,\mu\mathrm{C} \tag{3.26}$$

難易度★☆☆

実践例題メニュー 3.4　コンデンサの接続 2

電気容量 $C_1 = 1.0\,\mu\mathrm{F}$, $C_2 = 1.5\,\mu\mathrm{F}$, $C_3 = 2.2\,\mu\mathrm{F}$ の3つのコンデンサ，起電力 $V = 3.0\,\mathrm{V}$ の電池, スイッチSを用いて図3.10のように接続する．スイッチを閉じて十分に時間が経った後の，3つのコンデンサに蓄えられる全電気量はいくらか．ただし，はじめコンデンサには電荷は蓄えられていないものとする．

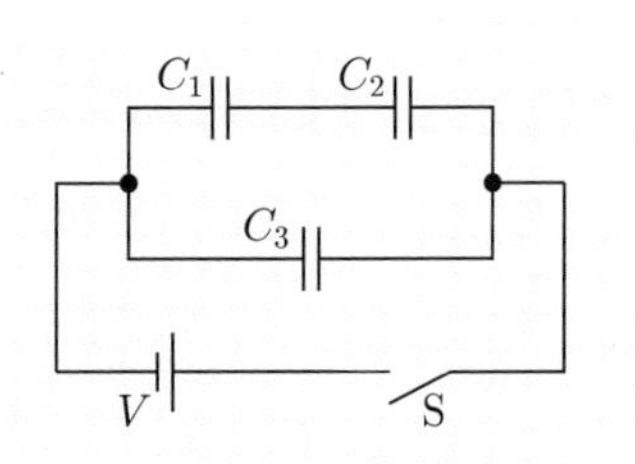

図3.10　コンデンサの接続2

【材料】

Ⓐ 並列接続の合成容量：$C_1 + C_2$，Ⓑ 直列接続の合成容量：$\frac{C_1 C_2}{C_1+C_2}$，Ⓒ コンデンサに蓄えられる電荷：$Q = CV$

【レシピと解答】

Step1　C_1 と C_2 のコンデンサの合成容量を求める．

C_1 と C_2 のコンデンサは直列接続だから，合成容量は

① ＿＿＿＿ μF　(3.27)

したがって，図3.10は図3.11と等価になる．

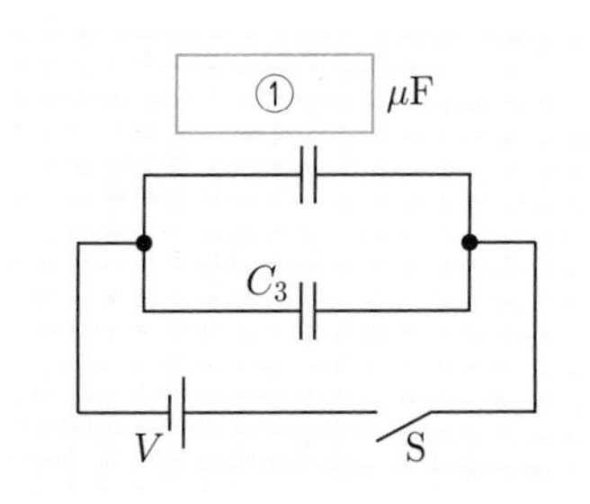

図3.11　コンデンサの接続2（C_1 と C_2 を合成した回路）

Step2　C_3 と ① ＿＿ μF のコンデンサの合成容量を求める．

C_3 と ① ＿＿ μF のコンデンサは並列接続だから

② ＿＿＿＿ μF　(3.28)

Step3　3つのコンデンサに蓄えられる全電気量を求める．

$Q = CV$ より，次のように求まる．

③ ＿＿＿＿ μC　(3.29)

【実践例題解答】 ① $\frac{1.0\,\mu\mathrm{F}\times 1.5\,\mu\mathrm{F}}{1.0\,\mu\mathrm{F}+1.5\,\mu\mathrm{F}} = 0.60$　② $2.2\,\mu\mathrm{F} + 0.60\,\mu\mathrm{F} = 2.8\emptyset$
③ $(2.8\times 10^{-6}\,\mathrm{F})\times(3.0\,\mathrm{V}) = 8.4\times 10^{-6}\,\mathrm{C} = 8.4$

問 題

3.9 面積 S [m^2]，極板間距離 d [m]，極板間の媒質の誘電率 ε [F/m] の平行平板コンデンサの電気容量は $C = \varepsilon \frac{S}{d}$ [F] と書けることを示しなさい．ただし，極板の端の効果は無視できるものとする．

3.10 真空中に置かれた，半径 a [m] の導体球殻と同心の半径 b [m]（$a < b$）の導体球殻からなる同心球形コンデンサの電気容量を求めなさい．ただし，真空の誘電率を ε_0 [F/m] とし，問題 3.6 の結果を使ってよい．

3.11 真空中に置かれた，断面の半径 a [m], b [m]（$a < b$）の同軸の 2 つの導体円筒からなる，同軸円筒形コンデンサの単位長さ当たりの電気容量を求めなさい．ただし，真空の誘電率を ε_0 とし，問題 3.7 の結果を使ってよい．

3.12 真空中に置かれた，極板の面積 S [m^2]，極板間隔 d [m] の平行平板コンデンサに電気量 Q [C] の電荷が蓄えられている．極板間に働く力を求めなさい．ただし，真空の誘電率を ε_0 [F/m] とし，極板の端の効果は無視できるものとする．

3.13 電気容量の同じ n 個のコンデンサを (a) 直列接続したとき，(b) 並列接続したときで，合成容量の値がどうなるか説明しなさい．

3.14 図 3.12 のように，電気容量 C [F] の 7 つのコンデンサ，電池，スイッチを接続する．電池側から見たコンデンサの合成容量を求めなさい．ただし，はじめコンデンサには電荷は蓄えられていないものとする．

3.15 真空中に置かれた極板の面積 S [m^2]，極板間隔 d [m] の平行平板コンデンサがある．このコンデンサの極板間には，図 3.13 のように，極板と同じ面積，幅 $\frac{d}{2}$，誘電率 ε [F/m] の誘電体が挿入してある．コンデンサに電池をつなぎ，極板間の電圧を V [V] としたとき，蓄えられる電荷および静電エネルギーを求めなさい．ただし，真空の誘電率を ε_0 [F/m] とし，極板の端の効果は無視できるものとする．

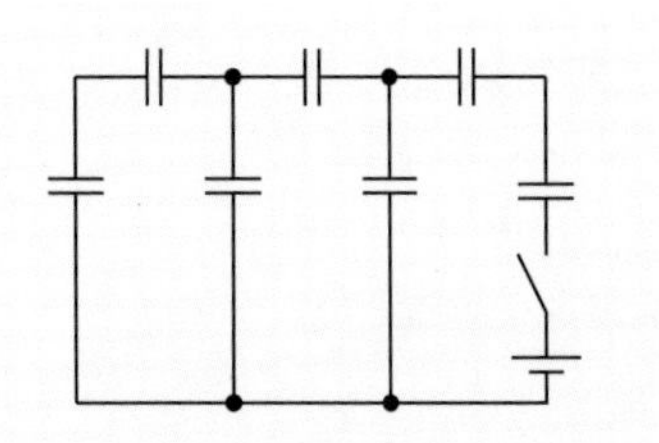

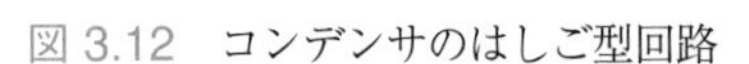

図 3.12 コンデンサのはしご型回路

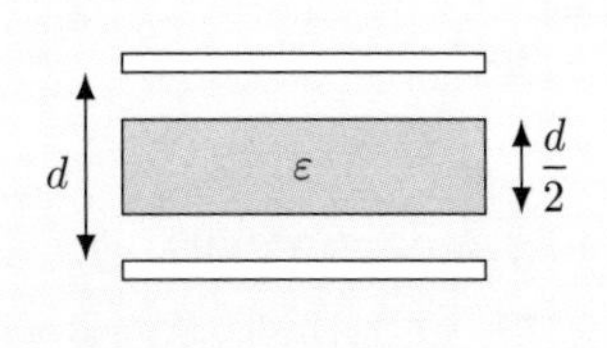

図 3.13 極板間に誘電体を挿入した場合に蓄えられるエネルギー

3.16　図 3.14 のような電気容量がそれぞれ $C_1 = 1.0\,\mu\mathrm{F}$, $C_2 = 1.5\,\mu\mathrm{F}$ の 2 つのコンデンサ，起電力 $V = 6.0\,\mathrm{V}$ の電池，スイッチ S からなる回路がある．まず S を a 側に入れて十分に時間が経過した．次に，S を b 側に入れて十分に時間が経過した．スイッチを a 側に入れて十分に時間が経過してから，スイッチを b 側に入れて十分に時間が経過するまでの C_1 と C_2 のコンデンサに蓄えられている静電エネルギーの総量の変化量を求めなさい．ただし，はじめコンデンサには電荷は蓄えられていないものとし，スイッチを a から b に切り替える際に電荷は外に逃げていかないものとする．

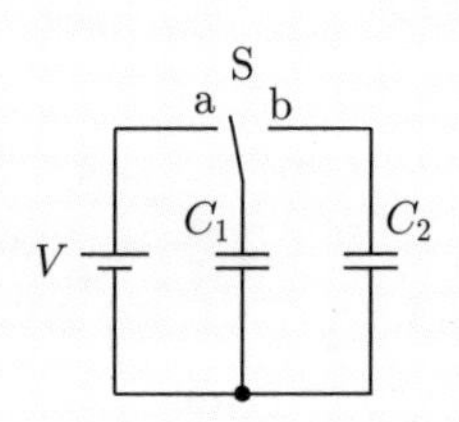

図 3.14　失われるコンデンサのエネルギー

3.17　**【チャレンジ問題】** 以下の設問に答えなさい．

(a)　真空中に置かれた半径 a [m] の球殻上に，電気量 Q [C] の電荷が一様に分布している．この場合の電場のエネルギーを求めなさい．

(b)　電子のモデルとして，半径 a [m] の球殻上に電気量 $-e$ [C] の電荷が一様に分布しているモデルを考える．電荷による電場のエネルギーが，質量 m_e [kg]，真空中の光の速さ c [m/s] としたときに，特殊相対性理論より得られる静止エネルギー $m_\mathrm{e}c^2$ と等しいと置いて a について解き，電子の半径（古典電子半径）を求めなさい．ただし，真空の誘電率を ε_0 [F/m] とする．

3.18　**【チャレンジ問題】** 真空中に置かれた半径 a [m] の導体球殻と同心の半径 b [m]（$a < b$）の球殻上に，それぞれ電気量 Q [C], $-Q$ [C]（$Q > 0$）の電荷が一様に分布している．この場合の静電エネルギーを求め，静電エネルギーについて重ね合わせの原理が成り立たないことを示しなさい．すなわち，この 2 つの球殻の電荷のつくる静電エネルギーは，それぞれの球殻の電荷による静電エネルギーの和にはならないことを示しなさい．ただし，問題 3.17(a) の結果を使ってよい．

第4章 直流回路

この章では，まず，電流とは何かを学ぼう．次に，電位差と電流の関係であるオームの法則を学ぼう．さらに，キルヒホッフの法則を学び，いろいろな直流回路の解析方法を習得しよう．

4.1 電流と抵抗

電　流　電子が電場の力を受けて導体中を移動することで**伝導電流**（でんどうでんりゅう）が生じる．電流の大きさは，導体の断面を単位時間に通過する電気量の大きさである．時間 Δt [s] の間に，導体の断面を電気量 ΔQ [C] だけ通過する場合，電流の大きさは

$$I = \frac{\Delta Q}{\Delta t} \text{ [A]} \tag{4.1}$$

となる．電流の単位は C/s でもあるがアンペア（記号：A）を用いる．単位断面積当たりの電流を**電流密度**（でんりゅうみつど）という．電流密度の単位は $\mathrm{A/m^2}$ である．

電流の担い手である荷電粒子のことをキャリアといいます．キャリアは正の電荷の場合も，負の電荷の場合もありますが，正の電荷の移動する向きが電流の正の向きと定められています．

図 4.1 のように，断面積 S [$\mathrm{m^2}$] の円柱型導線を考える．電子の平均の速度の大きさを v [m/s] とすると，導線中のある断面を時間 Δt [s] に通過する電子の数は，図の $S \times v\Delta t$ の領域に含まれている伝導電子の数である．したがって，電子密度を n [個/$\mathrm{m^3}$]，電気素量を e [C] とすると，電流の大きさ I，および電流密度の大きさ j は，次のように書ける．

$$I = \frac{\Delta Q}{\Delta t} = \frac{enSv\Delta t}{\Delta t} = neSv \text{ [A]}, \tag{4.2}$$

$$j = \frac{I}{S} = nev \text{ [A/m}^2\text{]} \tag{4.3}$$

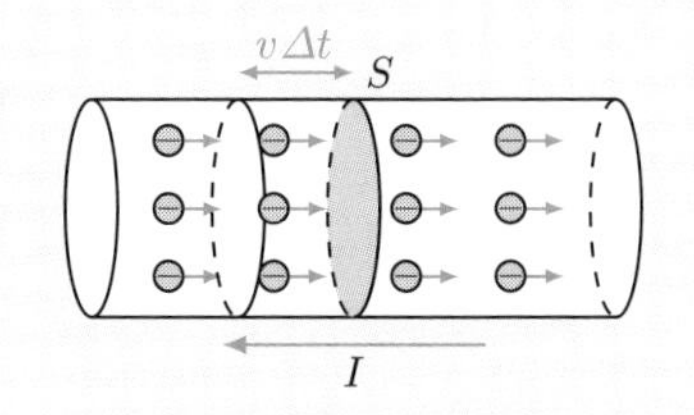

図 4.1　電流の定義

オームの法則　導体の両端に電圧を加えると電流が流れる．流れる電流の大きさは，加えた電圧に比例する．電圧を V [V]，電流の大きさを I [A] とすると，これは次のように表される．

$$V = RI \text{ [V]} \quad \text{（オームの法則）} \tag{4.4}$$

これを**オームの法則**（ほうそく）という．比例定数 R は電流の流れにくさを表す量である．これを**電気抵抗**（でんきていこう），または単に**抵抗**（ていこう）という．抵抗の単位は V/A でもあるがオーム（記号：Ω）を用いる．オームの法則に従う電気抵抗に着目する場合，考えている導体のことを**抵抗器**（ていこうき）という．

抵抗 R [Ω] は，その素材が同じであれば，導体の長さ l [m] に比例し，断面積 S [m^2] に反比例する．これを式で書くと次のようになる．

$$R = \rho \frac{l}{S} \text{ [Ω]} \tag{4.5}$$

ここで，ρ [Ω·m] を**抵抗率**（ていこうりつ）といい，その値は材質によって異なる．

オームの法則は，キャベンディシュによって最初に発見されたと言われています．しかし，クーロンの法則と同様に，キャベンディシュはそれを発表しなかったので，その後に再発見したオームの名前がついています．

オームの法則の古典論

導体中の電子の運動は厳密には量子力学を用いて解析しなければならないが，定性的にはニュートン力学を用いることで次のようにして，オームの法則を示せる．抵抗の無視できない断面積 S [m^2]，長さ l [m] の導体の両端に電圧 V [V] を加える．電子に働く力は，大きさ $\frac{eV}{l}$ の静電気力とイオンに衝突することによる抵抗力である．ただし，e は電気素量である．抵抗力の大きさは電子の平均速度の大きさ v [m/s] に比例すると考えて，比例定数を γ として，γv と書く．定常状態（電流が変化しない場合）では，電子の平均速度の大きさは一定に保たれている．したがって，電子に働く力がつり合っており，$\frac{eV}{l} = \gamma v$ である．これより，$v = \frac{eV}{\gamma l}$ と求まる．両辺に電子密度と電子の電気量と断面積の積の絶対値 neS を掛ければ，$nevS = \frac{ne^2SV}{\gamma l}$ となる．左辺は電流の大きさであり，電流は電圧に比例することがわかる．

ジュール熱 オームの法則の本質は電子に働く抵抗力である．そして，抵抗力の原因は自由電子と物質を構成するイオンとの衝突である．衝突により，自由電子のエネルギーがイオンのエネルギーに移り，そのエネルギーが熱に変換される．

一定の電流が流れ続ける定常状態では自由電子はイオンとの衝突によって，電場より得た分のエネルギーを失っている．電気素量を e [C]，電子密度を n [個/m^3]，導体の断面積を S [m^2]，長さを l [m]，導体内の電場の大きさを E [N/C]，自由電子の平均速度の大きさを v [m/s] とすると，単位時間当たりに失われるエネルギーは

$$
\begin{aligned}
P &= (\text{電子の個数}) \times (1\text{つの電子が単位時間に電場からされる仕事の大きさ}) \\
&= (nSl) \times (eEv) = (El) \times (neSv) \\
&= VI \ [\mathrm{W}] \quad (\text{消費電力}) \qquad (4.6)
\end{aligned}
$$

と表される．ただし，導体の両端の電位差の式 $V = El$（基本例題メニュー 3.1）と，電流の大きさの式 $I = nevS$ を用いた．この P を**消費電力**という．消費電力の単位は V · A，もしくは J/s でもあるがワット（記号：W）を用いる．導体の抵抗値を R [Ω] としてオームの法則を用いると，消費電力は次のように表すこともできる．

$$
P = \frac{V^2}{R} \ [\mathrm{W}] \qquad (4.7)
$$

導体の両端に電圧を加えたときに，抵抗で発生する熱を**ジュール熱**という．抵抗値 R [Ω] の導体の両端に電圧 V [V] を時間 t [s] だけ加えたとき，発生するジュール熱は導体に流れる電流の大きさを I [A] とすれば，次のように書ける．

$$
Q = VIt = RI^2t = \frac{V^2}{R}\,t \ [\mathrm{J}] \quad (\text{ジュール熱}) \qquad (4.8)
$$

抵抗率の温度依存性 温度が上昇すると，イオンの熱振動が激しくなり，自由電子がイオンから受ける抵抗力は大きくなる．温度を t [°C]，$t = 0$ °C での抵抗率を ρ_0 [Ω · m] とすると，温度 t のときの抵抗率は次のように書ける．

$$
\rho = \rho_0(1 + \alpha_0 t) \ [\Omega \cdot \mathrm{m}] \quad (\text{抵抗率の温度依存性}) \qquad (4.9)
$$

ここで，α_0 [1/°C] を**抵抗の温度係数**という．

実用的には 20 °C の抵抗率を ρ_{20}，抵抗の温度係数を α_{20} として

$$
\rho = \rho_{20}\{1 + \alpha_{20}(t - 20\ ^\circ\mathrm{C})\} \ [\Omega \cdot \mathrm{m}] \qquad (4.10)
$$

もよく使われます．

金属線の消費電力を求めよう

難易度 ★☆☆

基本例題メニュー 4.1　　抵抗率 1

長さ 1.0 m，直径 1.00 mm の棒状のニクロム線に電池を接続し，3.0 V の電圧を加えたとき，ニクロム線で消費される電力を求めなさい．また，同じニクロム線を切って長さを半分にしてから，半分のニクロム線に 3.0 V の電圧を加えたとき，消費電力はどうなるか説明しなさい．ただし，ニクロム線の電気抵抗率を $1.1 \times 10^{-6}\ \Omega \cdot \mathrm{m}$ とし，円周率を 3.14 とする．

【材料】

Ⓐ 抵抗と抵抗率の関係：$R = \frac{\rho l}{S}$，Ⓑ オームの法則：$V = RI$，Ⓒ 消費電力：$P = VI$

【レシピと解答】

Step1　抵抗と抵抗率の関係から，このニクロム線の抵抗値 R を求める．

$$R = \frac{\rho l}{S} = \frac{(1.1 \times 10^{-6}\ \Omega \cdot \mathrm{m}) \times (1.0\ \mathrm{m})}{3.14 \times (0.50 \times 10^{-3}\ \mathrm{m})^2} = 1.4\not{0}\ \Omega \tag{4.11}$$

Step2　ニクロム線の消費電力 P を求める．

$$P = \frac{V^2}{R} = \frac{(3.0\ \mathrm{V})^2}{1.40\ \Omega} = 6.4\not{2}\ \mathrm{W} \tag{4.12}$$

Step3　ニクロム線を半分にしたときの，ニクロム線の抵抗値 $R_{\frac{l}{2}}$ を求める．

ニクロム線の長さを半分にすると抵抗値は半分になる．したがって

$$R_{\frac{l}{2}} = \frac{1.40\ \Omega}{2} = 0.70\ \Omega \tag{4.13}$$

Step4　半分のニクロム線の消費電力 $P_{\frac{l}{2}}$ を求める．

$$P_{\frac{l}{2}} = \frac{V^2}{R_{\frac{l}{2}}} = \frac{(3.0\ \mathrm{V})^2}{0.70\ \Omega} = 1\overset{3}{\not{2}}.\not{8}\ \mathrm{W} \tag{4.14}$$

となり，長さを半分にすると消費電力は 2 倍になる．

ニクロム線の長さを半分にすると抵抗値が小さくなって消費電力が小さくなると考えるかもしれません．しかし，抵抗値が小さくなると同じ電圧を加えたときには流れる電流が増えて消費電力が大きくなります．勘違いしやすいので注意しましょう．

難易度★☆☆

実践例題メニュー 4.2 抵抗率 2

長さ2.0 m，直径0.50 mmの棒状のコンスタンタン（銅とニッケルからなる合金）導線に電池を接続し，3.0 Vの電圧を加えたとき，導線で消費される電力を求めなさい．また，同じ材質で直径が2倍の導線に3.0 Vの電圧を加えたとき，消費電力はどうなるか説明しなさい．ただし，コンスタンタンの電気抵抗率を $4.9 \times 10^{-7}\ \Omega \cdot \mathrm{m}$ とし，円周率を3.14とする．

【材料】

Ⓐ 抵抗と抵抗率の関係：$R = \frac{\rho l}{S}$，Ⓑ オームの法則：$V = RI$，Ⓒ 消費電力の式：$P = VI$

【レシピと解答】

Step1 抵抗と抵抗率の関係から，この導線の抵抗値 R を求める．

$$R = \boxed{①\qquad\qquad}\ \Omega \tag{4.15}$$

Step2 導線の消費電力 P を求める．

$$P = \boxed{②\qquad\qquad}\ \mathrm{W} \tag{4.16}$$

Step3 導線の直径を2倍にしたときの，導線の抵抗値 R_{2d} を求める．
直径を2倍すると，断面積は4倍になる．したがって

$$R_{2d} = \boxed{③\qquad\qquad}\ \Omega \tag{4.17}$$

Step4 直径が2倍の消費電力 P_{2d} を求める．

$$P_{2d} = \boxed{④\qquad\qquad}\ \mathrm{W} \tag{4.18}$$

となり，直径だけを2倍にすると，消費電力は4倍になる．

実際の抵抗素子は，電流を流すと発熱し温度が上昇するので(4.9)で見たように，抵抗値が変わります．このことは，精密な回路をつくるときには注意する必要があります．

【実践例題解答】 ① $\frac{\rho l}{S} = \frac{(4.9\times10^{-7}\ \Omega\cdot\mathrm{m})\times2.0\ \mathrm{m}}{3.14\times(0.25\times10^{-3}\ \mathrm{m})^2} = \overset{5}{\not{4}}.9\overset{0}{\not{9}}$ ② $\frac{V^2}{R} = \frac{(3.0\ \mathrm{V})^2}{4.99\ \Omega} = 1.8\not{0}$
③ $\frac{R}{4} = \frac{4.99\ \Omega}{4} = 1.2\not{4}$ ④ $\frac{V^2}{R_{2d}} = \frac{(3.0\ \mathrm{V})^2}{1.24\ \Omega} = 7.\overset{3}{\not{2}}\not{5}$

4.2 直流回路の解析

起電力 電池に抵抗器をつなぐと電流が流れ続ける．これは，化学反応によって電池の電極間の電位差が一定に保たれるからである．この電極間の電位差を**端子電圧**（たんしでんあつ）という．

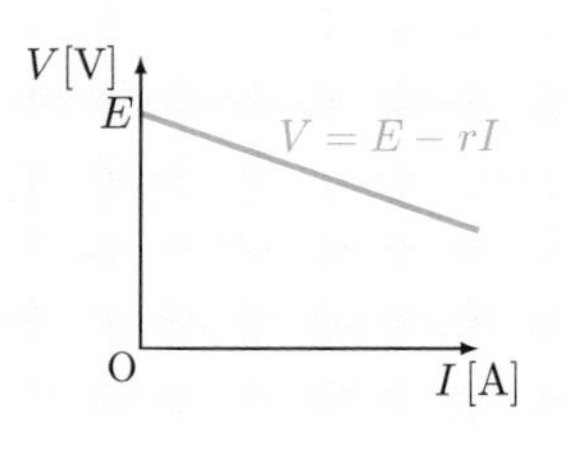

図 4.2 起電力

抵抗器の抵抗値を変えて，電池から流れ出る電流 I [A] と電池の両端の電圧 V [V] を測定すると，図 4.2 のようになり，次の関係が成り立つことがわかる．

$$V = E - rI \tag{4.19}$$

このとき，r [Ω] を電池の**内部抵抗**（ないぶていこう）といい，E を**起電力**（きでんりょく）という．電池の種類にも依るが内部抵抗はたかだか数 Ω であるので，本書では特に断らない限りは，内部抵抗は無視できるものとする．電池の内部抵抗が無視できるときには，端子電圧と起電力は一致する．

キルヒホッフの法則

キルヒホッフの第 1 法則

回路の任意の分岐点に流入する電流を正の値，流出する電流を負の値で表す．このとき，その分岐点を流れる電流の和は 0 になる．

$$\sum_i I_i = 0 \quad \text{（キルヒホッフの第 1 法則）} \tag{4.20}$$

これを**キルヒホッフの第 1 法則**（だいほうそく）という．ここで，I_i は i 番目の分岐点に流入・流出する電流，$\sum_i$ は分岐点の全ての電流についての和を表す．キルヒホッフの第 1 法則は，回路の分岐点に電荷が溜まることがなく，また電荷が保存されることを表している．

キルヒホッフの第 1 法則は，川の流れに例えて想像するとわかりやすいでしょう．合流地点では上流から流れ込んだ水は全て下流に流れ出ていきます．流れ込む水と流れ出る水を流れの向きを考えて足し合わせると 0 になります．

キルヒホッフの第2法則

回路中のある点から出発して，回路中の任意の経路をたどって最初の点に戻るとき，経路中の電池の起電力の和は，抵抗による電圧降下（抵抗器の両端の電位の差）の和に等しい．

$$\sum_i V_i = \sum_k R_k I_k \ [\mathrm{V}] \quad （キルヒホッフの第2法則） \tag{4.21}$$

これを**キルヒホッフの第2法則**という．ここで，V_i は経路中の i 番目の起電力，$\sum_i$ は経路に沿った全ての起電力についての和である．また，R_k は経路中の k 番目の抵抗，I_k はそれに流れる電流，$\sum_k$ は経路に沿った全ての電圧降下についての和である．静電場では，静電気力が保存力であり電位が定義できるが，キルヒホッフの第2法則は，定常電流が流れている場合でも，静電場で定義した電位が定義できることを表している．6.1節で見るように磁場が時間変化する場合には，これを拡張する必要がある．

ところで，起電力 V [V] の電池と言ったときには，V は正極から電流が流れ出るときの値であることに注意する．電池の逆電流特性は複雑なので，負極から電流が流れ出るときには起電力は V にはならない．キルヒホッフの法則を用いる問題で，電池の負極から電流が流れ出る結果を得たならば，途中計算が間違っている可能性が高いので注意する．

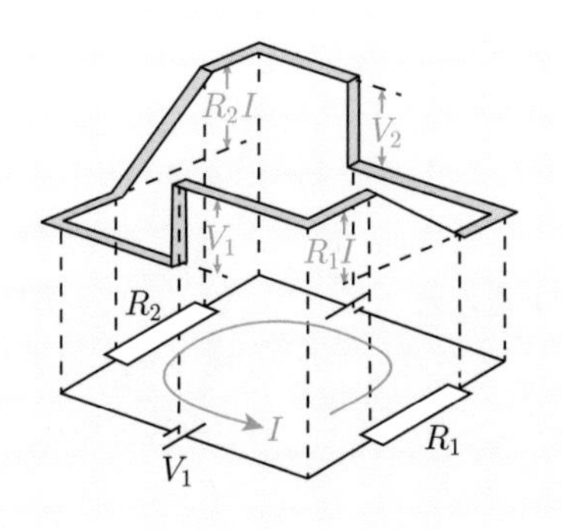

図 4.3　キルヒホッフの法則

キルヒホッフの第2法則は，図 4.3 のように電位を水位に例えて想像するとわかりやすいでしょう．このとき，起電力は水を汲み上げるポンプと考えられます．また，抵抗器は水位を下げる装置と考えられます．ある地点からスタートして1周して同じ場所に戻ってくると，水位は元と同じになります．

キルヒホッフの法則を用いて直流回路を解析しよう

難易度 ★★☆

基本例題メニュー 4.3 キルヒホッフの法則 1

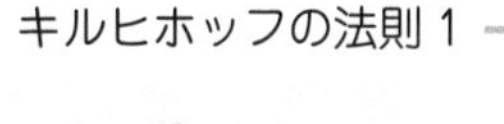

抵抗値 $R_1 = 1.0\,\mathrm{k\Omega}$, $R_2 = 1.5\,\mathrm{k\Omega}$, $R_3 = 1.2\,\mathrm{k\Omega}$ の 3 つの抵抗器と，起電力 $V_1 = 6.0\,\mathrm{V}$, $V_2 = 9.0\,\mathrm{V}$ の 2 つの電池を用いて，図 4.4 の回路をつくった．それぞれの抵抗器に流れる電流を求めなさい．

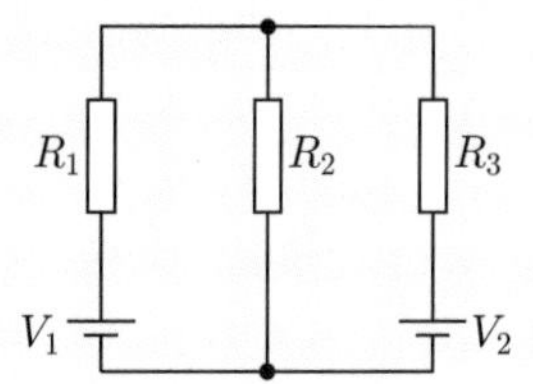

図 4.4　キルヒホッフの法則を用いる回路 1

【材料】

Ⓐ キルヒホッフの第 1 法則，Ⓑ キルヒホッフの第 2 法則，Ⓒ オームの法則

【レシピと解答】

Step1 キルヒホッフの法則を適用するループを図に描く（図 4.5 の青い実線と破線）．

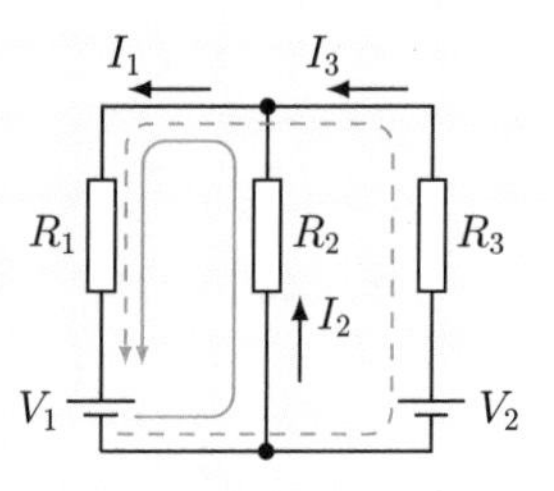

図 4.5　回路 1 のループ

Step2 キルヒホッフの第 1 法則より，R_1, R_2, R_3 の抵抗に流れる電流 I_1 [A], I_2 [A], I_3 [A] の間の関係を求める．ただし，図の矢印の向きを電流の正の向きとする．

$$I_2 + I_3 = I_1 \tag{4.22}$$

Step3 キルヒホッフの第 2 法則より，各ループに対する起電力と電圧降下の関係式を立てる．

$$\begin{cases} \text{（破線）}: & -6.0 + 9.0 = (1.0 \times 10^3)I_1 + (1.2 \times 10^3)I_3 \\ \text{（実線）}: & -6.0 = (1.0 \times 10^3)I_1 + (1.5 \times 10^3)I_2 \end{cases} \tag{4.23}$$

Step4 (4.22), (4.23) を連立して解いて，I_1, I_2, I_3 の値を求める．

(4.22), (4.23) を連立して解くと，$I_1 = -0.60\,\mathrm{mA}$, $I_2 = -3.6\,\mathrm{mA}$, $I_3 = 3.0\,\mathrm{mA}$ と求まる．ここで，負符号は電流の向きが図の矢印と逆向きということを表している．

難易度★★☆

実践例題メニュー 4.4 キルヒホッフの法則 2

抵抗値 $R_1 = 2.0\,\mathrm{k\Omega}$, $R_2 = 3.0\,\mathrm{k\Omega}$, $R_3 = 3.0\,\mathrm{k\Omega}$ の 3 つの抵抗器，起電力 $V_1 = 9.0\,\mathrm{V}$, V_2 [V] の 2 つの電池（V_2 の値は未知とする）を用いて，図 4.6 の回路をつくった．R_3 の抵抗に流れた電流が図の矢印の向きに大きさ 1.0 mA であったとき，V_2 の値を求めなさい．

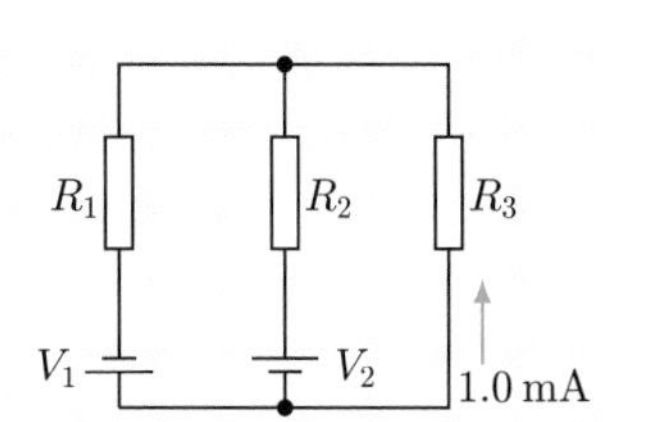

図 4.6 キルヒホッフの法則を用いる回路 2

【材料】

Ⓐ キルヒホッフの第 1 法則，Ⓑ キルヒホッフの第 2 法則，Ⓒ オームの法則

【レシピと解答】

Step1 キルヒホッフの法則を適用するループを図に描く（図 4.7 の青い実線と破線）．

Step2 キルヒホッフの第 1 法則より，R_1, R_2, R_3 の抵抗に流れる電流 I_1 [A], I_2 [A], $I_3 = 1.0\,\mathrm{mA}$ の間の関係を求める．ただし，図の矢印の向きを電流の正の向きとする．

(4.24)

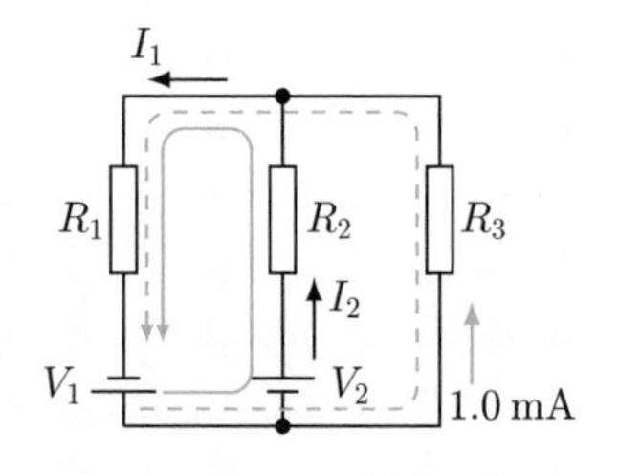

図 4.7 回路 2 のループ

Step3 キルヒホッフの第 2 法則より，各ループに対する起電力と電圧降下の関係式を立てる．

（破線）： ②
（実線）： ③
(4.25)

Step4 (4.24), (4.25) を連立して解いて，I_1, I_2, V_2 の値を求める．

(4.24), (4.25) を連立して解くと，電流と電圧が $I_1 =$ ④ mA, $I_2 =$ ⑤ mA, $V_2 =$ ⑥ V と求まる．

【実践例題解答】 ① $I_2 + 1.0 \times 10^{-3} = I_1$ ② $9.0 = (2.0 \times 10^3)I_1 + (3.0 \times 10^3) \times (1.0 \times 10^{-3})$ ③ $V_2 + 9.0 = (2.0 \times 10^3)I_1 + (3.0 \times 10^3)I_2$ ④ 3.0 ⑤ 2.0 ⑥ 3.0

問 題

4.1 図 4.8 のように，抵抗値 $R_1 = R_2 = \cdots = R_5 = 1.0\,\mathrm{k\Omega}$ の 5 つの抵抗器と，起電力 $V_1 = 9.0\,\mathrm{V}$, $V_2 = 3.0\,\mathrm{V}$, $V_3 = 3.0\,\mathrm{V}$, $V_4 = 6.0\,\mathrm{V}$ の 4 つの電池を接続した．それぞれの抵抗器を流れる電流を求めなさい．

4.2 図 4.9 のように，共に抵抗値 $1.0\,\mathrm{k\Omega}$ の 7 つの抵抗器と，起電力 $V_1 = V_2 = 7.0\,\mathrm{V}$ の 2 つの電池を接続した．それぞれの電池から流れ出る電流を求めなさい．

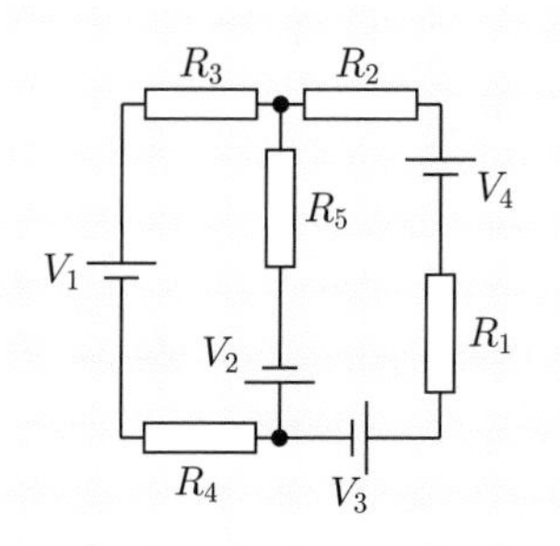

図 4.8 キルヒホッフの法則 3

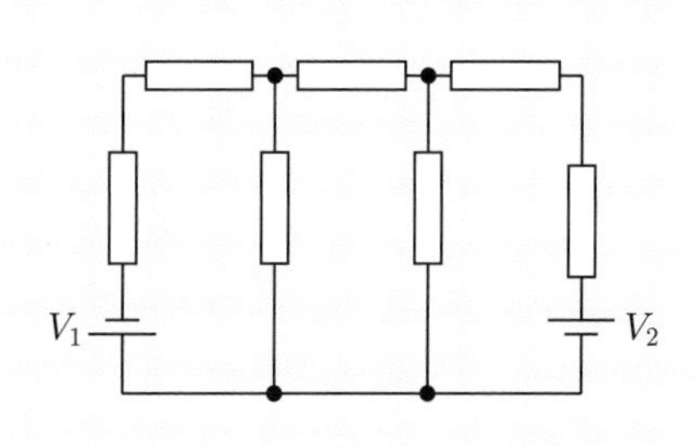

図 4.9 キルヒホッフの法則 4

4.3 **【チャレンジ問題】** 図 4.10 のように，抵抗値 $1.0\,\mathrm{k\Omega}$ と $2.0\,\mathrm{k\Omega}$ の 2 種類の抵抗器と，起電力 $V_1 = 6.0\,\mathrm{V}$, $V_2 = 3.0\,\mathrm{V}$ の 2 つの電池を接続したところ，真ん中の抵抗器の両端の電圧は 2.4 V であった．それぞれの抵抗器の抵抗値は $1.0\,\mathrm{k\Omega}$ と $2.0\,\mathrm{k\Omega}$ のどちらか求めなさい．

4.4 図 4.11 のように，抵抗値 R_1 [Ω], R_2 [Ω], R_3 [Ω], R_4 [Ω] の 4 つの抵抗器，起電力 V [V] の電池，検流計 G を接続する．このような回路を**ブリッジ回路**（かいろ）という．検流計 G に電流が流れなかったときの，4 つの抵抗の抵抗値の関係を求めなさい．

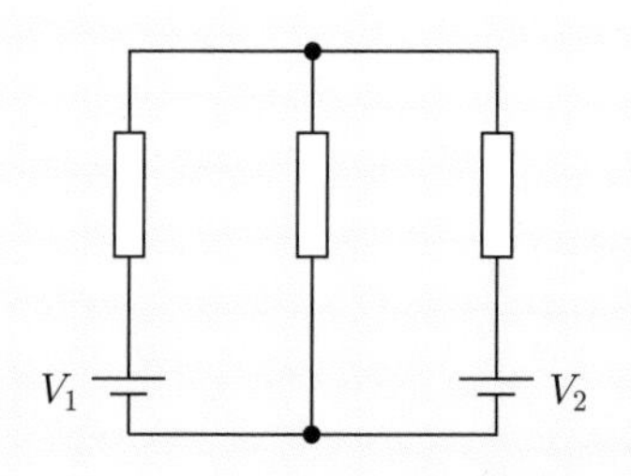

図 4.10 キルヒホッフの法則 5

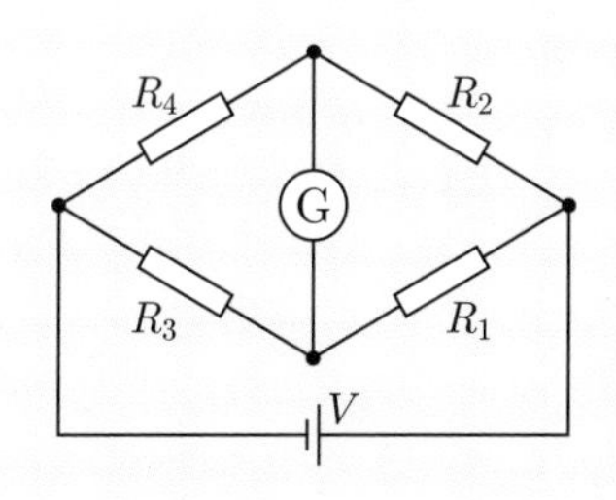

図 4.11 ブリッジ回路

4.3 回路解析のテクニック

合成抵抗 複数の抵抗器を接続したとき，それらを1つの抵抗とみなせる．このときの1つの抵抗を，**合成抵抗**（ごうせいていこう）という．電気回路の問題はキルヒホッフの法則を用いれば解けるが，はじめからキルヒホッフの法則を用いずに合成抵抗を求めて回路を整理してから計算を行った方が簡単に解ける場合がある．回路を解析する際には，まずは回路をよく見て，複数の抵抗を合成抵抗として1つにまとめられないか考えてみるとよい．

直列接続された抵抗値 R_1 [Ω] と R_2 [Ω] の2つの抵抗器の合成抵抗の値は，次のようになる．

$$R = R_1 + R_2 \ [\Omega] \quad \text{（直列接続の合成抵抗）} \tag{4.26}$$

(4.26) は次のように示せる．図4.12(a) のような直列接続された抵抗値 R_1 [Ω], R_2 [Ω] の2つの抵抗器に起電力 V [V] の電池を接続したところ電流 I [A] が流れたとする．ab 間の電位差を V_1 [V], bc 間の電位差を V_2 [V] とすると，オームの法則より

$$V_1 = R_1 I \ [\mathrm{V}], \quad V_2 = R_2 I \ [\mathrm{V}] \tag{4.27}$$

と書ける．したがって，ac 間の電位差は $V_1 + V_2 = R_1 I + R_2 I = (R_1 + R_2)I$ [V] となる．キルヒホッフの法則より，これは起電力 V に等しいので

$$V = (R_1 + R_2)I \ [\mathrm{V}] \tag{4.28}$$

となり

$$I = \frac{V}{R_1 + R_2} \ [\mathrm{A}] \tag{4.29}$$

と求まる．この電流 I は図4.12(b) のような抵抗値 $R = R_1 + R_2$ の1つの抵抗器からなる回路を流れる電流と等しくなる．したがって，直列接続の合成抵抗の式 (4.26) を得る．

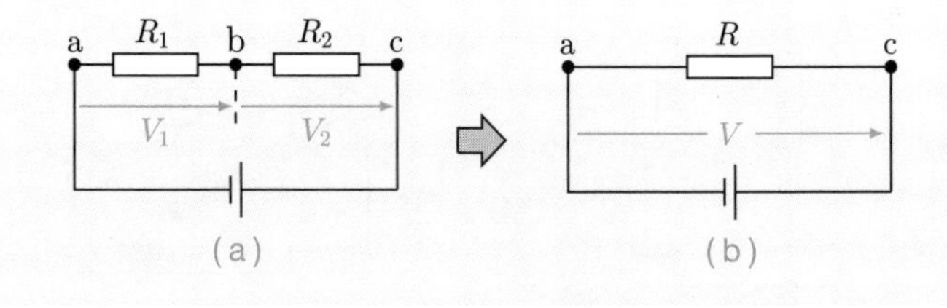

図4.12 直列接続の合成抵抗

並列接続された抵抗値 R_1 [Ω] と R_2 [Ω] の 2 つの抵抗器の合成抵抗は

$$
\begin{aligned}
R &= \left(\frac{1}{R_1} + \frac{1}{R_2}\right)^{-1} \\
&= \frac{R_1 R_2}{R_1 + R_2}\ [\Omega] \quad \text{（並列接続の合成抵抗）} \qquad (4.30)
\end{aligned}
$$

となる．

(4.30) は次のように示せる．図 4.13 (a) のような並列接続された抵抗値 R_1 [Ω], R_2 [Ω] の 2 つの抵抗器に起電力 V [V] の電池を接続したところ，電池から大きさ I [A] の電流が流れたとする．2 つの抵抗の両端の電圧は共に V に等しいので，抵抗を流れる電流は，それぞれ

$$
I_1 = \frac{V}{R_1}\ [\mathrm{A}], \quad I_2 = \frac{V}{R_2}\ [\mathrm{A}] \qquad (4.31)
$$

と書ける．キルヒホッフの法則より，$I = I_1 + I_2$ であるから

$$
\begin{aligned}
I = I_1 + I_2 &= \frac{V}{R_1} + \frac{V}{R_2} \\
&= \frac{V}{\frac{R_1 R_2}{R_1 + R_2}}\ [\mathrm{A}] \qquad (4.32)
\end{aligned}
$$

となる．この電流 I は図 4.13 (b) の抵抗値 $R = \frac{R_1 R_2}{R_1 + R_2}$ の 1 つの抵抗器からなる回路を流れる電流と等しくなる．したがって，並列接続の合成抵抗の式 (4.30) を得る．

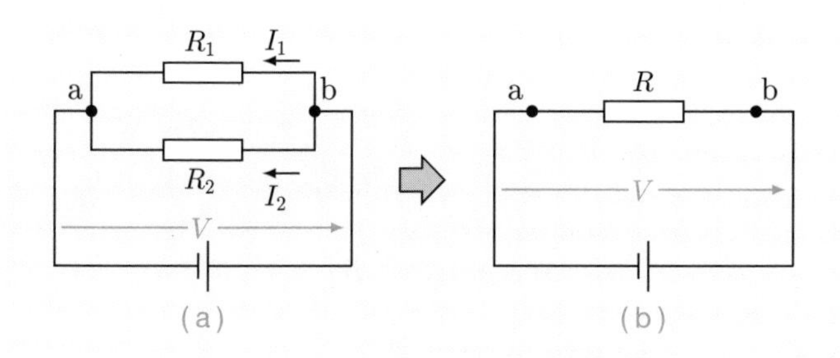

図 4.13　並列接続の合成抵抗

合成抵抗を求めよう

難易度★☆☆

基本例題メニュー 4.5　合成抵抗1

図4.14のように抵抗値がそれぞれ $R_1 = 1.8\,\mathrm{k\Omega}$, $R_2 = 2.0\,\mathrm{k\Omega}$, $R_3 = 3.0\,\mathrm{k\Omega}$ の3つの抵抗器を起電力 $3.0\,\mathrm{V}$ の電池に接続した．このとき，3つの抵抗器の合成抵抗を求めなさい．また，回路全体で消費される電力を求めなさい．

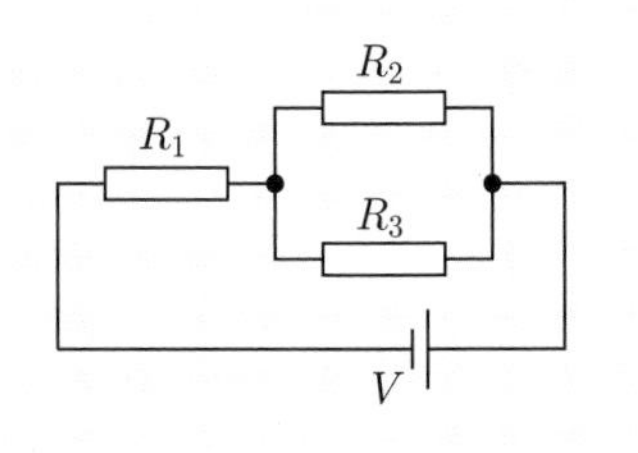

図4.14　合成抵抗1

【材料】

Ⓐ 直列接続の合成抵抗：$R_1 + R_2$，Ⓑ 並列接続の合成抵抗：$\frac{R_1 R_2}{R_1 + R_2}$，Ⓒ 消費電力：$P = \frac{V^2}{R}$

【レシピと解答】

Step1　R_2 と R_3 の抵抗の合成抵抗の値を求める．

R_2 と R_3 の抵抗は並列接続なので

$$\frac{R_2 R_3}{R_2 + R_3} = \frac{(2.0\,\mathrm{k\Omega}) \times (3.0\,\mathrm{k\Omega})}{(2.0\,\mathrm{k\Omega}) + (3.0\,\mathrm{k\Omega})} = 1.2\,\mathrm{k\Omega} \tag{4.33}$$

である．したがって，図4.14は図4.15と等価になる．

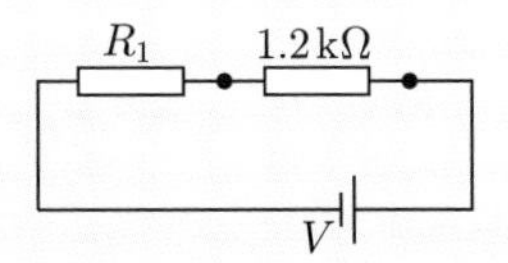

図4.15　合成抵抗1（R_2 と R_3 を合成したもの）

Step2　R_1 と $1.2\,\mathrm{k\Omega}$ の抵抗の合成抵抗を求める．

R_1 と $1.2\,\mathrm{k\Omega}$ の抵抗は直列接続なので

$$R_1 + 1.2\,\mathrm{k\Omega} = 3.0\,\mathrm{k\Omega} \tag{4.34}$$

Step3　回路で消費される電力 P を求める．

$P = \frac{V^2}{R}$ より，次のように求まる．

$$P = \frac{(3.0\,\mathrm{V})^2}{3.0 \times 10^3\,\Omega} = 3.0 \times 10^{-3}\,\mathrm{W} = 3.0\,\mathrm{mW} \tag{4.35}$$

難易度 ★☆☆

実践例題メニュー 4.6　　合成抵抗 2

図 4.16 のように抵抗値がそれぞれ $R_1 = 3.3\,\mathrm{k\Omega}$, $R_2 = 4.7\,\mathrm{k\Omega}$, $R_3 = 2.0\,\mathrm{k\Omega}$ の 3 つの抵抗器を起電力 6.0 V の電池に接続した．このとき，3 つの抵抗の合成抵抗を求めなさい．また，回路全体で消費される電力を求めなさい．

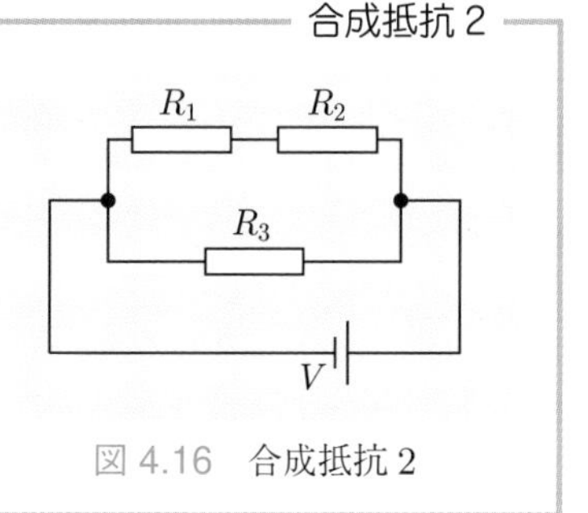

図 4.16　合成抵抗 2

【材料】

Ⓐ 直列接続の合成抵抗：$R_1 + R_2$，Ⓑ 並列接続の合成抵抗：$\frac{R_1 R_2}{R_1 + R_2}$，Ⓒ 消費電力：$P = \frac{V^2}{R}$

【レシピと解答】

(Step1) R_1 と R_2 の抵抗の合成抵抗の値を求める．

R_1 と R_2 の抵抗は直列接続なので

$$\boxed{①\qquad}\ \mathrm{k\Omega} \tag{4.36}$$

である．したがって，図 4.16 は図 4.17 と等価になる．

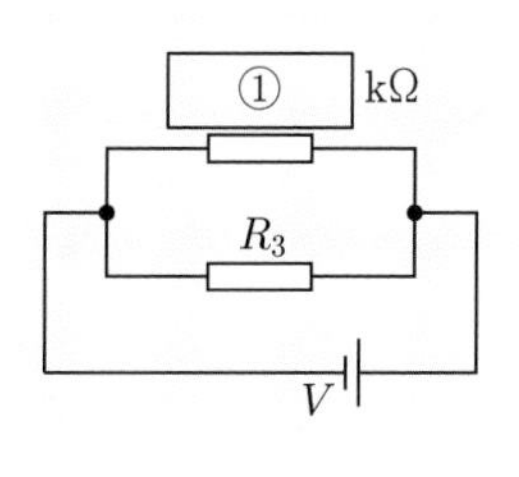

図 4.17　合成抵抗 2（R_1 と R_2 を合成したもの）

(Step2) R_3 と [①] kΩ の抵抗の合成抵抗を求める．

R_3 と [①] kΩ の抵抗は並列接続なので

$$\boxed{②\qquad}\ \mathrm{k\Omega} \tag{4.37}$$

(Step3) 回路で消費される電力 P を求める．

$P = \frac{V^2}{R}$ より，次のように求まる．

$$\boxed{③\qquad}\ \mathrm{mW} \tag{4.38}$$

【実践例題解答】 ① $3.3\,\mathrm{k\Omega} + 4.7\,\mathrm{k\Omega} = 8.0$　② $\frac{(8.0\,\mathrm{k\Omega})\times(2.0\,\mathrm{k\Omega})}{(8.0\,\mathrm{k\Omega})+(2.0\,\mathrm{k\Omega})} = 1.6$

③ $\frac{(6.0\,\mathrm{V})^2}{1.6\times10^3\,\Omega} = 22.5 \times 10^{-3}\,\mathrm{W} = 23$

電気回路の重ね合わせの原理　オームの法則は線形なので（電圧と電流の関係は1次関数で書けるので），複数の電源がある回路では，回路の任意の点の電流および電圧はそれぞれの電源が単独で存在した場合の値の和に等しくなる．これを**電気回路における重ね合わせの原理**（でんきかいろ，かさ，あ，げんり）という．

基本例題メニュー4.3では，各抵抗に流れる電流をキルヒホッフの法則を用いて求めたが，これを重ね合わせの原理を利用して求めてみよう．まず，図4.18(a)のように図4.4の V_1 の電池を取り除いて短絡し，V_2 の電池だけの回路を考える．このとき，各抵抗器に流れる電流は $I_1' = 3.0\,\mathrm{mA}$, $I_2' = -2.0\,\mathrm{mA}$, $I_3' = 5.0\,\mathrm{mA}$ と求められる．次に，図4.18(b)のように V_2 の電池を取り除いて短絡し V_1 の電池だけの回路を考える．このとき，各抵抗器に流れる電流は $I_1'' = -3.6\,\mathrm{mA}$, $I_2'' = -1.6\,\mathrm{mA}$, $I_3'' = -2.0\,\mathrm{mA}$ と求められる．よって，V_1 と V_2 の2つの電池がある場合の電流は

$$I_1 = I_1' + I_1'' = 3.0\,\mathrm{mA} - 3.6\,\mathrm{mA} = -0.60\,\mathrm{mA}, \tag{4.39}$$

$$I_2 = I_2' + I_2'' = -2.0\,\mathrm{mA} - 1.6\,\mathrm{mA} = -3.6\,\mathrm{mA}, \tag{4.40}$$

$$I_3 = I_3' + I_3'' = 5.0\,\mathrm{mA} - 2.0\,\mathrm{mA} = 3.0\,\mathrm{mA} \tag{4.41}$$

となる．これは基本例題メニュー4.3の結果と一致している．

このように，複数の電源がある直流回路を解析するときには，1つの電源だけを残して，他の電源を取り除き，そこを短絡した回路について電流を求める．そして，全ての電源についてそれを繰り返し，最後に求めた電流を全て足し合わせればよい．

オームの法則が成り立たない非オーム抵抗の場合には，電気回路についての重ね合わせの原理が成り立たないので注意が必要です．

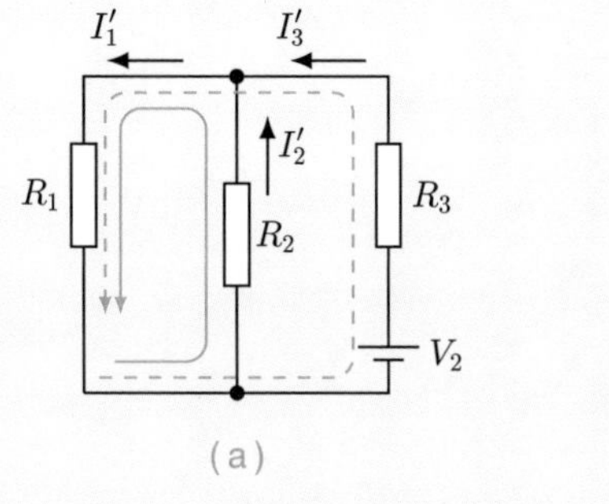

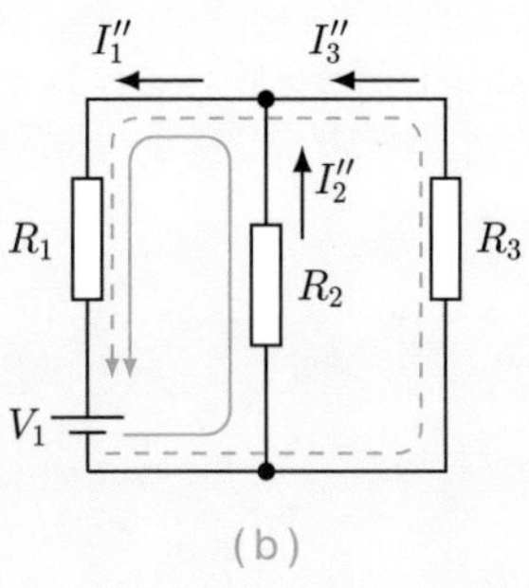

図4.18　電気回路の重ね合わせの原理

問 題

4.5 抵抗値の同じ n 個の抵抗器を (a) 直列接続した場合と (b) 並列接続した場合で，合成抵抗の値がどうなるか説明しなさい．

4.6 図 4.19 のように抵抗値 1.0 kΩ の 7 つの抵抗器と起電力 7.0 V の電池をつないだはしご型回路がある．この回路の各横桟を流れる電流 I_1, I_2, I_3, I_4 を求めなさい．ただし，図の矢印の向きを電流の正の向きとする．

4.7 **【チャレンジ問題】** 図 4.19 のはしご型回路が無限に続いていた場合に，電源側から見た合成抵抗の値を求めなさい．

4.8 図 4.20 のような起電力 V [V]，内部抵抗 r [Ω] の電池に，抵抗値 R [Ω] の可変抵抗器を接続した回路がある．この可変抵抗器で消費される電力が最大になるときの R の値と，そのときの電力を求めなさい．この最大電力のことを**固有電力**（こゆうでんりょく）という．

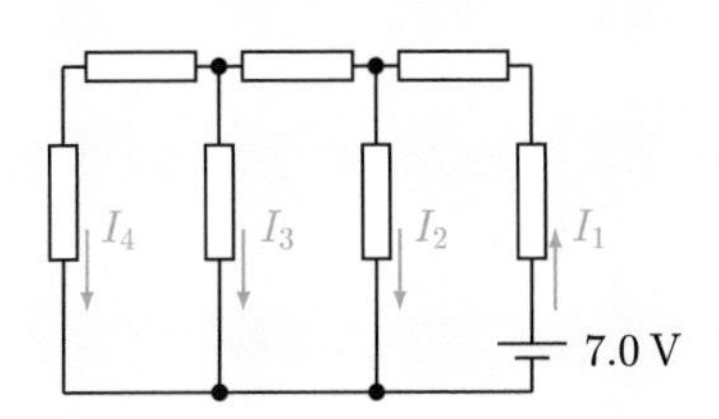

図 4.19 はしご型回路

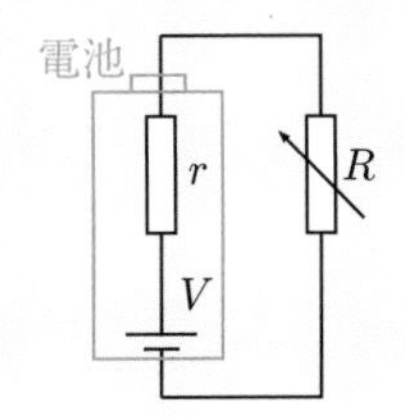

図 4.20 電池の内部抵抗

4.9 電圧計，電流計の内部抵抗 r_V [Ω], r_A [Ω] は，それぞれ，$r_\mathrm{V} = \infty$, $r_\mathrm{A} = 0$ が理想であるが，現実には r_V は有限であり，r_A は 0 ではない．したがって，図 4.21 の (a) もしくは (b) の回路を用いて抵抗値 R [Ω] の抵抗器を測定する場合には誤差が生じる．R が小さい値の場合と大きい値の場合とで (a) と (b) のどちらの回路の方が誤差が少なく測定できるか説明しなさい．

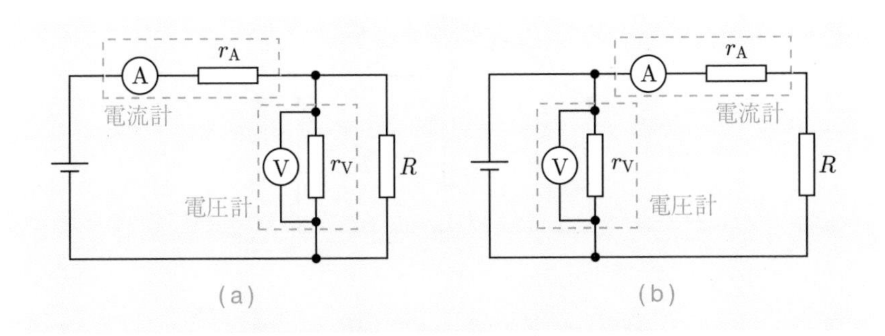

図 4.21 電圧計，電流計の内部抵抗

4.10 図 4.8 の回路について，それぞれの抵抗器に流れる電流を重ね合わせの原理を使って求め，問題 4.1 の結果と一致することを確かめなさい．

4.11 図 4.9 のはしご型回路について，それぞれの電池から流れ出る電流を重ね合わせの原理を使って求め，問題 4.2 の結果と一致することを確かめなさい．ただし，問題 4.6 の結果を使ってよい．

4.12 図 4.22 のような，$R_1 = 1.0\,\mathrm{k\Omega}$, $R_2 = R_3 = 2.0\,\mathrm{k\Omega}$, $R_4 = 1.5\,\mathrm{k\Omega}$ の 4 つの抵抗器と，起電力 $V_1 = 8.0\,\mathrm{V}$, $V_2 = 6.0\,\mathrm{V}$, V_3 の 3 つの電池からなる回路がある．R_4 を流れる電流が，図の矢印の向きに大きさ $0.60\,\mathrm{mA}$ であったとき，V_3 の値を求めなさい．

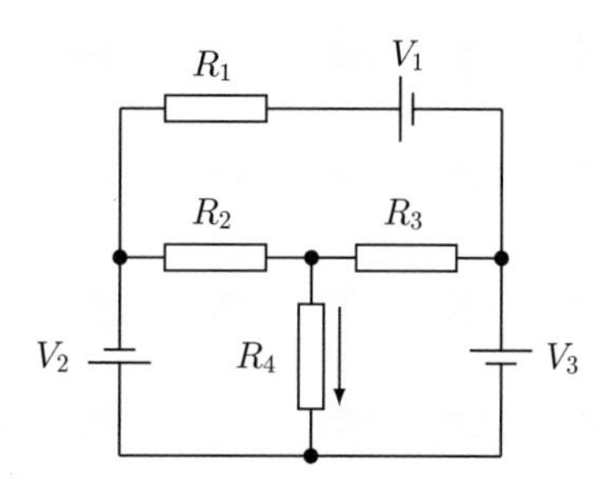

図 4.22 電気回路における重ね合わせの原理の問題

4.13 図 4.23 のように抵抗値 $R_1 = 1.0\,\mathrm{k\Omega}$, $R_2 = 2.0\,\mathrm{k\Omega}$, $R_3 = 2.0\,\mathrm{k\Omega}$, $R_4 = 4.0\,\mathrm{k\Omega}$, $R_5 = 1.0\,\mathrm{k\Omega}$ の 5 つの抵抗器，起電力 $V_1 = 6.0\,\mathrm{V}$, $V_2 = 9.0\,\mathrm{V}$ の 2 つの電池からなるブリッジ回路がある．各抵抗に流れる電流を重ね合わせの原理を用いて求めなさい．

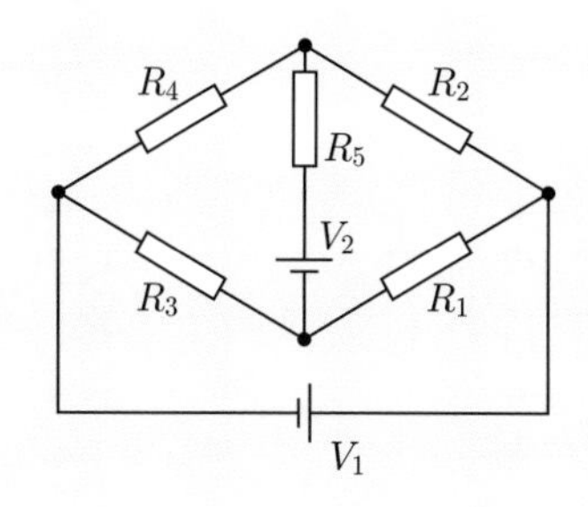

図 4.23 電池が 2 つあるブリッジ回路

4.4　コンデンサを含む直流回路

コンデンサを含む直流回路では，キルヒホッフの第2法則を用いる際にコンデンサの極板間の電位差を考える必要がある．

図4.24のように起電力 V [V] の電池，抵抗値 R [Ω] の抵抗，電気容量 C [F] のコンデンサ，スイッチSを接続し，時刻 $t=0$ にスイッチを入れる．ここで，Sを閉じる前はコンデンサには電荷は蓄えられていないものとする．電荷 q [C] が蓄えられているときのコンデンサの両端の電圧は $\frac{q}{C}$ であるから，このときのキルヒホッフの第2法則は

$$V = RI + \frac{q}{C} \text{ [V]} \tag{4.42}$$

と書ける．ここで I は抵抗を流れる電流であり，$I = \frac{dq}{dt}$ の関係がある．これを代入すると

$$V = R\frac{dq}{dt} + \frac{q}{C} \text{ [V]} \tag{4.43}$$

となるので，この q についての微分方程式を初期条件（$t=0$ のとき $q=0$）のもとで解くことで，コンデンサを含む回路を解析することができる．

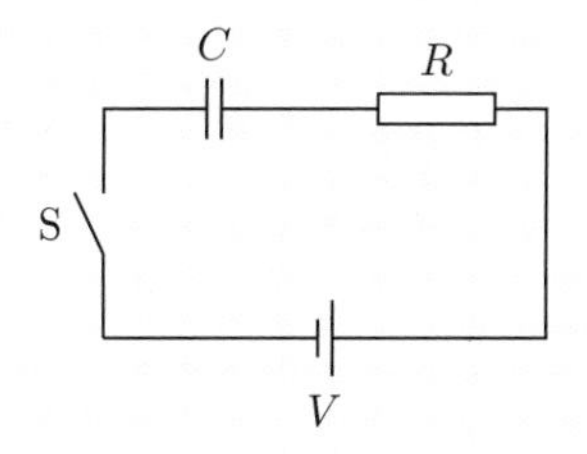

図4.24　コンデンサを含む回路

コンデンサに蓄えられた電荷が q である瞬間についてのみ考えるときには，微分方程式を解く必要はなく，(4.42) の q を定数として解けばよい．特に，スイッチを入れた直後は，コンデンサに電荷は蓄えられていないので

$$V = RI \text{ [V]} \tag{4.44}$$

となる．これは，コンデンサを抵抗のない導線とみなした場合と等価になる．また，スイッチを入れて十分に時間が経った後は，コンデンサには $Q = CV$ の電荷が蓄えられ，これ以上は電流が流れなくなる．このとき，コンデンサを取り除き，そこは断線しているとみなした回路と等価になる．

コンデンサを含む直流回路を解析しよう

難易度★★☆

基本例題メニュー 4.7 コンデンサを含む直流回路1

図 4.25 のように，抵抗値 $R_1 = 1.0\,\mathrm{k\Omega}$, $R_2 = 2.0\,\mathrm{k\Omega}$ の2つの抵抗器，電気容量 $C = 2.0\,\mu\mathrm{F}$ のコンデンサ，起電力 $V_1 = 9.0\,\mathrm{V}$ と $V_2 = 6.0\,\mathrm{V}$ の2つの電池，スイッチSを接続する．はじめ，コンデンサには電荷は蓄えられていないものとして以下の問いに答えなさい．

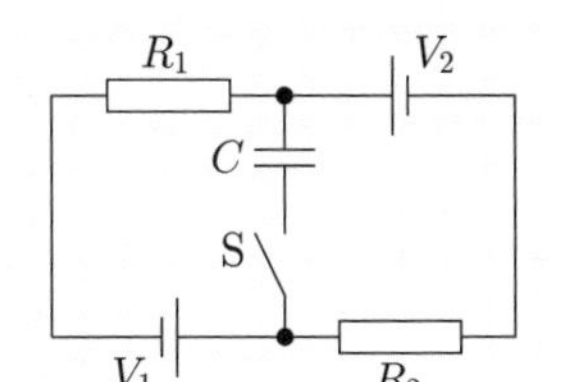

図 4.25 コンデンサを含む回路1

(a) Sを入れた直後に R_1 の抵抗に流れる電流を求めなさい．

(b) Sを入れてから十分に時間が経った後で R_1 の抵抗に流れる電流を求めなさい．

(c) Sを入れてから十分に時間が経った後でコンデンサに蓄えられる静電エネルギーを求めなさい．

【材料】

Ⓐ キルヒホッフの法則，Ⓑ コンデンサに蓄えられる静電エネルギー：$U_{\mathrm{E}} = \frac{1}{2}CV^2$

【レシピと解答】

Step1 Sを入れた瞬間の電流を求めるために，コンデンサを取り除き，それを短絡した等価回路を描く（図 4.26 (a)）．

Step2 キルヒホッフの法則より，R_1 の抵抗を流れる電流を求める．
矢印の向きを正として，R_1 の抵抗に流れる電流を I_1 とすると

$$R_1 I_1 = V_1 \tag{4.45}$$

となる．よって

$$\begin{aligned} I_1 &= \frac{V_1}{R_1} \\ &= \frac{9.0\,\mathrm{V}}{1.0 \times 10^3\,\Omega} \\ &= 9.0 \times 10^{-3}\,\mathrm{A} = 9.0\,\mathrm{mA} \end{aligned} \tag{4.46}$$

Step3　S を入れて十分に時間が経った後の電流を求めるために，コンデンサを取り除き，断線しているとした等価回路を描く（図 4.26 (b)）.

Step4　キルヒホッフの法則より，R_1 の抵抗を流れる電流を求める.
図の矢印の向きを正として，R_1 の抵抗に流れる電流を I_1 とすると

$$(R_1 + R_2)I_1 = V_1 + V_2 \tag{4.47}$$

であるから

$$I_1 = \frac{V_1 + V_2}{R_1 + R_2} = \frac{(9.0\,\mathrm{V}) + (6.0\,\mathrm{V})}{(1.0 \times 10^3\,\Omega) + (2.0 \times 10^3\,\Omega)}$$
$$= 5.0 \times 10^{-3}\,\mathrm{A} = 5.0\,\mathrm{mA} \tag{4.48}$$

Step5　コンデンサの両端の電圧を求め，コンデンサに蓄えられる静電エネルギーを求める.
コンデンサの両端の電圧は

$$V_1 - R_1 I_1 = 9.0\,\mathrm{V} - (1.0 \times 10^3\,\Omega) \times (5 \times 10^{-3}\,\mathrm{A}) = 4.0\,\mathrm{V} \tag{4.49}$$

である．したがって，コンデンサに蓄えられる静電エネルギーは

$$U_\mathrm{E} = \frac{1}{2} \times (2.0 \times 10^{-6}\,\mathrm{F}) \times (4.0\,\mathrm{V})^2$$
$$= 16.\not{0} \times 10^{-6}\,\mathrm{J} = 16\,\mu\mathrm{J} \tag{4.50}$$

となる.

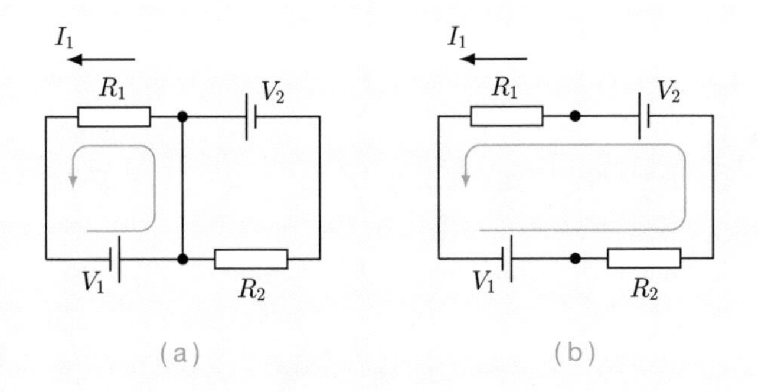

図 4.26　コンデンサを含む回路 1 の，(a) S を入れた直後，(b) S を入れてから十分に時間が経った後

難易度 ★★☆

実践例題メニュー 4.8 コンデンサを含む直流回路 2

図 4.27 のように，抵抗値 $R_1 = 2.0\,\mathrm{k\Omega}$, $R_2 = 3.0\,\mathrm{k\Omega}$, $R_3 = 3.0\,\mathrm{k\Omega}$ の 3 つの抵抗器，電気容量 $C = 2.0\,\mu\mathrm{F}$ のコンデンサ，起電力 $V_1 = 9.0\,\mathrm{V}$ と $V_2 = 3.0\,\mathrm{V}$ の 2 つの電池，スイッチ S を接続する．はじめ，コンデンサには電荷は蓄えられていないものとする．

(a) S を入れた直後に R_1 の抵抗に流れる電流を求めなさい．

(b) S を入れてから十分に時間が経った後の，R_1 の抵抗に流れる電流を求めなさい．

(c) S を入れてから十分に時間が経った後の，コンデンサに蓄えられている静電エネルギーを求めなさい．

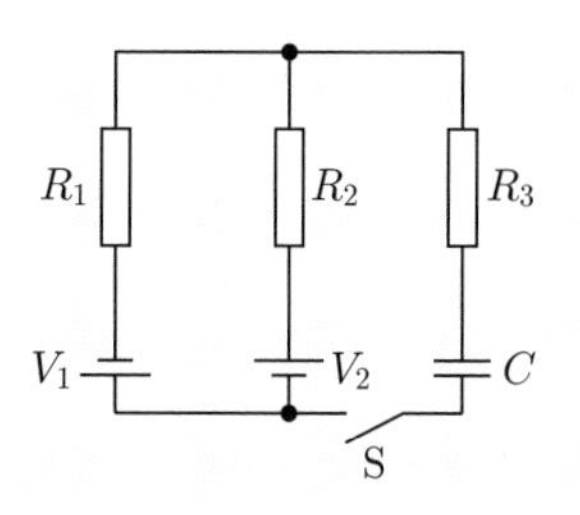

図 4.27 コンデンサを含む回路 2

【材料】

Ⓐ キルヒホッフの法則，Ⓑ コンデンサに蓄えられる静電エネルギー：$U_\mathrm{E} = \frac{1}{2}CV^2$

【レシピと解答】

Step1 S を入れた瞬間の電流を求めるために，コンデンサを取り除き，それを短絡した等価回路を描く（図 4.28 (a)）．

Step2 キルヒホッフの法則より，R_1 の抵抗を流れる電流を求める．

図 4.28 (a) は，実践例題メニュー 4.4 と同じ回路なので，それと同様にループを考え，R_1, R_2 の抵抗に流れる電流を，それぞれ I_1, I_2 とすれば

$$\begin{cases} (\text{破線}):\ \boxed{①\qquad\qquad} \\ (\text{実線}):\ \boxed{②\qquad\qquad} \end{cases} \tag{4.51}$$

となる．これを解けば R_1 の抵抗に流れる電流は $I_1 =$ ③ mA と求まる．

Step3　S を入れて十分に時間が経った後の電流を求めるために，コンデンサを取り除き，断線しているとした等価回路を描く（図 4.28 (b)）.

Step4　キルヒホッフの法則より，R_1 の抵抗を流れる電流を求める．
図の矢印の向きを正として，R_1 の抵抗に流れる電流を I_1 とすると

$$(R_1 + R_2)I_1 = \boxed{④\quad} \tag{4.52}$$

であるから

$$I_1 = \boxed{⑤\quad}\ \mathrm{mA} \tag{4.53}$$

と求まる．

Step5　コンデンサの両端にかかる電圧を求め，コンデンサに蓄えられる静電エネルギーを求める．
R_3 には電流が流れていないので R_3 での電圧降下はない．したがって，コンデンサの両端にかかる電圧は

$$V_1 - R_1 I_1 = \boxed{⑥\quad}\ \mathrm{V} \tag{4.54}$$

ここで，図の下部の方が電位が高い．
これより，コンデンサに蓄えられる静電エネルギーは

$$U_{\mathrm{E}} = \boxed{⑦\quad}\ \mu\mathrm{J} \tag{4.55}$$

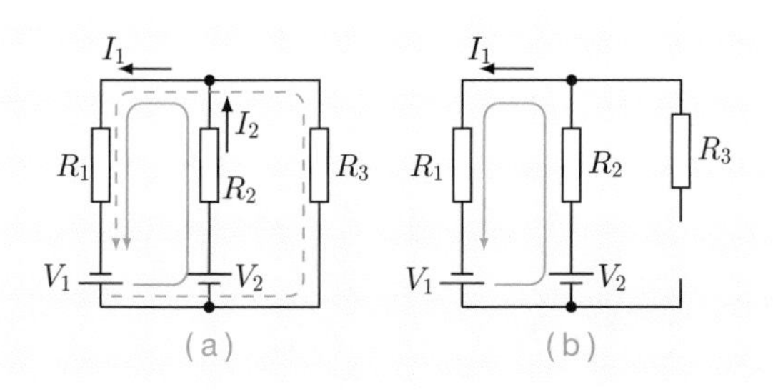

図 4.28　コンデンサを含む回路 2 の，(a) S を入れた直後，(b) S を入れてから十分に時間が経った後

【実践例題解答】 ① $9.0 = (2.0 \times 10^3)I_1 + (3.0 \times 10^3)(I_1 - I_2)$
② $9.0 + 3.0 = (2.0 \times 10^3)I_1 + (3.0 \times 10^3) \times I_2$　③ $3.0 \times 10^{-3}\ \mathrm{A} = 3.0$
④ $V_1 + V_2$　⑤ $\frac{V_1+V_2}{R_1+R_2} = \frac{(9.0\ \mathrm{V})+(3.0\ \mathrm{V})}{(2.0\times10^3\ \Omega)+(3.0\times10^3\ \Omega)} = 2.4 \times 10^{-3}\ \mathrm{A} = 2.4$
⑥ $9.0\ \mathrm{V} - (2.0 \times 10^3\ \Omega) \times (2.4 \times 10^{-3}\ \mathrm{A}) = 4.2$
⑦ $\frac{1}{2}CV^2 = \frac{1}{2} \times (2.0 \times 10^{-6}\ \mathrm{F}) \times (4.2\ \mathrm{V})^2 = 17.6 \times 10^{-6}\ \mathrm{J} = 18$

問　題

4.14　図 4.29 のように，抵抗値 $R_1 = 1.5\,\mathrm{k\Omega}$, $R_2 = 1.2\,\mathrm{k\Omega}$, $R_3 = 1.2\,\mathrm{k\Omega}$ の 3 つの抵抗器，電気容量 $C = 2.0\,\mu\mathrm{F}$ のコンデンサ，起電力 $V = 9.0\,\mathrm{V}$ の電池，スイッチ S が接続されている．S を入れてから十分に時間が経った後の，コンデンサに蓄えられている電荷および静電エネルギーを求めなさい．

4.15　図 4.30 のように抵抗値 $1.0\,\mathrm{k\Omega}$ の 7 つの抵抗器，電気容量 $1.5\,\mu\mathrm{F}$ の 3 つのコンデンサ，起電力 $7.0\,\mathrm{V}$ の電池をつないだはしご型回路がある．この回路の各コンデンサに蓄えられる電荷を求めなさい．問題 4.6 の結果を使ってよい．

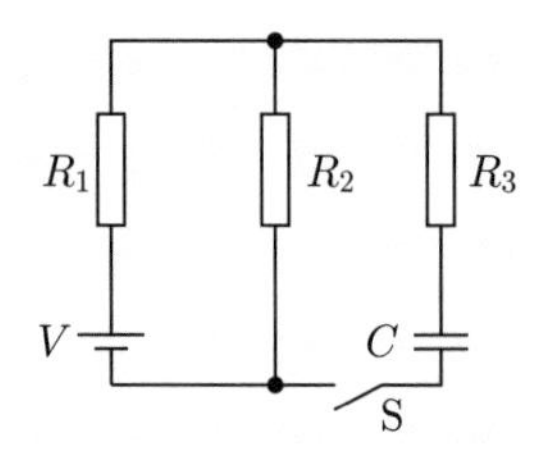

図 4.29　コンデンサを含む直流回路 3

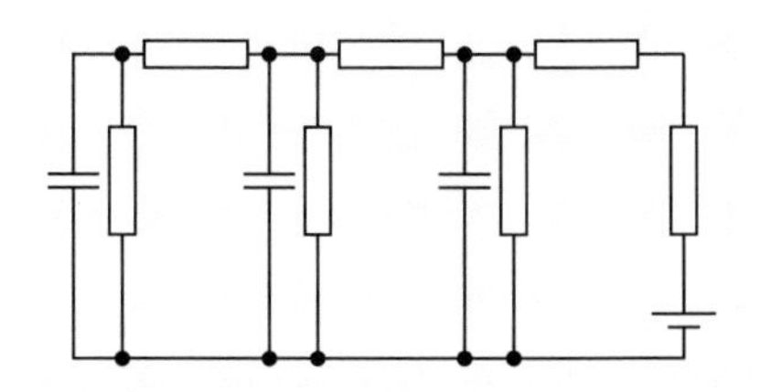

図 4.30　コンデンサを含むはしご型回路

4.16　図 4.31 のように抵抗値 $R_1 = 1.0\,\mathrm{k\Omega}$, $R_2 = 2.0\,\mathrm{k\Omega}$, $R_3 = 2.0\,\mathrm{k\Omega}$, $R_4 = 4.0\,\mathrm{k\Omega}$ の 4 つの抵抗器，電気容量 $C_1 = 1.0\,\mu\mathrm{F}$, $C_2 = 1.5\,\mu\mathrm{F}$ の 2 つのコンデンサ，起電力 $V = 6.0\,\mathrm{V}$ の電池，スイッチ S を接続する．はじめコンデンサには電荷は蓄えられていないものとする．

(a)　S を入れた直後に電源から流れ出る電流を求めなさい．

(b)　S を入れて十分に時間が経った後で電源から流れ出る電流を求めなさい．

(c)　S を入れて十分に時間が経った後で C_1, C_2 に蓄えられる静電エネルギーをそれぞれ求めなさい．

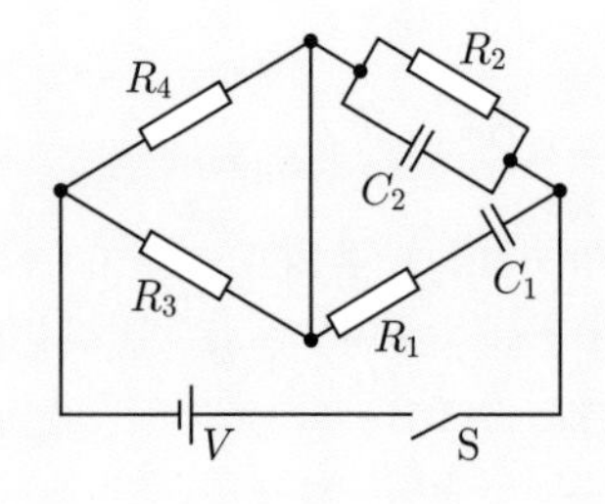

図 4.31　コンデンサを含むブリッジ回路

4.17 図 4.32 のように，抵抗値 $R_1 = 1.0\,\mathrm{k\Omega}$, $R_2 = 1.5\,\mathrm{k\Omega}$ の 2 つの抵抗器，電気容量 $C_1 = 2.0\,\mu\mathrm{F}$, $C_2 = 1.5\,\mu\mathrm{F}$ のコンデンサ，起電力 9.0 V の電池，2 つのスイッチ $\mathrm{S_1}$, $\mathrm{S_2}$ を接続する．$\mathrm{S_1}$ を閉じて十分に時間が経った後で，$\mathrm{S_2}$ を閉じて十分に時間が経った．$\mathrm{S_2}$ を閉じることで ab 間を通過する電荷の電気量と通過する向きを求めなさい．ただし，はじめコンデンサには電荷は蓄えられていないものとする．

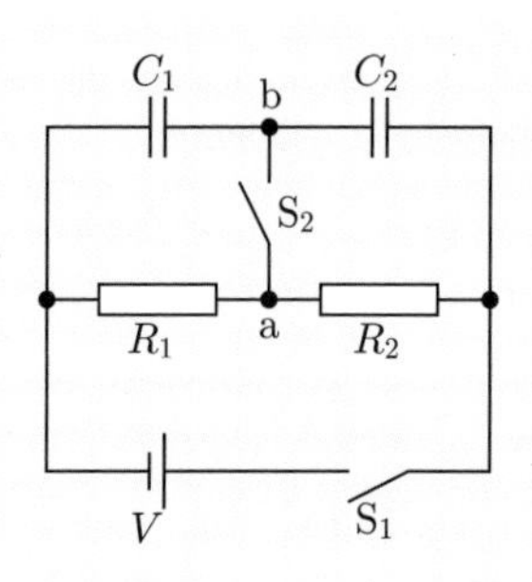

図 4.32 2 つのコンデンサ間の電荷の移動

4.18 **【チャレンジ問題】** 図 4.33 のような，抵抗値 R [Ω] の抵抗器，電気容量 C [F] のコンデンサ，起電力 V_0 [V] の電池とスイッチ S からなる回路がある．はじめ S を a 側に入れ，十分に時間が経った後で，b 側に切り替えた．b 側に切り替えた後の，抵抗器の両端の電圧の変化の様子を求めなさい．

4.19 **【チャレンジ問題】** 図 4.34 のように，抵抗値 $R = 1.0\,\mathrm{k\Omega}$ の抵抗器，電気容量 $C = 0.50\,\mu\mathrm{F}$ のコンデンサ，理想ダイオード（電圧降下が 0 で，矢印の方向にのみ電流を流す回路素子）と交流電源を用いた回路がある．時刻 t [s] における交流電源の電圧が $V_{\mathrm{in}} = 2.0\cos(2.0\times10^3 t)$ [V] と表されるとき，抵抗の両端の電圧はどうなるか説明しなさい．

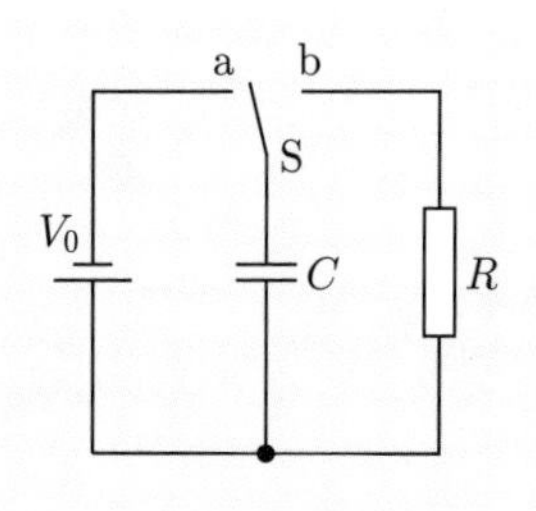

図 4.33 コンデンサの放電

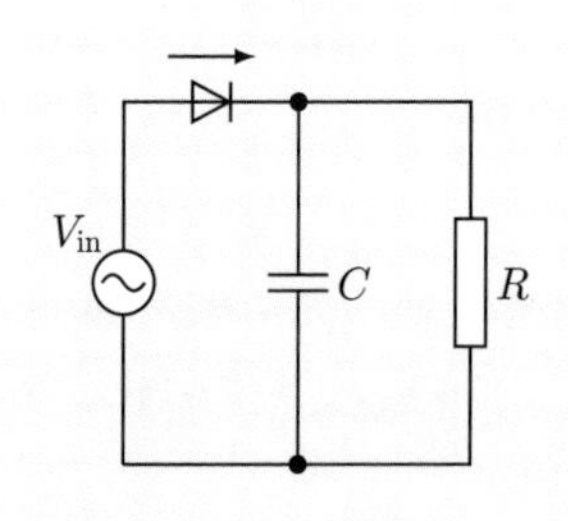

図 4.34 平滑回路

第5章 静磁場

この章では，まず磁束密度を導入し，運動する電荷に働く力であるローレンツ力を学ぼう．そして，電流のつくる磁場を表すビオ–サバールの法則を学んだ後で，電磁気学の基本法則である磁場に関するガウスの法則とアンペールの法則を学ぼう．最後に，電流分布の対称性が良い場合に，アンペールの法則を利用して電流のつくる磁場を求められるようになろう．

5.1 磁束密度

ローレンツ力 大きさ I_1 [A], I_2 [A] の電流の流れる十分に長い2本の平行導線が固定して置かれているとする（図5.1）．このとき導線には，2つの電流が同じ向きであれば引力が，逆の向きであれば斥力（反発力）が働く．導線の長さ l [m] の部分に働く力の大きさは

$$F = \frac{\mu}{2\pi}\frac{I_1 I_2}{r} l \text{ [N]} \tag{5.1}$$

図5.1 平行な電流間に働く力

となる．ここで μ を**透磁率**（とうじりつ）といい，その値は電流の置かれた媒質によって決まる．透磁率の単位はニュートン毎平方アンペア（記号：$\mathrm{N/A^2}$），もしくは，ヘンリー毎メートル（記号：$\mathrm{H/m}$）である．真空の透磁率は次の値になる．

$$\mu_0 = 1.256637062 \times 10^{-6}\ \mathrm{N/A^2} \tag{5.2}$$

銅などの非磁性の金属の透磁率は，真空の透磁率にほぼ等しいので，本書では導体の透磁率は真空の透磁率に等しいとする．また，第8章で見るように，真空の誘電率 ε_0，真空の透磁率 μ_0，真空の光の速さ c の間には $c^2 = \frac{1}{\varepsilon_0\mu_0}$ の関係がある．

誘電率と同じようにある物質の透磁率 μ を真空の透磁率 μ_0 で割った**比透磁率**（ひとうじりつ）$\mu_\mathrm{r} = \frac{\mu}{\mu_0}$ を定義しておくと便利です．

電流 I [A] と I' [A] の間に働く力は (5.1) で与えられるが，電場を考えたときと同じように，電流 I' が空間の性質を変化させ，空間の性質の変化によって I に力が働く

と考える．このとき，(5.1) を $F = IBl$ [N] と書き

$$B = \frac{\mu I'}{2\pi r}\ [\mathrm{Wb/m^2}] \quad （直線電流のつくる磁束密度） \tag{5.3}$$

を，I' による空間の性質の変化と考える．ここで，$\boldsymbol{B}$ を**磁束密度**という．磁束密度の向きは，電流を中心とする，電流に垂直な円の接線方向で，電流を右ねじの進む向きとしたとき，右ねじの回る向き（**右ねじの法則**）とする．磁束密度の単位は N/(A·m) でもあるが，ウェーバー毎平方メートル（記号：$\mathrm{Wb/m^2}$）やテスラ（記号：T）を用いる．より一般には，電流の流れる方向に沿った微小ベクトルを $d\boldsymbol{s}$ [m] としたとき，$d\boldsymbol{s}$ の部分の電流 $I\,d\boldsymbol{s}$ に働く力を

$$d\boldsymbol{F} = I\,d\boldsymbol{s} \times \boldsymbol{B}\ [\mathrm{N}] \tag{5.4}$$

と書く．記号「×」は外積を表している（78 ページ参照）．磁束密度によるこの力のことを**ローレンツ力**という．磁束密度は，電流によってつくられる場であり，運動する電荷にだけ作用する．

磁束密度 $\boldsymbol{B}$ [$\mathrm{Wb/m^2}$] のもとで電気量 q [C] の荷電粒子が速度 $\boldsymbol{v}$ [m/s] で運動するとき，荷電粒子に働くローレンツ力は次のように書ける．

$$\boldsymbol{F} = q\boldsymbol{v} \times \boldsymbol{B}\ [\mathrm{N}] \quad （ローレンツ力） \tag{5.5}$$

電場 $\boldsymbol{E}$ [N/C] と磁束密度 $\boldsymbol{B}$ [$\mathrm{Wb/m^2}$] の両方が存在する場合に

$$\boldsymbol{F} = q(\boldsymbol{E} + \boldsymbol{v} \times \boldsymbol{B})\ [\mathrm{N}] \quad （（広義の）ローレンツ力） \tag{5.6}$$

と書く．これを**（広義の）ローレンツ力**ということもある．

磁束密度についての重ね合わせの原理　電気量 q [C]，速度 $\boldsymbol{v}$ [m/s] の試験電荷と N 個の磁束密度の発生源を考える．試験電荷が受ける合力はベクトル和で書ける．したがって，i 番目の発生源のつくる磁束密度によって，試験電荷が受けるローレンツ力を $\boldsymbol{F}_{i\to試験電荷}$ [N] とし，i 番目の発生源が試験電荷の位置につくる磁束密度を $\boldsymbol{B}_i$ [$\mathrm{Wb/m^2}$] とすると，次のように書ける．

$$\boldsymbol{F}_{合力} = \sum_{i=1}^{N} \boldsymbol{F}_{i\to試験電荷} = q\boldsymbol{v} \times \boldsymbol{B}_1 + q\boldsymbol{v} \times \boldsymbol{B}_2 + \cdots + q\boldsymbol{v} \times \boldsymbol{B}_N$$

$$= q\boldsymbol{v} \times \sum_{i=1}^{N} \boldsymbol{B}_i\ [\mathrm{N}] \quad （磁束密度についての重ね合わせの原理） \tag{5.7}$$

ここで，外積の分配法則を用いた．つまり，合成磁束密度はそれぞれの発生源がつくる磁束密度のベクトル和で書ける．これを**磁束密度についての重ね合わせの原理**という．

一様磁場中の荷電粒子の運動を調べよう

難易度★★★

基本例題メニュー 5.1 一様な磁束密度中の荷電粒子の運動

図 5.2 のように，真空中で大きさ B の一様な磁束密度の中に，質量 m [kg]，電気量 q [C] ($q > 0$) の荷電粒子を，速さ v_0 [m/s] で磁束密度に垂直に打ち込む．任意の時刻 t [s] の荷電粒子の位置および速度を求めなさい．ただし，真空の透磁率を μ_0 [N/A^2] とする．

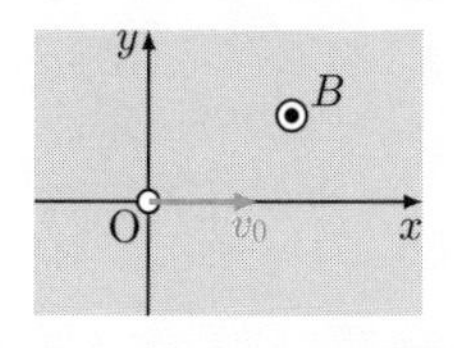

図 5.2 一様な磁束密度中の荷電粒子の運動

【材料】

Ⓐ ローレンツ力：$\boldsymbol{F} = q(\boldsymbol{v} \times \boldsymbol{B})$，Ⓑ 運動方程式：$m\frac{dv}{dt} = \boldsymbol{F}$，Ⓒ 単振動の方程式：$\frac{d^2x}{dt^2} = -\omega^2 x$ の一般解 $x = A\cos(\omega t + \theta_0)$

【レシピと解答】

Step1 図 5.2 のように座標軸をとり，荷電粒子に働く力 $\boldsymbol{F}$ を求める．ただし，z 軸は紙面に垂直で裏から表向きである．

磁束密度は z 軸の正の向きに大きさ B であるから，荷電粒子の速度が $\boldsymbol{v} = (v_x, v_y, v_z)$ [m/s] であるときに荷電粒子に働く力は

$$\boldsymbol{F} = q\boldsymbol{v} \times (0, 0, B) = q(v_y B, -v_x B, 0)\ [\mathrm{N}] \tag{5.8}$$

Step2 運動方程式を立てる．

$$m\frac{dv_x}{dt} = qv_y B, \quad m\frac{dv_y}{dt} = -qv_x B \tag{5.9}$$

Step3 運動方程式を解いて速度 $\boldsymbol{v} = (v_x, v_y, 0)$ を求める．

x 成分についての運動方程式の両辺を質量 m で割ってから時間 t で微分すると

$$\frac{d^2 v_x}{dt^2} = \left(\frac{qB}{m}\right)\frac{dv_y}{dt} \tag{5.10}$$

である．これに y 成分についての運動方程式を代入して

$$\frac{d^2 v_x}{dt^2} = -\left(\frac{qB}{m}\right)^2 v_x \tag{5.11}$$

となる．これは単振動の方程式であるから，一般解は，A, θ_0 を定数として

$$v_x = A\cos\left(\frac{qB}{m}t + \theta_0\right) \tag{5.12}$$

となる．これを x 成分の運動方程式に代入すると

$$v_y = -A\sin\left(\frac{qB}{m}t + \theta_0\right) \tag{5.13}$$

と求まる．ここで，初期条件 $t=0$ のとき $\boldsymbol{v}=(v_0,0,0)$ より，$A=v_0$，$\theta_0=0$ となるので，速度は

$$v_x = v_0\cos\left(\frac{qB}{m}t\right)\ [\mathrm{m/s}],$$
$$v_y = -v_0\sin\left(\frac{qB}{m}t\right)\ [\mathrm{m/s}] \tag{5.14}$$

と求まる．

Step4　速度を時間 t で積分して，位置 $\boldsymbol{r}=(x,y,0)$ を求める．

速度を時間 t で積分すると，C_x, C_y を定数として

$$x = \frac{mv_0}{qB}\sin\left(\frac{qB}{m}t\right) + C_x,$$
$$y = \frac{mv_0}{qB}\cos\left(\frac{qB}{m}t\right) + C_y \tag{5.15}$$

となる．ここで，初期条件 $t=0$ のとき $\boldsymbol{r}=(0,0,0)$ より，$C_x=0$，$C_y=-\frac{mv_0}{qB}$ となるので，位置は

$$x = \frac{mv_0}{qB}\sin\left(\frac{qB}{m}t\right)\ [\mathrm{m}],$$
$$y = \frac{mv_0}{qB}\cos\left(\frac{qB}{m}t\right) - \frac{mv_0}{qB}\ [\mathrm{m}] \tag{5.16}$$

と求まる．これらを変形すると

$$x^2 + \left(y + \frac{mv_0}{qB}\right)^2 = \left(\frac{mv_0}{qB}\right)^2 \tag{5.17}$$

となり，荷電粒子は xy 平面上で中心 $(x,y)=(0,-\frac{mv_0}{qB})$ [m]，半径 $\frac{mv_0}{qB}$ [m] の円軌道を描くことがわかる．

荷電粒子の運動エネルギーは，時間に依らず $K=\frac{1}{2}mv_0{}^2$ になります．働く力が常に進行方向に垂直なので，荷電粒子に対して仕事をしないのですね．

難易度★★★

実践例題メニュー 5.2 ホール効果

図5.3のように，z 軸の正の向き，大きさ B [Wb/m^2] の一様な磁束密度中に縦 d [m]，横 l [m]，高さ h [m] の直方体導体を各辺が x, y, z 軸に平行になるように固定して置く．この導体に y 軸の正の向きに大きさ I [A] の電流を流すと，自由電子はローレンツ力を受けるので，$x=0$ の面は正に，$x=d$ の面は負に帯電する．その結果，生じる x 軸方向の電位差を求めなさい（これを**ホール効果**(こうか)という）．ただし，電子の電気量を $-e$ [C]，密度を n [個/m^3] とする．

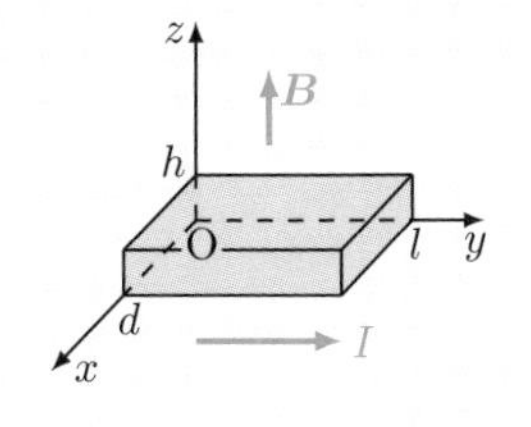

図5.3 ホール効果

【材料】

Ⓐ（広義の）ローレンツ力：$\boldsymbol{F}=q(\boldsymbol{E}+\boldsymbol{v}\times\boldsymbol{B})$，Ⓑ 力のつり合い

【レシピと解答】

Step1 自由電子の平均速度の大きさを v [m/s] として，自由電子が磁束密度から受ける力を求める．

電子は負の電荷をもっているのでローレンツ力の式より，力は x 軸の ① の向きに大きさ ② [N] となる．

Step2 x 軸に垂直な2つの面が帯電した結果，x 軸の負の方向に電場が生じたとして，この電場により導体内の自由電子が受ける力を求める．

x 軸方向の電場の強さを E [N/C] とすると，導体中の自由電子は，電場により x 軸の ③ の向きに大きさ ④ [N] の力を受ける．

Step3 力のつり合いより x 軸方向の電場の大きさ E を求め，電位差 V [V] を求める．

力のつり合いより， ⑤ であるから，電場の大きさは

$$E = ⑥ \text{ [N/C]} \tag{5.18}$$

となる．これより電位差は次のように求まる．

$$V = ⑦ \text{ [V]} \tag{5.19}$$

【実践例題解答】 ① 負 ② evB ③ 正 ④ eE ⑤ $eE=evB$ ⑥ $\frac{IB}{endh}$ ⑦ $\frac{IB}{enh}$

問　題

5.1 【チャレンジ問題】電流は電荷の流れなので，例えば (5.1) のような電流間に働く力を考えるときには，静電気力も考えなくてはいけないように思える．静電気力を考えなくてよい理由を説明しなさい．

5.2 同じ大きさ I [A] の無限に長い 2 本の直線電流が，距離 1.00 m だけ離れて平行に置かれている．電流間に働く単位長さ当たりの力の大きさが 2.00×10^{-7} N のとき，I の値を求めなさい．ただし，真空の透磁率を 1.26×10^{-6} N/A^2 とし，円周率を 3.14 とする．

5.3 電気量 2.0 C の荷電粒子が次の一様な電場 $\boldsymbol{E}$，磁束密度 $\boldsymbol{B}$ の中を運動している．粒子の速度が $\boldsymbol{v} = (3.0, 2.0, 5.0)$ m/s のとき，粒子に働く力を求めなさい．

(a)　$\boldsymbol{E} = (2.0, 0.0, 0.0)$ N/C, $\boldsymbol{B} = (0.50, 0.0, 0.0)$ Wb/m^2

(b)　$\boldsymbol{E} = (2.0, 1.0, 1.5)$ N/C, $\boldsymbol{B} = (0.30, -0.30, 0.0)$ Wb/m^2

(c)　$\boldsymbol{E} = (2.0, 2.0, 2.0)$ N/C, $\boldsymbol{B} = (-0.25, 0.50, 0.25)$ Wb/m^2

5.4 図 5.4 のように真空中で同一平面上に直線導線と 1 辺の長さ a [m] の正方形コイルが，導線とコイルの 1 辺が平行になるように置かれている．導線とコイルに流す電流を図の向き，大きさ I_1 [A], I_2 [A] に保ったまま，導線からの距離が d [m] から $d + \Delta d$ [m] になるまでコイルをゆっくりと動かすときに，外力のする仕事を求めなさい．ただし，真空の透磁率を μ_0 [N/A^2] とする．

5.5 図 5.5 のように 1 辺の長さが 3.0 mm の正三角形の頂点を通るように，正三角形に垂直で図の向きに大きさ 1.0 A, 1.0 A, 2.0 A の電流が流れている．正三角形の重心 G における磁束密度を求めなさい．ただし，真空の透磁率を 1.3×10^{-6} N/A^2 とし，円周率を 3.14 とする．

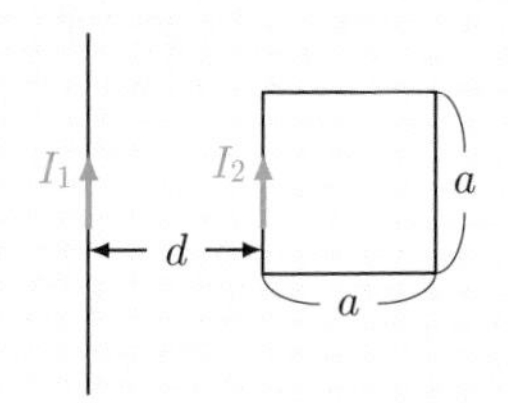

図 5.4　正方形コイルに働く力

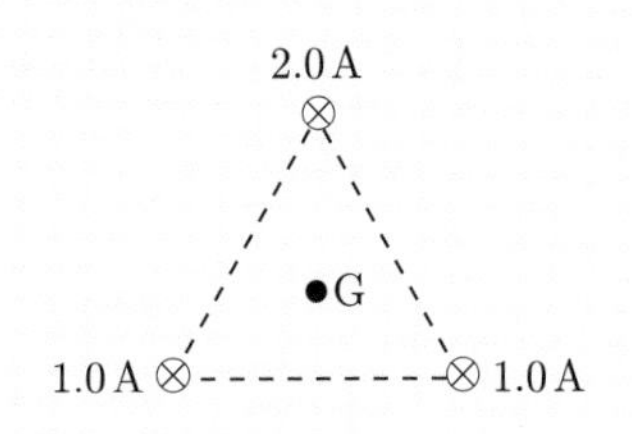

図 5.5　正三角形の重心の磁束密度

5.6 無限に長い 2 本の直線導線 A, B を距離 d [m] だけ離して平行に固定する．A には大きさ I [A]，B には大きさ $2I$ [A] の電流を逆向きに流すとき，合成磁束密度が 0 になる位置を求めなさい．

5.7 質量 m [kg]，電気量 $-e$ [C] のイオンAと，質量 m' [kg]，電気量 $-2e$ [C] のイオンBを同じ速さで，一様な磁束密度中に，磁束密度に垂直に入射する．AとBの軌道半径の比を求めなさい．

5.8 図5.6のように xy 平面に垂直に x 軸上，$x = -a$ [m] から a [m] まで電流が流れている．全ての導線に流れる電流の大きさが同じで，その合計が I [A] であるとき，y 軸上 $y = r$ [m] の点Pでの磁束密度を求めなさい．ただし，真空の透磁率を μ_0 [N/A^2] とする．

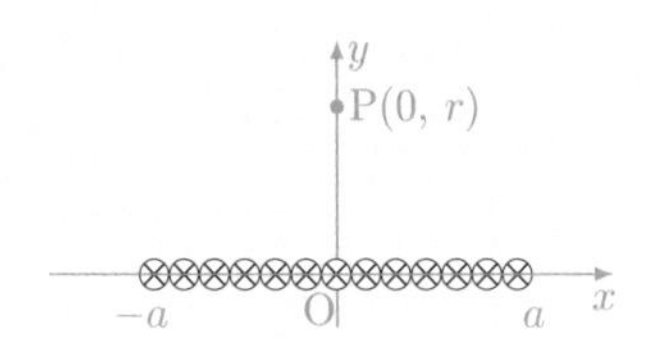

図5.6 平面を流れる電流

外積

2つのベクトル $\boldsymbol{A}$, $\boldsymbol{B}$ の直交座標表示を $\boldsymbol{A} = (A_x, A_y, A_z)$, $\boldsymbol{B} = (B_x, B_y, B_z)$, 大きさをA, B，それらが成す角を θ [rad]（$0 \leqq \theta \leqq \pi$）とするとき，$\boldsymbol{A}$, $\boldsymbol{B}$ の外積は次のように定義される．

$$\begin{aligned}\boldsymbol{A} \times \boldsymbol{B} &= AB(\sin\theta)\boldsymbol{e} \\ &= (A_y B_z - A_z B_y, A_z B_x - A_x B_z, A_x B_y - A_y B_x)\end{aligned} \tag{5.20}$$

ここで，$\boldsymbol{e}$ は，$\boldsymbol{A}$ と $\boldsymbol{B}$ の両方に垂直な単位ベクトルであり，$\boldsymbol{A}$ から $\boldsymbol{B}$ へ θ が小さくなる向きに回したときに，右ねじが進む向きに取る．x 軸，y 軸，z 軸方向の単位ベクトルを，それぞれ，$\boldsymbol{i}$, $\boldsymbol{j}$, $\boldsymbol{k}$ とすると，$\boldsymbol{A}$ と $\boldsymbol{B}$ の外積は形式的に行列式を用いて次のように書くこともできる．

$$\boldsymbol{A} \times \boldsymbol{B} = \begin{vmatrix} \boldsymbol{i} & \boldsymbol{j} & \boldsymbol{k} \\ A_x & A_y & A_z \\ B_x & B_y & B_z \end{vmatrix} \tag{5.21}$$

定義から明らかなように，外積には次の性質がある．

$$\boldsymbol{A} \times \boldsymbol{B} = -\boldsymbol{B} \times \boldsymbol{A} \tag{5.22}$$

$$\boldsymbol{A} \times \boldsymbol{A} = \boldsymbol{0} \tag{5.23}$$

$$\boldsymbol{A} \times (k\boldsymbol{B}) = k(\boldsymbol{A} \times \boldsymbol{B}) \quad (k \text{ は実数}) \tag{5.24}$$

$$\boldsymbol{A} \times (\boldsymbol{B} + \boldsymbol{C}) = \boldsymbol{A} \times \boldsymbol{B} + \boldsymbol{A} \times \boldsymbol{C} \tag{5.25}$$

5.2 ビオ–サバールの法則

電気量 q [C]，速度 $\boldsymbol{v}$ [m/s] の荷電粒子が，荷電粒子から $\boldsymbol{r}$ [m] の位置につくる磁束密度は，$\boldsymbol{v}$ と $\boldsymbol{r}$ の成す角を θ [rad]，考えている媒質の透磁率を μ とすると，次のようになる．

$$\begin{cases} \text{大きさ} \quad : \quad B = \dfrac{\mu}{4\pi} \dfrac{|q| v \sin\theta}{r^2} \ [\mathrm{Wb/m^2}] \\ \text{向き} \quad : \quad q\boldsymbol{v} \text{ と } \boldsymbol{r} \text{ を含む面に垂直で，} q\boldsymbol{v} \text{ の向きを右ねじの進む} \\ \qquad\qquad \text{向きとしたとき，右ねじの回転する向き} \end{cases} \tag{5.26}$$

これを**ビオ–サバールの法則**(ほうそく)という．

図 5.7 のように，位置 $\boldsymbol{r}$ [m] にある微小部分のベクトル $d\boldsymbol{s}$ [m] に，$d\boldsymbol{s}$ の向きに大きさ I [A] の電流が流れている場合には，$I\,d\boldsymbol{s} = q\boldsymbol{v}$ なので，ビオ–サバールの法則は次のように書き換えられる．

$$\begin{cases} \text{大きさ} \quad : \quad B = \dfrac{\mu}{4\pi} \dfrac{I\, ds \sin\theta}{r^2} \ [\mathrm{Wb/m^2}] \\ \text{向き} \quad : \quad I\,d\boldsymbol{s} \text{ と } \boldsymbol{r} \text{ を含む面に垂直で，} I\,d\boldsymbol{s} \text{ の向きを右ねじの進む} \\ \qquad\qquad \text{向きとしたとき，右ねじの回転する向き} \end{cases} \tag{5.27}$$

ビオ–サバールの法則は，外積を用いると

$$\boldsymbol{B} = \frac{\mu}{4\pi} \frac{q\boldsymbol{v} \times \boldsymbol{r}}{r^3} \ [\mathrm{Wb/m^2}] \tag{5.28}$$

もしくは

$$\boldsymbol{B} = \frac{\mu}{4\pi} \frac{I\,d\boldsymbol{s} \times \boldsymbol{r}}{r^3} \ [\mathrm{Wb/m^2}] \tag{5.29}$$

と書ける．いかなる電流であっても，電流を微小部分に分割して，それぞれにビオ–サバールの法則を用いて磁束密度を求め，それらをベクトル和として全て加え合わせれば，原理的には電流全体の磁束密度が求められる．

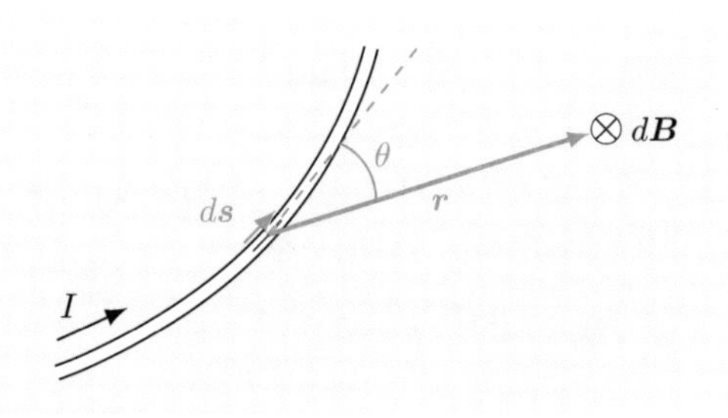

図 5.7　ビオ–サバールの法則

電流のつくる磁束密度を調べよう

難易度 ★★☆

基本例題メニュー 5.3 線分電流のつくる磁束密度

xy 平面上で中心が原点に一致するように x 軸に平行に置かれた長さ $2a$ [m] の線分導線に大きさ I [A] の電流が流れている．$(x, y) = (0, r)$ [m] の点 P での磁束密度を求めなさい．ただし，真空の透磁率を μ_0 [N/A^2] とする．

【材料】

Ⓐ ビオ–サバールの法則（大きさ：$\frac{\mu_0 I\, ds \sin\theta}{4\pi r^2}$）

【レシピと解答】

Step1 図 5.8 のように，x 軸上，x の位置での微小部分 dx [m] の電流 $I\,dx$ [A·m] を考え，$I\,dx$ による磁束密度 $d\boldsymbol{B}$ を求める．

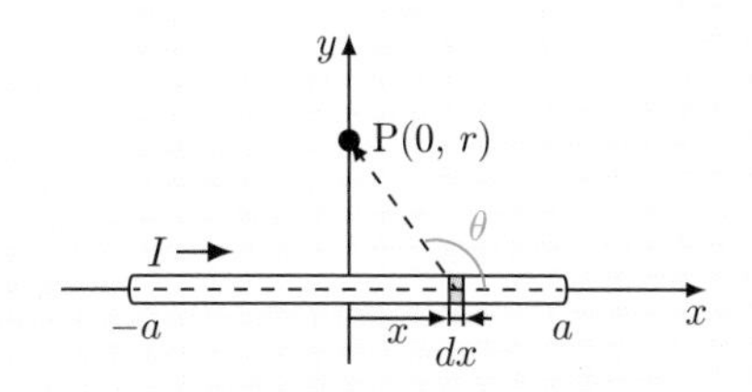

図 5.8 線分電流のつくる磁束密度

微小部分から点 P までの距離は $\sqrt{x^2+r^2}$ である．また，図のように角 θ [rad] をとれば $\sin\theta = \sin(\pi-\theta) = \frac{r}{\sqrt{x^2+r^2}}$ である．よって，ビオ–サバールの法則より

$$dB = \frac{\mu_0 I\,dx}{4\pi(x^2+r^2)}\frac{r}{\sqrt{x^2+r^2}} = \frac{\mu_0 I}{4\pi}\frac{r}{(x^2+r^2)^{\frac{3}{2}}}\,dx \text{ [Wb/m}^2\text{]} \tag{5.30}$$

であり，その向きは，$r > 0$ では紙面に垂直で裏から表向きに，$r < 0$ では紙面に垂直で表から裏向きである．

Step2 線分全体がつくる磁束密度 $\boldsymbol{B}$ の大きさを積分の形で表す．

全ての微小部分で $d\boldsymbol{B}$ の向きは同じなので

$$\begin{aligned} B &= \frac{\mu_0 I}{4\pi}\int_{-a}^{a}\frac{r}{(x^2+r^2)^{\frac{3}{2}}}\,dx \\ &= \frac{\mu_0 I}{2\pi}\int_{0}^{a}\frac{r}{(x^2+r^2)^{\frac{3}{2}}}\,dx \text{ [Wb/m}^2\text{]} \end{aligned} \tag{5.31}$$

Step3　$\cos\theta = \frac{x}{\sqrt{x^2+r^2}}$ として，置換積分を実行し，$\boldsymbol{B}$ の大きさを求める．

$\cos\theta = \frac{x}{\sqrt{x^2+r^2}}$ とすれば

$$\frac{d\cos\theta}{dx} = -\sin\theta\,\frac{d\theta}{dx}, \tag{5.32}$$

$$\begin{aligned}\frac{d}{dx}\left(\frac{x}{\sqrt{x^2+r^2}}\right) &= \frac{1}{\sqrt{x^2+r^2}} - \frac{x^2}{(x^2+r^2)^{\frac{3}{2}}} \\ &= \frac{r^2}{(x^2+r^2)^{\frac{3}{2}}}\end{aligned} \tag{5.33}$$

である．また，積分範囲は表 5.1 のようになる．

表 5.1　積分範囲

x	0	a
$\cos\theta$	0	$\frac{a}{\sqrt{a^2+r^2}}$

したがって，線分全体がつくる磁束密度 $\boldsymbol{B}$ は

$$\begin{aligned}B &= \frac{\mu_0 I}{2\pi r}\int_{\cos\theta=0}^{\cos\theta=\frac{a}{\sqrt{a^2+r^2}}} (-\sin\theta)\,d\theta \\ &= \frac{\mu_0 I}{2\pi r}\Big[\cos\theta\Big]_{\cos\theta=0}^{\cos\theta=\frac{a}{\sqrt{a^2+r^2}}} \\ &= \frac{\mu_0 I}{2\pi r}\,\frac{a}{\sqrt{a^2+r^2}}\ [\mathrm{Wb/m^2}]\end{aligned} \tag{5.34}$$

であり，向きは，$r > 0$ では紙面に垂直で裏から表向きに，$r < 0$ では紙面に垂直で表から裏向きである．

特に，$a \gg r$ のときには，$B = \frac{\mu_0 I}{2\pi r}$ となり，直線電流のつくる磁束密度 (5.3) と一致する．また，$a \ll r$ のときには，$B = \frac{\mu_0 I a}{2\pi r^2}$ となり，ビオ–サバールの法則の式 (5.27) の $ds = 2a$, $\theta = 90°$ とした場合と一致する．

難易度 ★★★

実践例題メニュー 5.4  環状電流のつくる磁束密度

真空中に図 5.9 のような，半径 a [m] の円形コイルがある．このコイルに大きさ I [A] の電流が図の向きに流れているとき，コイルの中心 O の磁束密度を求めなさい．ただし，真空の透磁率を μ_0 [N/A^2] とする．

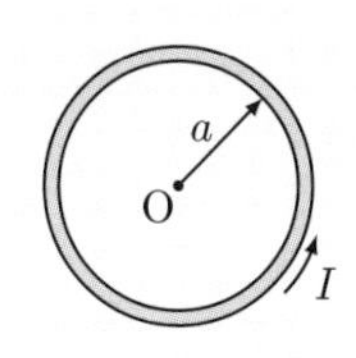

図 5.9 環状電流のつくる磁束密度

【材料】

Ⓐ ビオ–サバールの法則（大きさ：$\frac{\mu_0 I\, ds \sin\theta}{4\pi r^2}$），Ⓑ 円周の長さ：$2\pi r$

【レシピと解答】

Step1 コイルを n 個の微小部分に分け，i 番目の微小部分が O につくる磁束密度 $d\boldsymbol{B}$ を求める．

コイルを n 等分したとき，微小部分の長さは $ds = \frac{2\pi a}{n}$ である．コイルの接線と微小部分から O に向けて引いた線分は垂直なので，ビオ–サバールの法則の式において $\theta = \frac{\pi}{2}$, $r = a$ を代入すればよい．したがって，$d\boldsymbol{B}$ はどの微小部分も等しく，大きさは

$$dB_i = \boxed{①\qquad\qquad} \ [\mathrm{Wb/m^2}] \qquad (5.35)$$

であり，コイルに垂直方向で紙面の裏から表向きである．

Step2 コイル全体の電流がつくる磁束密度 $\boldsymbol{B}$ を求める．

磁束密度は微小部分の場所 i に依らないので，コイル全体がつくる O での磁束密度 $\boldsymbol{B}$ は

$$B = \boxed{②\qquad\qquad} \ [\mathrm{Wb/m^2}] \qquad (5.36)$$

であり，円に垂直方向で紙面の裏から表向きである．

【実践例題解答】 ① $\frac{\mu_0}{4\pi}\frac{I\frac{2\pi a}{n}}{a^2} = \frac{\mu_0}{2}\frac{I}{na}$ ② $\sum_{i=1}^{n}\frac{\mu_0}{2}\frac{I}{na} = \frac{\mu_0 I}{2a}$

問 題

5.9 真空中に置かれた1辺の長さ a [m] の正方形コイルに，大きさ I [A] の電流が流れている．正方形の中心の位置の磁束密度を求めなさい．ただし，真空の透磁率を μ_0 [N/A^2] とし，また，基本例題メニュー 5.3 の結果を使ってよい．

5.10 真空中に，半径 a [m] の円に内接する正 n 角形のコイルがあり，大きさ I [A] の電流が流れている．円の中心での磁束密度の大きさを求めなさい．ただし，真空の透磁率を μ_0 [N/A^2] とし，また，基本例題メニュー 5.3 の結果を使ってよい．

5.11 実践例題メニュー 5.4 と同様に円形コイルに大きさ I [A] の電流が流れている．コイルの中心Oを通るコイルに垂直な軸上でOから z [m] だけ離れた位置Pにつくる磁束密度を求めなさい．ただし，真空の透磁率を μ_0 [N/A^2] とする．

5.12 【チャレンジ問題】図 5.10 のように導線を円筒状に巻いたコイルを**ソレノイド**という．真空中に置かれた，断面の半径 a [m]，長さ l [m]，単位長さ当たりの巻き数 n のソレノイドに，大きさ I [A] の電流を流したとき，

(a) 中心軸上で中心の位置Oの磁束密度を求めなさい．

(b) 軸上でソレノイドの端の位置Pの磁束密度を求めなさい．

ただし，真空の透磁率を μ_0 [N/A^2] とし，また，問題 5.11 の結果を使ってよい．

5.13 【チャレンジ問題】図 5.11 のように距離 R [m]，巻き数 N の2つのコイルの中心軸を一致させて，距離 R だけ隔てて置いた装置を**ヘルムホルツコイル**という．2つのコイルに共に大きさ I [A] の電流を同じ向きに流したときに，2つのコイルの中心を結ぶ線分上で，線分の中点Oから右側に距離 x [m]（$x \ll R$）だけ離れた位置Pの磁束密度の大きさを求めなさい．ただし，真空の透磁率を μ_0 [N/A^2] とし，また，問題 5.11 の結果を使ってよい．

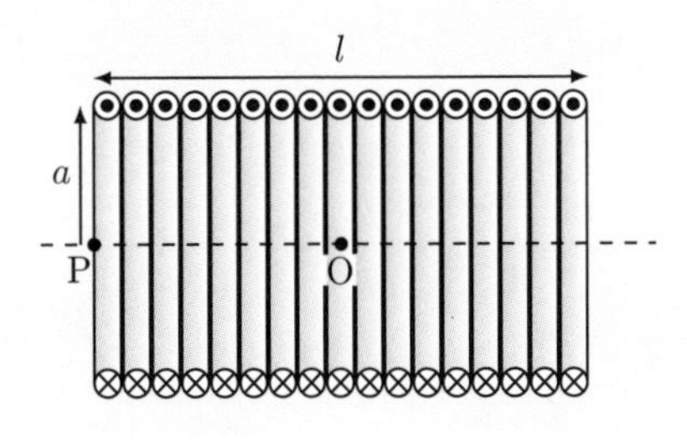

図 5.10 ソレノイド

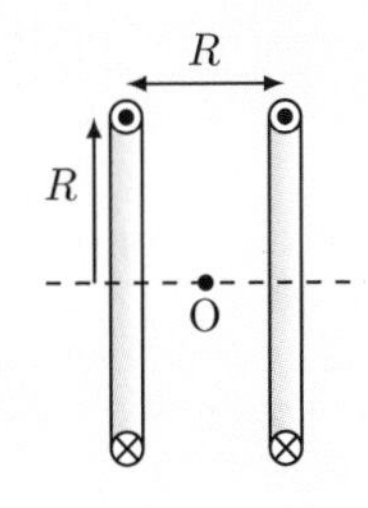

図 5.11 ヘルムホルツコイル

5.3 磁場に関するガウスの法則

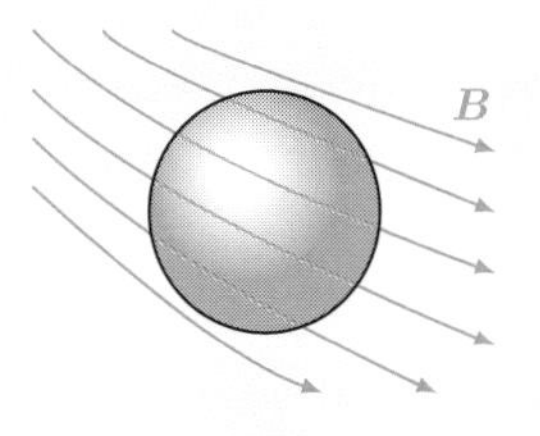

図 5.12 磁場に関するガウスの法則

磁場に関するガウスの法則 「閉曲面を内側から外側に貫く磁束の正味の本数は0になる.」

これを**磁場に関するガウスの法則**という.

ここで,閉曲面を内側から外側に貫く磁束は,磁束密度の閉曲面に垂直な成分を閉曲面全体で足し合わせたものである.したがって,2.2節で導入した,法線面積分を用いれば,磁場に関するガウスの法則は,Sを閉曲面,$\boldsymbol{B}$ [Wb/m^2] を磁束密度として

$$\oint_{\mathrm{S}} \boldsymbol{B} \cdot d\boldsymbol{S} = 0 \quad \text{(磁場に関するガウスの法則)} \tag{5.37}$$

と書ける.

磁場に関するガウスの法則は,電場に関するガウスの法則に似ているが,閉曲面を貫く磁束は常に0になる.つまり,図5.12のように,閉曲面に入った磁束は必ず閉曲面から出て行く.これは,自然界に磁極が単独で存在しない(モノポールが存在しない)ことを表している.もしモノポールが存在すれば,電束についての電荷のように,それは磁束の湧き出し口や吸い込み口になるからである.

磁場に関するガウスの法則を用いることで,ある閉曲面の一部を貫く磁束がわかっている場合に,残りの部分を貫く磁束を知ることができる.

磁 場 電場に対して電束密度を導入したように,μ [N/A^2] を透磁率として,**磁場(磁界)** $\boldsymbol{H}$ [A/m] を次のように導入する.

$$\boldsymbol{B} = \mu \boldsymbol{H} \ [\mathrm{Wb/m^2}] \quad \text{(磁場に関する物質の方程式)} \tag{5.38}$$

電束密度 $\boldsymbol{D}$ と電場 $\boldsymbol{E}$,磁束密度 $\boldsymbol{B}$ と磁場 $\boldsymbol{H}$ は,それぞれ比例の関係にあるので,なぜ,それぞれ2つの物理量を定義するのかと思うかもしれません.2つの物理量を定義する理由は,一般には $\boldsymbol{D}$ と $\boldsymbol{E}$,$\boldsymbol{B}$ と $\boldsymbol{H}$ は向きが異なる場合があるからです.そのときには,誘電率や透磁率は単なる数(スカラー量)ではなくテンソル量という種類の物理量で表されます.

面を貫く磁束を求めよう

難易度 ★☆☆

基本例題メニュー 5.5　磁場に関するガウスの法則 1

図 5.13 のような，高さ 1.0 m，底面が等辺の長さ 1.0 m の直角 2 等辺三角形である三角柱が，一様な磁束密度 $\boldsymbol{B} = (1.0 \times 10^{-3}, 1.0 \times 10^{-3}, 3.0 \times 10^{-3})$ Wb/m^2 のもとで，3 つの辺が x, y, z 軸と一致するように置かれている．この三角柱のそれぞれの面を貫く磁束を求め，磁場に関するガウスの法則が成り立つことを示しなさい．

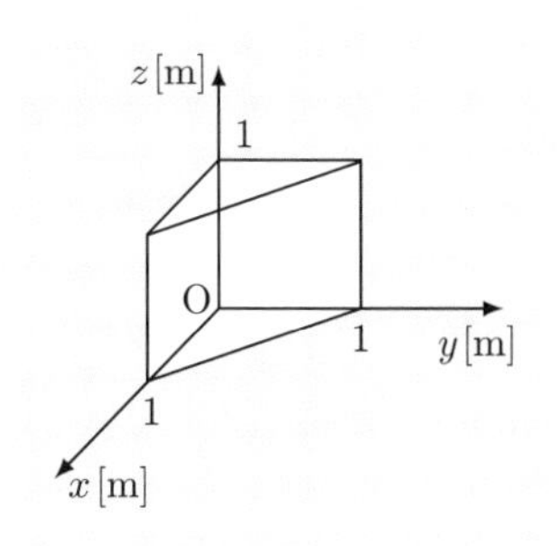

図 5.13　三角柱を貫く磁束

【材料】

Ⓐ 磁場に関するガウスの法則：$\oint_S \boldsymbol{B} \cdot d\boldsymbol{S} = 0$

【レシピと解答】

Step1　上底面と下底面を貫く磁束を求める．

$$\Phi_{\text{上底面}} = (3.0 \times 10^{-3}) \times (0.5) = 1.5 \times 10^{-3}\ \text{Wb}, \tag{5.39}$$

$$\Phi_{\text{下底面}} = (-3.0 \times 10^{-3}) \times (0.5) = -1.5 \times 10^{-3}\ \text{Wb} \tag{5.40}$$

である．負符号は，外側から内側に向かう向きを表している．

Step2　側面を貫く磁束を求める．

$$y\text{ 軸に垂直な面：}\ \Phi_{\text{側面 1}} = (-1.0 \times 10^{-3}) \times (1.0) = -1.0 \times 10^{-3}\ \text{Wb}, \tag{5.41}$$

$$x\text{ 軸に垂直な面：}\ \Phi_{\text{側面 2}} = (-1.0 \times 10^{-3}) \times (1.0) = -1.0 \times 10^{-3}\ \text{Wb}, \tag{5.42}$$

$$\text{もう 1 つの側面：}\ \Phi_{\text{側面 3}} = (\sqrt{2.0} \times 10^{-3}) \times (\sqrt{2.0}) = 2.0 \times 10^{-3}\ \text{Wb} \tag{5.43}$$

Step3　磁場に関するガウスの法則が成り立つことを示す．

$$\Phi_{\text{上底面}} + \Phi_{\text{下底面}} + \Phi_{\text{側面 1}} + \Phi_{\text{側面 2}} + \Phi_{\text{側面 3}} = 0 \tag{5.44}$$

より，磁場に関するガウスの法則は成り立っている．

難易度★☆☆

実践例題メニュー 5.6 磁場に関するガウスの法則 2

図 5.14 のように，底面の半径 1.0 m，高さ 1.0 m の $\frac{1}{4}$ 円筒面が一様な磁束密度 $\boldsymbol{B} = (1.0 \times 10^{-3}, 2.0 \times 10^{-3}, 3.0 \times 10^{-3})$ Wb/m^2 のもとで，円筒軸が z 軸と一致するように置かれている．磁場に関するガウスの法則より，$\frac{1}{4}$ 円筒側面（図の網掛け部分）を円筒の内側から外側に貫く磁束を求めなさい．

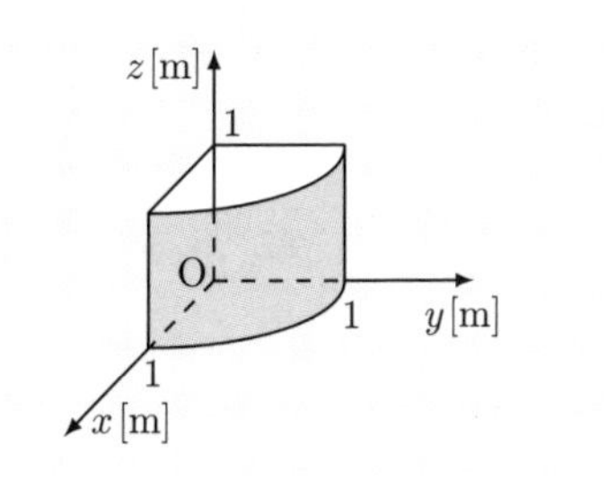

図 5.14 $\frac{1}{4}$ 円筒面を貫く磁束

【材料】

Ⓐ 磁場に関するガウスの法則：$\oint_{\mathrm{S}} \boldsymbol{B} \cdot d\boldsymbol{S} = 0$

【レシピと解答】

Step1 x 軸に垂直な面を円筒の内側から外側に貫く磁束を求める．

① ______ Wb (5.45)

Step2 y 軸に垂直な面を円筒の内側から外側に貫く磁束を求める．

② ______ Wb (5.46)

Step3 円周率を π として，上底面と下底面を円筒の内側から外側に貫く磁束を求める．

③ ______ Wb (5.47)

Step4 磁場に関するガウスの法則により $\frac{1}{4}$ 円筒側面を円筒の内側から外側に貫く磁束を求める．

④ ______ Wb (5.48)

【実践例題解答】 ① $-1.0 \times 10^{-3} \times 1.0 \times 1.0 = -1.0 \times 10^{-3}$

② $-2.0 \times 10^{-3} \times 1.0 \times 1.0 = -2.0 \times 10^{-3}$

③ $3.0 \times 10^{-3} \times 1.0 \times 1.0 \times \frac{\pi}{4} - 3.0 \times 10^{-3} \times 1.0 \times 1.0 \times \frac{\pi}{4} = 0.0$

④ $2.0 \times 10^{-3} + 1.0 \times 10^{-3} - 0.0 = 3.0 \times 10^{-3}$

5.4　アンペールの法則

「磁場中に閉曲線を考えたとき，その閉曲線を微小部分に分割し，磁場の閉曲線の接線に平行な成分と微小部分の長さの積を閉曲線1周で足し合わせると，その閉曲線を縁とする面を垂直に貫く電流の値になる.」

これをアンペールの**法則**（ほうそく）という.

閉曲線とは始まりと終わりがない環のような曲線のことをいいます.

i 番目の微小部分の長さを Δl_i，そこでの磁場の大きさを H_i，磁場と微小部分のなす角度を θ_i とすると，磁場の接線成分は $H_i \cos\theta_i$ と書けるので，アンペールの法則は

$$\sum_{i=1}^{n} H_i \cos\theta_i \, \Delta l_i = \sum_j I_j \ [\mathrm{A}] \quad (\text{アンペールの法則}) \tag{5.49}$$

と書ける．右辺の和 $\sum_j I_j$ は閉曲線を縁とする面を貫く電流の総和を表している．左辺を $\oint_{\mathrm{C}} \boldsymbol{H} \cdot d\boldsymbol{l}$ と書き，**接線線積分**（せっせんせんせきぶん）と呼ぶ．積分記号 $\oint$ の ∘ は閉曲線についての積分であることを表している．接線線積分を用いると，アンペールの法則は次のように書ける.

$$\oint_{\mathrm{C}} \boldsymbol{H} \cdot d\boldsymbol{l} = \sum_j I_j \ [\mathrm{A}] \quad (\text{アンペールの法則}) \tag{5.50}$$

閉曲線Cを縁とする面を貫く電流の総和を求めるときには，貫く電流の向きを決めておかなければならない．そこで，図5.15のように閉曲線を反時計まわりに1周したときに裏面から表面に向かう電流を正の向き（右ねじの法則に従う向き）とする.

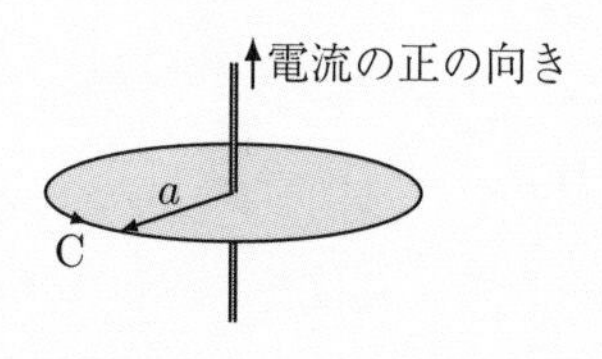

図5.15　アンペールの法則

アンペールの法則を使って磁場を求めよう

難易度 ★★☆

基本例題メニュー 5.7 直線電流がつくる磁場

図 5.16 のように，真空中に置かれた無限に長い直線状の導体に大きさ I [A] の電流が流れている．導線から距離 r [m] の位置の磁場と磁束密度をアンペールの法則を用いて求めなさい．ただし，真空の透磁率を μ_0 [N/A^2] とする．

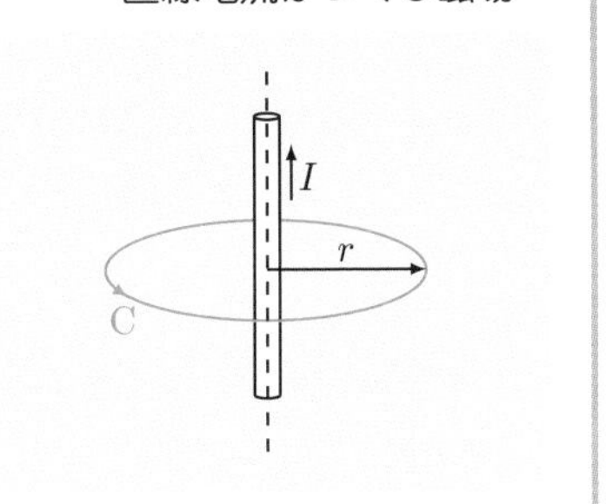

図 5.16 無限に長い直線電流のつくる磁場

【材料】

Ⓐ アンペールの法則：$\oint_{\mathrm{C}} \boldsymbol{H}\cdot d\boldsymbol{l} = \sum_j I_j$，Ⓑ $\boldsymbol{B} = \mu_0 \boldsymbol{H}$，Ⓒ 円周の長さ：$2\pi r$

【レシピと解答】

Step1 閉曲線 C として，図 5.16 のような，直線を中心とし，直線に垂直な半径 r [m] の円を考え，C を縁とする面を貫く電流を求める．

C を縁とする面を貫く電流は I [A] である．

Step2 C に沿った磁場の接線線積分を求める．

対称性より，磁場は C 上の至る所で同じ大きさ，C の接線方向で右ねじの法則に従う向きである．したがって，磁場を $\boldsymbol{H}$ [A/m] とすると $\oint_{\mathrm{C}} \boldsymbol{H}\cdot d\boldsymbol{l} = H\oint_{\mathrm{C}} dl = H \times$ (円周の長さ) $= H \times (2\pi r) = 2\pi r H$ [A] となる．

Step3 アンペールの法則より磁場 $\boldsymbol{H}$ を求め，$\boldsymbol{B} = \mu_0 \boldsymbol{H}$ より磁束密度 $\boldsymbol{B}$ を求める．

アンペールの法則より $2\pi r H = I$ であるから

$$H = \frac{I}{2\pi r} \ \text{[A/m]} \tag{5.51}$$

となり，$\boldsymbol{B} = \mu_0 \boldsymbol{H}$ より

$$B = \mu_0 H = \frac{\mu_0 I}{2\pi r} \ [\text{Wb/m}^2] \tag{5.52}$$

となる．向きは共に，右ねじの法則に従う向きである．これは (5.3) と一致している．

難易度 ★★☆

実践例題メニュー 5.8　円柱状電流がつくる磁場

図 5.17 のように，真空中に置かれた断面の半径 a [m] の無限に長い円柱状の導体に大きさ I [A] の電流が一様に流れている．中心軸から距離 r [m] の位置の磁場と磁束密度を求めなさい．ただし，真空の透磁率を μ_0 [N/A^2] とする．

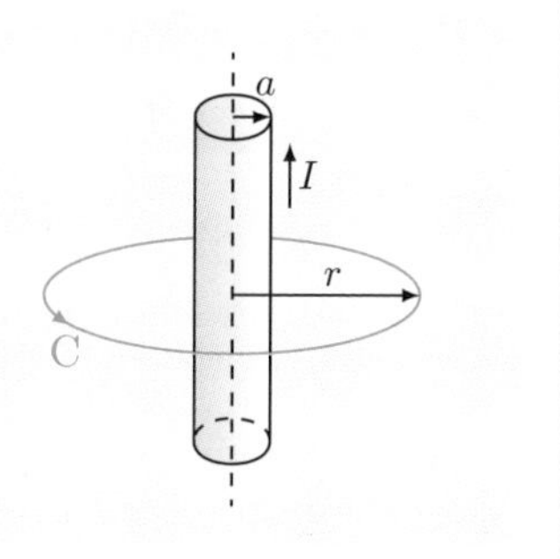

図 5.17　円柱状電流のつくる磁場

【材料】

Ⓐ アンペールの法則：$\oint_{\mathrm{C}} \boldsymbol{H} \cdot d\boldsymbol{l} = \sum_j I_j$，Ⓑ $\boldsymbol{B} = \mu_0 \boldsymbol{H}$，Ⓒ 円周の長さ：$2\pi r$

【レシピと解答】

Step1　閉曲線 C として，図 5.17 のような，円柱の中心軸を中心とし，軸に垂直な半径 r [m] の円を考え，C を縁とする面を貫く電流を求める．

$r \geqq a$ のとき ［①　　］ [A]，$r < a$ のとき ［②　　］ [A] である．

Step2　C に沿った磁場の接線線積分を求める．

対称性より，磁場は C 上の至る所で同じ大きさ，C の接線方向で右ねじの法則に従う向きである．したがって，磁場を $\boldsymbol{H}$ [A/m] とすると $\oint_{\mathrm{C}} \boldsymbol{H} \cdot d\boldsymbol{l} =$ ［③　　］ [A] となる．

Step3　アンペールの法則より磁場 $\boldsymbol{H}$ を求め，$\boldsymbol{B} = \mu_0 \boldsymbol{H}$ より磁束密度 $\boldsymbol{B}$ を求める．

アンペールの法則より

$$H = \begin{cases} \boxed{④\quad} \ [\mathrm{A/m}] & (r \geqq a) \\ \boxed{⑤\quad} \ [\mathrm{A/m}] & (r < a) \end{cases} \tag{5.53}$$

となり，$\boldsymbol{B} = \mu_0 \boldsymbol{H}$ より

$$B = \begin{cases} \boxed{⑥\quad} \ [\mathrm{Wb/m^2}] & (r \geqq a) \\ \boxed{⑦\quad} \ [\mathrm{Wb/m^2}] & (r < a) \end{cases} \tag{5.54}$$

となる．向きは共に，右ねじの法則に従う向きである．

【実践例題解答】　① I　② $I \times \dfrac{(\text{半径 } r \text{ の円の面積})}{(\text{半径 } a \text{ の円の面積})} = I\dfrac{r^2}{a^2}$　③ $H \times$ (円周の長さ) $= 2\pi r H$

④ $\dfrac{I}{2\pi r}$　⑤ $\dfrac{Ir}{2\pi a^2}$　⑥ $\dfrac{\mu_0 I}{2\pi r}$　⑦ $\dfrac{\mu_0 I r}{2\pi a^2}$

問 題

5.14 真空中に置かれた，断面の半径 a [m] の円筒導体に，円筒軸に平行に大きさ I [A] の電流が一様に流れている．円筒軸から距離 r [m] だけ離れた位置での，磁場および磁束密度を求めなさい．ただし，真空の透磁率を μ_0 [N/A^2] とする．

5.15 真空中に無限に長い断面の半径 a [m] の円筒導体とそれと同軸で断面の半径 b [m]（$a < b$）の円筒導体があり，軸に平行で逆向きに大きさ I [A] の電流が一様に流れている．軸から距離 r [m] だけ離れた位置での，磁場および磁束密度を求めなさい．ただし，真空の透磁率を μ_0 [N/A^2] とし，問題 5.14 の結果を使ってよい．

5.16 真空中に置かれた，断面の内半径 a [m]，外半径 b [m]（$a < b$）の，無限に長い同軸の中空円柱導体内部に，円柱軸に平行に大きさ I [A] の電流が一様に流れている．円柱軸から距離 r [m] だけ離れた位置での，磁場および磁束密度を求めなさい．ただし，真空の透磁率を μ_0 [N/A^2] とし，実践例題メニュー 5.8 の結果を使ってよい．

5.17 真空中に置かれた，無限に広い平面導体に，大きさ j [A/m] の線電流密度で電流が流れている．この電流のつくる磁場および磁束密度を求めなさい．また，結果が問題 5.8 の a が大きい極限のものと一致することを確かめなさい．ただし，真空の透磁率を μ_0 [N/A^2] とする．

5.18 真空中に置かれた，単位長さ当たりの巻き数 n の無限に長いソレノイドに大きさ I [A] の電流を流すとき，ソレノイドの内外の磁場および磁束密度を求めなさい．また，結果が問題 5.12 のソレノイドの長さが大きい極限のものと一致することを確かめなさい．ただし，真空の透磁率を μ_0 [N/A^2] とする．

5.19 トーラス型の金属芯に巻いたコイルを**トロイダルコイル**という．図 5.18 のような内半径 a [m]，外半径 b [m]，高さ h [m] の長方形の断面をもつ鉄心に巻かれた巻き数 N のトロイダルコイルに大きさ I [A] の電流を流すとき，コイル内外の磁場および磁束密度を求めなさい．ただし，鉄心の透磁率を μ [N/A^2] とする．

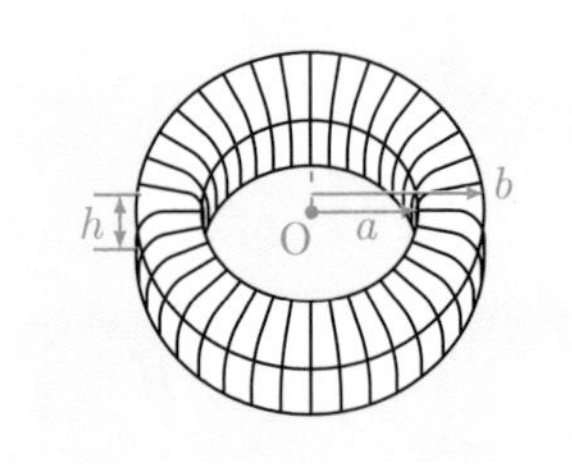

図 5.18 トロイダルコイル

5.20 **【チャレンジ問題】** 真空中に置かれた，断面の半径 a [m] の円柱状導体に，円柱軸に平行に電流が流れている．ここで，電流を担う電子の密度を n_e [個/m^3]，電気量を $-e$ [C]（$e > 0$），平均速度の大きさを v [m/s] とする．電子に働くローレンツ力を求めなさい．また，このローレンツ力が生じた結果，定常状態での導体内の電荷分布はどのようになるか説明しなさい．ただし，真空の誘電率を ε_0 [F/m]，真空の透磁率を μ_0 [N/A^2] とし，実践例題メニュー 5.8 の結果を使ってよい．

ローレンツ力と作用・反作用の法則

図 5.19 のように，真空中で $\boldsymbol{r}_\mathrm{A} = (0, 0, 0)$, $\boldsymbol{r}_\mathrm{B} = (a, 0, 0)$ [m] の位置に共に電気量 q [C]（$q > 0$）の荷電粒子 A, B を考える．荷電粒子 A, B の速度を，それぞれ $\boldsymbol{v}_\mathrm{A} = (0, v_0, 0)$ [m/s], $\boldsymbol{v}_\mathrm{B} = (v_0, 0, 0)$ [m/s] とすると，このとき，ビオ–サバールの法則より A が $\boldsymbol{r}_\mathrm{B}$ につくる磁束密度は

$$\boldsymbol{B}_\mathrm{A}(\boldsymbol{r}_\mathrm{B}) = \left(0, 0, -\frac{\mu_0 q}{4\pi a^2}\right) \ [\mathrm{Wb/m^2}] \tag{5.55}$$

であり，B が $\boldsymbol{r}_\mathrm{A}$ につくる磁束密度は

$$\boldsymbol{B}_\mathrm{B}(\boldsymbol{r}_\mathrm{A}) = (0, 0, 0) \tag{5.56}$$

である．したがって，A に働くローレンツ力は

$$\boldsymbol{F}_\mathrm{A} = q(\boldsymbol{v}_\mathrm{A} \times \boldsymbol{B}_\mathrm{B}(\boldsymbol{r}_\mathrm{A})) = (0, 0, 0) \tag{5.57}$$

B に働くローレンツ力は

$$\boldsymbol{F}_\mathrm{B} = q(\boldsymbol{v}_\mathrm{B} \times \boldsymbol{B}_\mathrm{A}(\boldsymbol{r}_\mathrm{B})) = \left(0, \frac{\mu_0 q^2 v_0}{4\pi a^2}, 0\right) \ [\mathrm{N}] \tag{5.58}$$

となる．$\boldsymbol{F}_\mathrm{A} \neq -\boldsymbol{F}_\mathrm{B}$ であるので，ローレンツ力は作用・反作用の法則が成り立たない．これはどうしてだろうか．実は，これは荷電粒子どうしが直接相互作用しているのではなく，電磁場を介して相互作用しているからである．本書のレベルを超えるので詳しくは省略するが，この場合は電磁場の運動量を考えると，電磁場を含めた系全体の運動量が保存していることがわかる．なお，5.1 節で扱った 2 本の平行直線電流のような電磁場が時間的に変化しない場合については，電磁場の運動量は変化しないので，結果的に電流に働く力どうしで作用・反作用の法則が成り立つように見える．

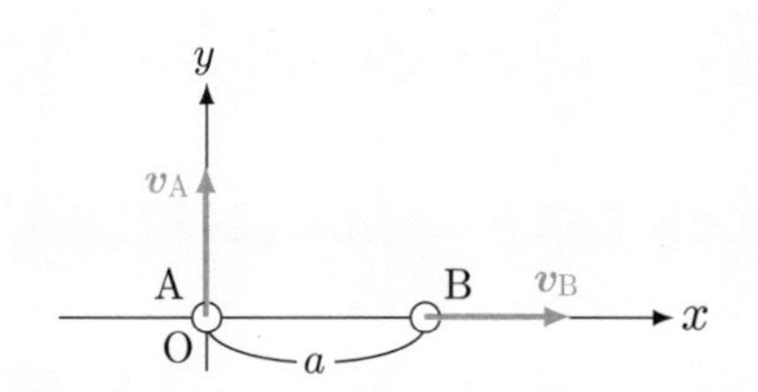

図 5.19　ローレンツ力と作用・反作用の法則

第6章 電磁誘導

これまで，時間変化しない電場・磁場について学んできた．この章では，時間変化する磁場に関する電磁気学の基本方程式について学ぼう．そして，コイルの基本的な性質であるインダクタンスを学ぼう．

6.1 ファラデーの法則

誘導起電力 コイルに磁石を近づけたり遠ざけたりするとコイルに電流が流れる．これは，コイルに**誘導起電力**（ゆうどうきでんりょく）が生じたからである．この現象を**電磁誘導**（でんじゆうどう）といい，このとき流れる電流を**誘導電流**（ゆうどうでんりゅう）という．

閉曲線を考えたとき，閉曲線を微小部分に分割して電場の閉曲線の接線に平行な成分と，微小部分の長さの積を閉曲線1周で足し合わせたものとして誘導起電力を定義する．すなわち，電場を $\boldsymbol{E}$ [N/C] とすると，誘導起電力は，(5.50) で導入した接線線積分を用いて

$$V_{誘導} = \oint_{\mathrm{C}} \boldsymbol{E} \cdot d\boldsymbol{l} \ [\mathrm{V}] \tag{6.1}$$

と書ける．ここでCは閉曲線である．

コイルに生じる誘導起電力を考える場合には，閉曲線としてコイルを考えればよい．

ファラデーの法則 「閉曲線に沿って生じる誘導起電力と，その閉曲線を縁とする面を垂直に貫く磁束の時間変化率の和は0になる.」

これをファラデーの**法則**（ほうそく）という．面を垂直に貫く磁束を Φ_{M} としてファラデーの法則を式で書くと，次のようになる．

$$\oint_{\mathrm{C}} \boldsymbol{E} \cdot d\boldsymbol{l} + \frac{d\Phi_{\mathrm{M}}}{dt} = 0 \quad \text{（ファラデーの法則）} \tag{6.2}$$

磁束が時間変化しないときにはファラデーの法則は $\oint_{\mathrm{C}} \boldsymbol{E} \cdot d\boldsymbol{l} = 0$ と書ける．これは，静電気力のする仕事は経路に依らない，すなわち，静電気力が保存力であることを表している（問題6.1）．

面を貫く磁束が変化する場合として次の3つが考えられる．このような場合に，面の境界の閉曲線に誘導起電力が生じる．なお，閉曲線としてコイルなどの導線を考えることが多いが，必ずしも導線である必要はない．

- 磁束密度の大きさが変わる．
- 磁束密度と面の法線ベクトルとの角度が変わる．
- 面の面積が変わる．

磁束密度の変動と共に生じる電場は，電荷のつくる静電場と異なる性質をもっていることに気が付きます．電荷がつくる電場の電気力線は，正電荷からはじまり負電荷に終わるのに対し，磁束密度の変動と共に生じる電場の電気力線はループをつくります．

 **レンツの法則**　ファラデーの法則 (6.2) は

$$V_{誘導} = -\frac{d\Phi_{\mathrm{M}}}{dt}\ [\mathrm{V}] \tag{6.3}$$

と書き換えられる．ここで右辺の負符号は，誘導起電力が磁束の変化を妨げる向きに生じることを表している．この向きについて次のように簡潔に述べたのが**レンツの法則**（ほうそく）である．

「誘導起電力は誘導電流のつくる磁束が，磁束の変化を妨げる向きに生じる．」

例えば，図 6.1 のようにコイルに磁石のN極を近づけたときには上から下にコイルを貫く磁束は増加するので，磁束を減少させる向きに，N極を遠ざけたときにはコイルを貫く磁束は減少するので，磁束を増加させる向きに，電流が流れる．

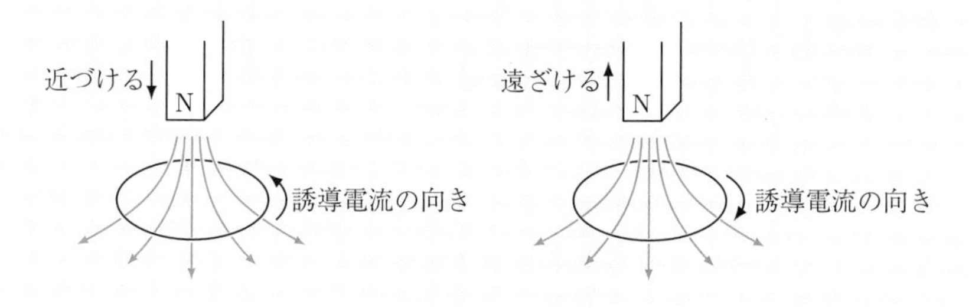

図 6.1　レンツの法則

ファラデーの法則を使って誘導電流を求めよう

難易度 ★★☆

基本例題メニュー 6.1 磁束密度内を運動する導体棒

図 6.2 のように，鉛直上向きに大きさ B [Wb/m^2] で一様な磁束密度内に間隔 l [m] で水平に置かれた 2 本の滑らかな直線レール ab, cd がある．ad 間を抵抗値 R [Ω] の抵抗器でつなぎ，レール上に抵抗の無視できる長さ l [m] の導体棒 ef を置く．導体棒をレールに対して垂直に保ちながら一定の速さ v [m/s] で図の向きに動かすとき，導体棒に流れる電流を求めなさい．

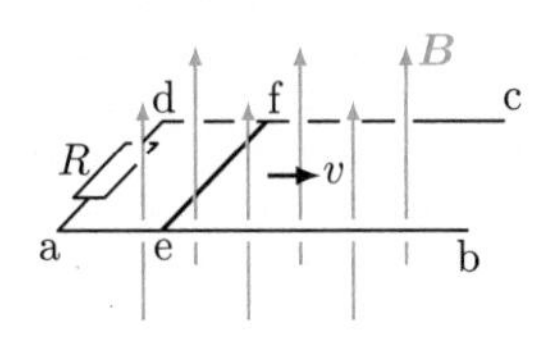

図 6.2 レールの上を運動する導体棒

【材料】

Ⓐ ファラデーの法則：$\oint_{\mathrm{C}} \boldsymbol{E} \cdot d\boldsymbol{l} + \frac{d\Phi_{\mathrm{M}}}{dt} = 0$，Ⓑ オームの法則：$V = RI$

【レシピと解答】

Step1 閉曲線として長方形 aefd を考え，これを縁とする面を貫く単位時間当たりの磁束の変化を求める．

長方形 aefd の面積は，単位時間当たり vl だけ大きくなるので，aefd を貫く単位時間当たりの磁束の変化は vBl となる．

Step2 ファラデーの法則より誘導起電力 $V_{\text{誘導}}$ を求める．

誘導起電力は単位時間当たりの磁束の変化に -1 を掛けたものなので

$$V_{\text{誘導}} = -\frac{d\Phi_{\mathrm{M}}}{dt} = -vBl \ [\mathrm{V}] \tag{6.4}$$

となる．負符号は d → f → e → a → d の向きに電流を流そうとする向きに，誘導起電力が生じていることを意味する．

Step3 オームの法則より誘導電流を求める．

導体棒には f から e の向きに，大きさ

$$I_{\text{誘導}} = \frac{vBl}{R} \ [\mathrm{A}] \tag{6.5}$$

の電流が流れる．

難易度 ★★☆

実践例題メニュー 6.2 回転するコイル

図 6.3 のように，面積 S [m^2]，巻き数 N のコイルを大きさ B [Wb/m^2] の一様な磁束密度のもとで，磁束密度に垂直な軸まわりに一定の角速度 ω [rad/s] で回転させる．コイルに生じる誘導起電力の最大値を求めなさい．

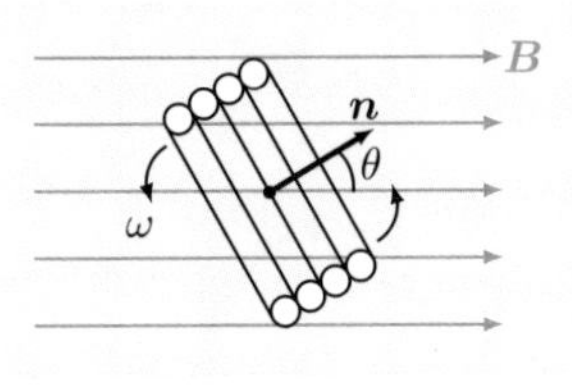

図 6.3 回転するコイル

【材料】

Ⓐ ファラデーの法則：$\oint_{\mathrm{C}} \boldsymbol{E} \cdot d\boldsymbol{l} + \frac{d\Phi_{\mathrm{M}}}{dt} = 0$，Ⓑ $\frac{d\cos(\omega t)}{dt} = -\omega\sin(\omega t)$

【レシピと解答】

Step1 コイルを貫く磁束を求める．

時刻 $t = 0$ にコイルの法線ベクトル $\boldsymbol{n}$ と磁束密度の成す角が $\theta = 0$ であったとすると，時刻 t [s] において成す角は $\theta = \omega t$ と書ける．したがって，時刻 t においてコイルを貫く正味の磁束は次のように書ける．

$$\Phi_{\mathrm{M}} = \boxed{①\quad} \ \mathrm{[Wb]} \tag{6.6}$$

Step2 ファラデーの法則より誘導起電力 $V_{誘導}$ を求める．

誘導起電力は単位時間当たりの磁束の変化に -1 を掛けたものなので

$$V_{誘導} = -\frac{d\Phi_{\mathrm{M}}}{dt} = \boxed{②\quad} \ \mathrm{[V]} \tag{6.7}$$

Step3 $V_{誘導}$ の最大値を求める．

$\sin(\omega t)$ は -1 から 1 までの値をとるので，$V_{誘導}$ が最大になるのは $\sin(\omega t) =$ ③ のときであり，その値は次のように求まる．

$$(V_{誘導})_{最大値} = \boxed{④\quad} \ \mathrm{[V]} \tag{6.8}$$

【実践例題解答】 ① $BNS\cos(\omega t)$ ② $\omega BNS\sin(\omega t)$ ③ 1 ④ ωBNS

問　題

6.1　磁場の時間変化がないときには，静電気力が保存力であることをファラデーの法則を用いて示しなさい．

6.2　図 6.4 のように $x \geqq 0$ の領域に xy 平面に垂直に大きさ 0.30 Wb/m^2 の一様な磁束密度がある．1 辺の長さ 10 cm，抵抗値 24 mΩ の正方形コイルが，1 つの辺を x 軸と平行に保ったまま，x 軸の正の向きに速さ 5.0 cm/s で移動するとき，コイルに流れる電流を求めなさい．ただし，誘導電流がつくる磁束密度は無視できるものとする．

6.3　図 6.5 のように $x \geqq 0$ の領域に xy 平面に垂直に大きさ B [Wb/m^2] の一様な磁束密度がある．半径 a [m]，抵抗値 R [Ω] の円形コイルが，x 軸の正の向きに速さ v [m/s] で移動するとき，コイルに流れる電流を求めなさい．

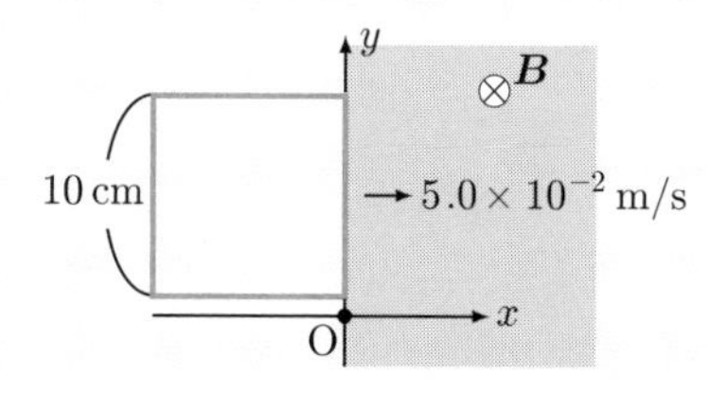

図 6.4　磁場中を移動する正方形コイル

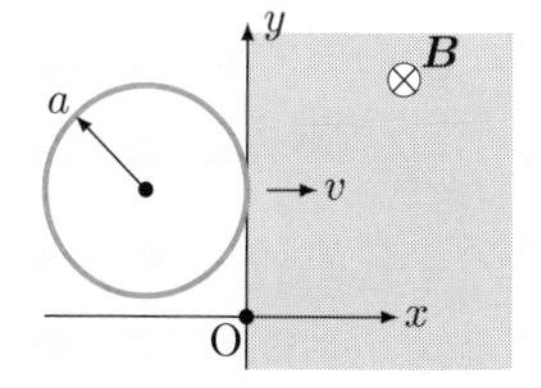

図 6.5　磁場中を移動する円形コイル

6.4　図 6.6 のように，大きさ B [Wb/m^2] で鉛直上向きの一様な磁束密度内に水平となす角 θ [rad]，間隔 l [m] の 2 本の滑らかな直線レール ab, cd がある．ad 間を抵抗値 R [Ω] の抵抗器でつなぎ，レール上に抵抗の無視できる質量 m [kg]，長さ l の導体棒 ef を静かに置いたところ，導体棒はレールに対して垂直を保ちながら滑り降り，やがて導体棒は一定の速さとなった．このときの導体棒の速さを求めなさい．

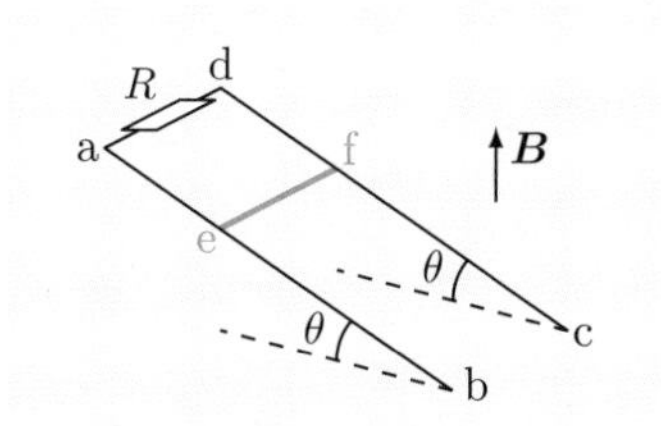

図 6.6　斜面に置かれたレール上を運動する導体棒

6.5　**【チャレンジ問題】** 図 5.4 のように真空中で同一平面上に直線導線と 1 辺の長さ a [m] の正方形コイルが，導線とコイルの 1 辺が平行になるように置かれている．導線とコイルに流す電流を図の向き，大きさ I_1 [A], I_2 [A] に保ったまま，導線からの距離が d [m] から $d + \Delta d$ [m] になるまでコイルを動かすときに，コイルに流れる電流を一定に保つために電源のする仕事を求めなさい．

6.2 自己誘導と相互誘導

自己誘導　図 6.7 のように抵抗値 R [Ω] の抵抗器，起電力 V [V] の電池，コイル，スイッチ S を接続する．時刻 $t=0$ に S を閉じると，S を閉じた直後は，コイルに流れる電流が変化するので，コイルを貫くコイル自身がつくる磁束が変化する．その結果，コイルには誘導起電力が生じる．この現象を**自己誘導**（じこゆうどう）という．

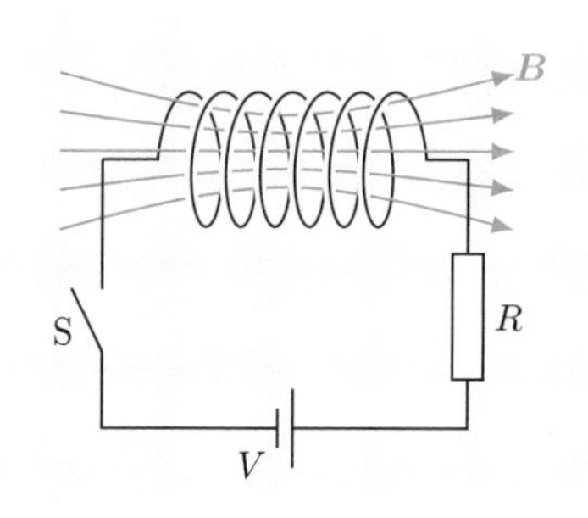

図 6.7　自己誘導

コイルを流れる電流がつくる磁束密度は電流の大きさ $I(t)$ [A] に比例する．したがってコイルを貫く磁束は $I(t)$ に比例する．これを次のように書く．

$$\Phi_{\mathrm{M}}(t) = LI(t) \ [\mathrm{Wb}] \tag{6.9}$$

ここで，比例定数 L を**自己インダクタンス**（じこ）という．自己インダクタンス L の単位は Wb/A でもあるが，ヘンリー（記号：H）を用いる．

コイルに生じる誘導起電力は，自己インダクタンス L を用いて次のように書ける．

$$V_{誘導}(t) = -L\,\frac{dI(t)}{dt} \ [\mathrm{V}] \quad（自己インダクタンスの定義式） \tag{6.10}$$

図 6.7 の回路にキルヒホッフの第 2 法則を用いると

$$V = RI(t) + L\,\frac{dI(t)}{dt} \tag{6.11}$$

である．$\widetilde{I}(t) = \frac{V}{R} - I(t)$ とおくと

$$\frac{d\widetilde{I}(t)}{dt} = -\frac{R}{L}\,\widetilde{I}(t) \tag{6.12}$$

となり，$\widetilde{I}(t) = \widetilde{I}(0)e^{-\frac{R}{L}t}$ [A] と求まる．ここで，時刻 $t=0$ のとき，$I=0$ であるから，$\widetilde{I}(0) = \frac{V}{R}$ であり，したがって，回路の流れる電流は次のように書ける（問題 6.6）．

$$I(t) = \frac{V}{R}\left(1 - e^{-\frac{R}{L}t}\right) \ [\mathrm{A}] \tag{6.13}$$

すなわち，抵抗値 R が同じ場合には，自己インダクタンスの値 L が大きいほどスイッチを入れたときに，電流が平衡値 $\frac{V}{R}$ に到達するまでの時間が長くなる．

磁場のエネルギー　自己インダクタンス L [H] のコイルに流れる電流を増加させるには，電源はコイルに生じている誘導起電力に逆らって仕事をしなければならない．そしてその仕事は，コイルに磁場のエネルギーとして蓄えられる．

(6.11) の両辺に電流の大きさ I を掛けると，次のようになる．

$$VI = RI^2 + LI\frac{dI}{dt} \tag{6.14}$$

ここで，左辺は電源が供給する電力（単位時間当たりのエネルギー）であり，右辺第1項はジュール熱，第2項は磁場としてコイルに蓄えられる単位時間当たりのエネルギーである．コイルに蓄えられるエネルギーを U_{M} とすると

$$\frac{dU_{\mathrm{M}}}{dt} = LI\frac{dI}{dt} = \frac{d}{dt}\left(\frac{1}{2}LI^2\right)\ [\mathrm{J/s}] \tag{6.15}$$

であるから

$$U_{\mathrm{M}} = \frac{1}{2}LI^2\ [\mathrm{J}]\quad \text{（コイルに蓄えられるエネルギー）} \tag{6.16}$$

となる．

透磁率 μ [N/A] の金属芯に巻かれた，長さ l [m]，断面積 S [m^2]，単位長さ当たりの巻き数 n の十分に長いソレノイドに大きさ I [A] の電流を流すことを考えよう．ソレノイド内部の磁束密度の大きさは次式で与えられる（問題 5.18）．

$$B = \mu n I\ [\mathrm{Wb/m^2}] \tag{6.17}$$

また，ソレノイドの自己インダクタンスは次式で与えられる（基本例題メニュー 6.3）．

$$L = \mu n^2 S l\ [\mathrm{H}] \tag{6.18}$$

これらをコイルに蓄えられるエネルギーの式 (6.16) に代入すると

$$U_{\mathrm{M}} = \frac{1}{2}\mu n^2 S l\left(\frac{B}{\mu n}\right)^2 = \frac{B^2}{2\mu}Sl\ [\mathrm{J}] \tag{6.19}$$

となる．ここで Sl はソレノイド内部の体積であるから，エネルギー密度（単位体積当たりのエネルギー）は次のようになる．

$$u_{\mathrm{M}} = \frac{U_{\mathrm{M}}}{Sl} = \frac{1}{2}\frac{B^2}{\mu}\ [\mathrm{J/m^3}]\quad \text{（磁場のエネルギー密度）} \tag{6.20}$$

相互誘導　図 6.8 のように，同じ鉄心に 2 つのコイル 1, 2 を巻き，コイル 1 に流れる電流を変化させると，コイル 2 を貫く磁束が変化する．その結果，コイル 2 に誘導起電力が発生する．この現象を**相互誘導**（そうごゆうどう）という．

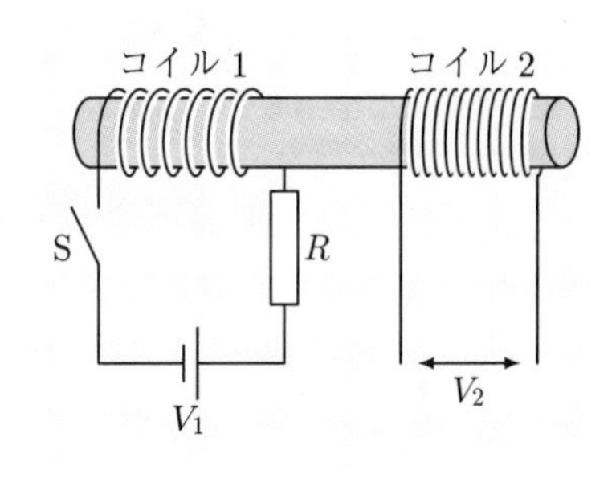

図 6.8　相互誘導

コイル 1 がつくる磁束はコイル 1 を流れる電流の大きさ $I_1(t)$ [A] に比例する．これを次のように書く．

$$\Phi_{1\to 2}(t) = MI_1(t) \text{ [Wb]} \qquad (6.21)$$

ここで，M をコイル 1 に対するコイル 2 の**相互インダクタンス**（そうご）という．相互インダクタンスの単位は自己インダクタンスと同じヘンリー（記号：H）である．

したがって，相互誘導によってコイル 2 に発生する誘導起電力は次のように書ける．

$$V_2 = -M\frac{dI_1}{dt} \text{ [V]} \quad \text{（相互インダクタンスの定義式）} \qquad (6.22)$$

電気振動　図 6.9 のように，帯電したコンデンサにコイル，スイッチ S を接続する．S を閉じると，電荷がコンデンサとコイルを行き来するために電流に振動が生じる．これを**電気振動**（でんきしんどう）という．回路で発生する熱や電磁波の放射が無視できると，この振動はいつまでも続く．実際には，抵抗器が接続されていなくともわずかに熱や電磁波が発生するので，振動は減衰していく．

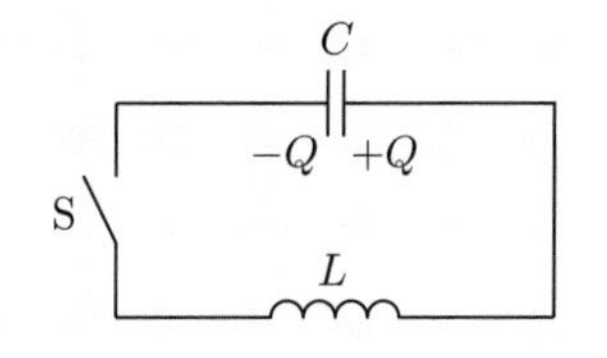

図 6.9　電気振動

熱や電磁波の発生が無視できる場合には，コンデンサに蓄えられるエネルギーとコイルに蓄えられるエネルギーが時間と共に入れ替わっており，コンデンサの電気容量を C [F]，コイルの自己インダクタンスを L [H]，コンデンサの両端の電圧を V [V]，コイルに流れる電流の大きさを I [A] とすると，次のエネルギー保存則が成り立っている．

$$\frac{1}{2}CV^2 + \frac{1}{2}LI^2 = \text{一定} \qquad (6.23)$$

インダクタンスを求めよう

難易度 ★★☆

基本例題メニュー 6.3　自己インダクタンス

透磁率 μ [N/A^2]，断面積 S [m^2] の金属棒に巻かれた巻き数 N，長さ l [m] の十分に長いソレノイドの自己インダクタンスを求めなさい．ただし，金属棒の透磁率を μ [N/A^2] とする．

【材料】

Ⓐ ソレノイド内部の磁束密度（大きさ：$B = \mu nI$），Ⓑ $\Phi_{\mathrm{M}} = LI$

【レシピと解答】

Step1　**アンペールの法則よりソレノイドに大きさ I [A] の電流が流れたとき，ソレノイド内部に生じる磁束密度の大きさを求める．**

ソレノイド内部の磁束密度の大きさは問題 5.18 より，次のように書ける．

$$B = \frac{\mu NI}{l}\ [\mathrm{Wb/m^2}] \tag{6.24}$$

Step2　**ソレノイド自身を貫く磁束を求める．**

1巻きの導線を貫く磁束は

$$\phi_{\mathrm{M}} = BS = \frac{\mu NSI}{l}\ [\mathrm{Wb}] \tag{6.25}$$

であるから，巻き数 N のソレノイドを貫く正味の磁束は次のように書ける．

$$\Phi_{\mathrm{M}} = N\phi_{\mathrm{M}} = \frac{\mu N^2 SI}{l}\ [\mathrm{Wb}] \tag{6.26}$$

Step3　**自己インダクタンスを求める．**

$\Phi_{\mathrm{M}} = LI$ より，次のように求まる．

$$L = \frac{\Phi_{\mathrm{M}}}{I} = \frac{\mu N^2 S}{l}\ [\mathrm{H}] \tag{6.27}$$

難易度 ★★☆

実践例題メニュー 6.4　　相互インダクタンス

透磁率 μ [N/A^2]，断面積 S [m^2] の金属棒に巻かれた巻き数 N_1，長さ l [m] の十分に長いソレノイドと，同じ向きに巻かれた巻き数 N_2 のコイルがある．ソレノイドに対するコイルの相互インダクタンスを求めなさい．ただし，金属棒の透磁率を μ [N/A^2] とし，ソレノイドに流れる電流により生じた磁束は全てコイルを貫くものとする．

【材料】

Ⓐ ソレノイド内部の磁束密度（大きさ：$B = \mu nI$），Ⓑ $\Phi_{1\to 2} = MI_1$

【レシピと解答】

Step1　アンペールの法則よりソレノイド 1 に大きさ I_1 [A] の電流が流れたとき，ソレノイド内部に生じる磁束密度の大きさを求める．

ソレノイド内部に生じる磁束密度の大きさは問題 5.18 より

$$B = \boxed{①\qquad} \text{ [Wb/m}^2\text{]} \tag{6.28}$$

Step2　コイルを貫く磁束を求める．

1 巻きのコイルを貫く磁束は

$$\phi_{1\to 2} = \boxed{②\qquad} \text{ [Wb]} \tag{6.29}$$

であるから，巻き数 N_2 のコイルを貫く正味の磁束は

$$\Phi_{1\to 2} = \boxed{③\qquad} \text{ [Wb]} \tag{6.30}$$

Step3　相互インダクタンスを求める．

$\Phi_{1\to 2} = MI_1$ より，次のように求まる．

$$M = \frac{\Phi_{1\to 2}}{I_1} = \boxed{④\qquad} \text{ [H]} \tag{6.31}$$

ここでは，ソレノイドに対するコイルの相互インダクタンスを求めましたが，これは，コイルに対するソレノイドの相互インダクタンスと等しくなります．ただし，ソレノイドを貫くコイルのつくる磁束密度は一様ではないので計算が困難になります．

【実践例題解答】 ① $\frac{\mu N_1 I_1}{l}$　② $BS = \frac{\mu N_1 S I_1}{l}$　③ $N_2 \phi_{1\to 2} = \frac{\mu N_1 N_2 S I_1}{l}$　④ $\frac{\mu N_1 N_2 S}{l}$

問　題

6.6　微分方程式 (6.12) を解いて，(6.13) を示しなさい．

6.7　**【チャレンジ問題】** 問題 6.2 において，誘導電流がつくる磁束密度が無視できないときには，コイルを流れる電流がどうなるか説明しなさい．ただし，コイルの自己インダクタンスを $0.42\,\mu$H，真空の透磁率を 1.26×10^{-6} N/A^2，円周率を 3.14 とする．

6.8　図 6.10 のように，真空中に無限に長い断面の半径 a [m] の円筒導体とそれと同軸の断面の半径 b [m]（$a < b$）の円筒導体があり，それに電源と抵抗を接続して，軸に平行で逆向きに共に大きさ I [A] の電流を一様に流す．この同軸円筒導体の長さ l [m] の部分の自己インダクタンスを求めなさい．ただし，真空の透磁率を μ_0 [N/A^2] とし，問題 5.15 の結果を使ってよい．

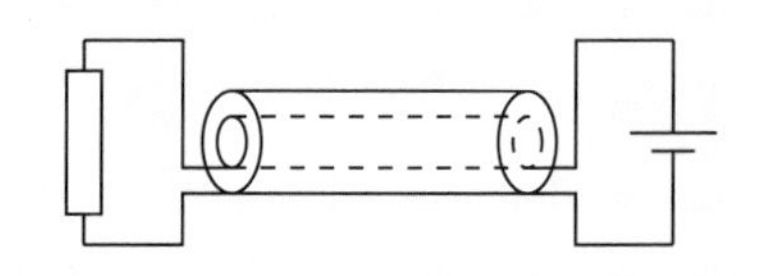

図 6.10　同軸円筒の自己インダクタンス

6.9　図 5.18 のような内半径 a [m]，外半径 b [m]，高さ h [m] の長方形の断面をもつ鉄心に巻かれた巻き数 N のトロイダルコイルの自己インダクタンスを求めなさい．ただし，鉄の透磁率を μ [N/A^2] とし，問題 5.19 の結果を使ってよい．

6.10　真空中に断面の半径 a [m]，単位長さ当たりの巻き数 n_{A} の十分に長いソレノイド A と，それと同軸で同じ向きに巻かれた断面の半径 b [m]（$a < b$），単位長さ当たりの巻き数 n_{B} の十分に長いソレノイド B がある．このソレノイドに同じ向きに電流を流すとき，長さ l [m] の部分の A に対する B の相互インダクタンスと，B に対する A の相互インダクタンスを求め，両者が一致することを確かめなさい．ただし，真空の透磁率を μ_0 [N/A^2] とし，問題 5.18 の結果を使ってよい．

6.11　問題 6.10 において，ソレノイド A, B に大きさ I_{A} [A], I_{B} [A] の電流が流れているとき，長さ l [m] の部分の磁場のエネルギーが $U = \frac{1}{2} L_{\mathrm{A}} {I_{\mathrm{A}}}^2 + \frac{1}{2} L_{\mathrm{B}} {I_{\mathrm{B}}}^2 + M I_{\mathrm{A}} I_{\mathrm{B}}$ [J] と表されることを示しなさい．ここで，L_{A} [H], L_{B} [H], M [H] はそれぞれ，長さ l の部分の A, B の自己インダクタンス，相互インダクタンスである．ただし，問題 5.18 の結果を使ってよい．

6.12　図 5.4 のように真空中で同一平面上に直線導線と 1 辺の長さ a [m] の正方形コイルが，導線とコイルの 1 辺が平行になるように距離 d [m] だけ離して置かれている．導線とコイルに図の向きに電流を流すとき，直線導線と正方形コイルの間の相互インダクタンスを求めなさい．ただし，真空の透磁率を μ_0 [N/A^2] とする．

6.13　図 5.4 のように真空中で同一平面上に直線導線と 1 辺の長さ a [m] の正方形コイルが，導線とコイルの 1 辺が平行になるように置かれている．導線とコイルに流す電流を図の向き，大きさ I_1 [A], I_2 [A] に保ったまま，導線からの距離が d [m] から $d + \Delta d$ [m] になるまでコイルを動かすときの，磁場のエネルギーの変化を求めなさい．ただし，真空の透磁率を μ_0 [N/A^2] とする．

6.14　環状の鉄心に巻き数 N_1 のコイル 1（1 次コイル）と巻き数 N_2 のコイル 2（2 次コイル）が巻かれている．コイル 1, 2 の自己インダクタンスを L_1 [H], L_2 [H]，相互インダクタンスを M [H] とするとき，$\frac{L_1}{M} = \frac{N_1}{N_2}$, $\frac{L_2}{M} = \frac{N_2}{N_1}$ が成り立つことを示しなさい．ただし，磁束は鉄心の外に漏れないものとする．

6.15　図 6.11 のように，環状の鉄心に巻き数 N_1 のコイル 1（1 次コイル）と巻き数 N_2 のコイル 2（2 次コイル）が巻かれている．コイル 1 には時刻 t [s] での電圧が $V = V_0 \sin(\omega t)$ [V]（V_0 [V], ω [rad/s] は定数）で表される交流電源が接続されており，コイル 2 には抵抗値 R_2 [Ω] の抵抗が接続されている．この装置は電磁誘導を利用することで交流電源の振幅を変えることができるので，この装置を**変圧器**（へんあつき）という．コイル 2 に生じる誘導起電力の振幅を求めなさい．ただし，磁束は鉄心の外に漏れないものとする．

6.16　**【チャレンジ問題】**問題 6.15 の巻き数比が $N_1 : N_2$ の変圧器の 1 次コイルには時刻 t [s] での電圧が $V = V_0 \sin(\omega t)$ [V]（V_0 [V], ω [rad/s] は定数）で表される交流電源が，2 次コイルには抵抗器 R [Ω] の抵抗が接続されている．電源の送り出す電力と，抵抗器で消費される電力の平均値（電流と電圧の積の時間平均）が等しいことを示しなさい．ただし，磁束は鉄心の外に漏れないものとし，問題 6.15 の結果を使ってよい．

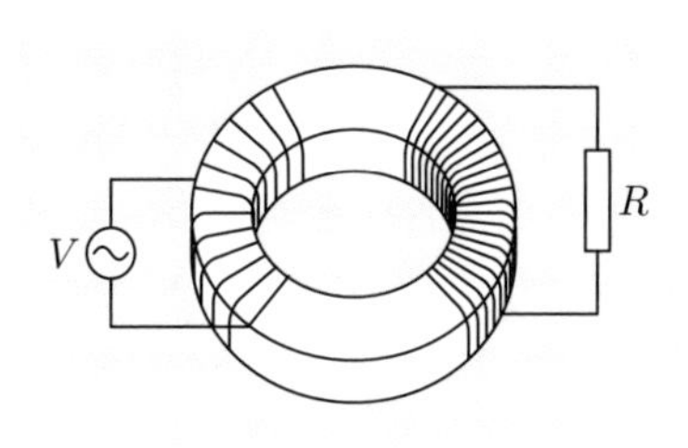

図 6.11　変圧器

時間変化する磁場中に置かれた電気回路は誘導起電力が生じるのでそのままではキルヒホッフの法則が成り立ちません．その場合には，誘導起電力が生じる箇所を変圧器として考えることでキルヒホッフの法則を使うことができます．

第7章 交流回路

第4章では電源電圧が一定の直流回路について学んだ．この章では，電圧と電流が時間と共に変化する交流回路について学ぼう．

7.1 交　流

交流と抵抗　V_0 [V], ω [rad/s] を定数として，時刻 t [s] における電圧が $V(t) = V_0 \sin(\omega t)$ [V] と表されるとき，この電圧を**交流電圧**（こうりゅうでんあつ）という．ここで，V_0 を交流電圧の最大値，ω を交流電圧の角周波数という（周波数 f は角周波数 ω を用いて $f = \frac{\omega}{2\pi}$ [Hz] と書ける）．

図 7.1 のように抵抗値 R [Ω] の抵抗器に交流電圧 $V(t)$ を加えたとき，抵抗器に流れる電流は次のように表される．

$$I(t) = I_0 \sin(\omega t)\ [\mathrm{A}] \quad \left(I_0 = \frac{V_0}{R}\ [\mathrm{A}] \right) \tag{7.1}$$

これを**交流電流**（こうりゅうでんりゅう）という．ここで，I_0 を交流電流の最大値という．図 7.2 は抵抗における $V(t)$ と $I(t)$ の関係を表している．

抵抗の消費電力は $P(t) = V(t)I(t) = V_0 I_0 \sin^2(\omega t)$ [W] となり，$P = 0$ から $V_0 I_0$ の間で振動する．その時間についての平均値は，周期を T [s] $(= \frac{2\pi}{\omega})$ として

$$\overline{P(t)} = \frac{1}{T}\int_0^T P(t)\,dt = \frac{1}{T}\int_0^T V_0 I_0 \sin^2(\omega t)\,dt = \frac{1}{2} V_0 I_0\ [\mathrm{W}] \tag{7.2}$$

と求まる．ここで，交流電圧，交流電流の**実効値**（じっこうち）をそれぞれ，$V_\mathrm{e} = \frac{V_0}{\sqrt{2}}$ [V], $I_\mathrm{e} = \frac{I_0}{\sqrt{2}}$ [A] と定義すると，消費電力の平均値は $\overline{P(t)} = V_\mathrm{e} I_\mathrm{e}$ [W] と書ける．

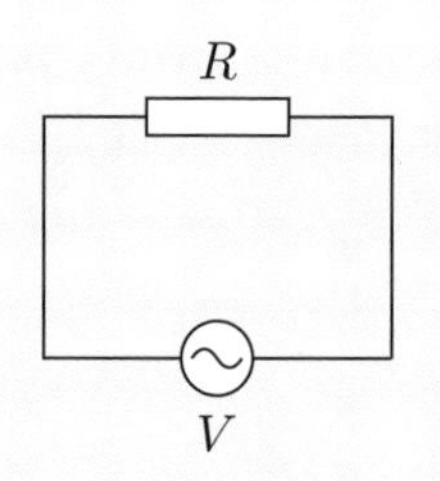

図 7.1　交流と抵抗

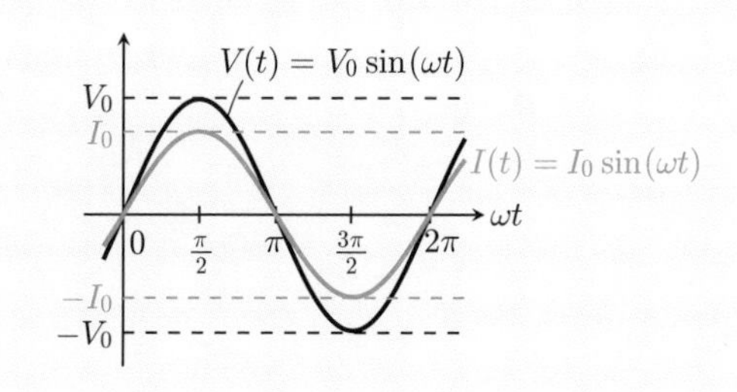

図 7.2　抵抗の $V(t)$ と $I(t)$ の関係

交流とコイル 図 7.3 のように自己インダクタンス L [H] のコイルに交流電圧 V [V] を加えたとき，コイルに生じる誘導起電力を $V_{誘導}$ [V] とすると，キルヒホッフの法則より $V = -V_{誘導}$ であるから，コイルの両端の電圧 V とコイルに流れる電流 I の関係は，時間 t [s] についての導関数を用いて次のように書ける．

$$V = L\frac{dI}{dt}\ \text{[V]} \tag{7.3}$$

したがって，交流電圧 $V = V_0\sin(\omega t)$ を加えたとき，コイルに流れる電流は

$$I(t) = -I_0\cos(\omega t) = I_0\sin\left(\omega t - \frac{\pi}{2}\right)\ \text{[A]}\quad \left(I_0 = \frac{V_0}{\omega L}\ \text{[A]}\right) \tag{7.4}$$

となる．すなわち，コイルを流れる電流の位相は電圧の位相より $\frac{\pi}{2}$ だけ遅れる．図 7.4 はコイルにおける $V(t)$ と $I(t)$ の関係を表している．

ここで $I_0 = \frac{V_0}{\omega L}$ であるから，$X_\mathrm{L} = \omega L$ と置けば，$V_0 = X_\mathrm{L} I_0$ とオームの法則の形で書ける．この X_L を**コイルのリアクタンス**（**誘導**(ゆうどう)**リアクタンス**）という．コイルのリアクタンスの単位はオーム（記号：Ω）である．

> 振動数が大きくなると，誘導リアクタンスは大きくなります．これは，振動数が大きくなると磁束の変化が急激になり，その結果，誘導起電力の大きさが大きくなるからです．

コイルの消費電力は

$$\begin{aligned} P(t) &= V(t)I(t) = -V_0 I_0\sin(\omega t)\cos(\omega t) \\ &= -\frac{1}{2}X_\mathrm{L} {I_0}^2\sin(2\omega t)\ \text{[W]} \end{aligned} \tag{7.5}$$

であるから，時間平均は $\overline{P(t)} = 0$ となる．すなわち，コイルは電力を消費しない．これは電圧と電流の位相差がちょうど $-\frac{\pi}{2}$ になるからである．

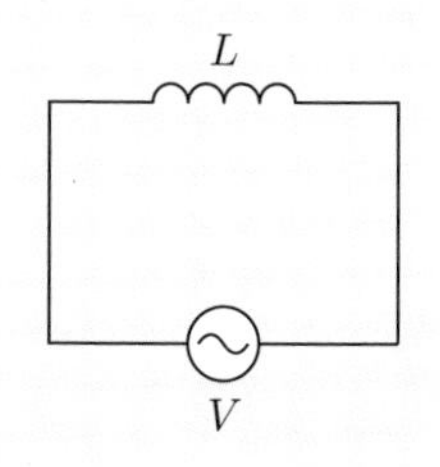

図 7.3 交流とコイル

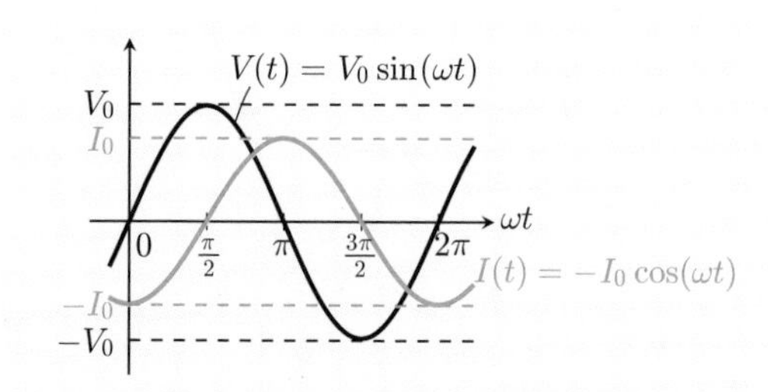

図 7.4 コイルの $V(t)$ と $I(t)$ の関係

交流とコンデンサ 図7.5のように電気容量 C [F] のコンデンサに交流電圧 V [V] を加えたとき，コンデンサに蓄えられる電荷は $Q = CV$ [C] と表されるので，両辺を時間 t [s] で微分して $I = \frac{dQ}{dt}$ を用いれば

$$I = C\,\frac{dV}{dt}\ \text{[A]} \tag{7.6}$$

となる．したがって，コンデンサの両端に交流電圧 $V = V_0 \sin(\omega t)$ [V] を加えると，コンデンサに流れ込む電流は

$$I(t) = I_0 \cos(\omega t) = I_0 \sin\left(\omega t + \frac{\pi}{2}\right)\ \text{[A]}\quad (I_0 = \omega C V_0\ \text{[A]}) \tag{7.7}$$

となる．すなわち，コンデンサに流れ込む電流の位相は電圧の位相より $\frac{\pi}{2}$ だけ進んでいる．図7.6はコンデンサにおける $V(t)$ と $I(t)$ の関係を表している．

ここで $I_0 = \omega C V_0$ であるから，$X_C = \frac{1}{\omega C}$ と置けば，$V_0 = X_C I_0$ とオームの法則の形で書ける．この X_C を**コンデンサのリアクタンス**（**容量**(ようりょう)**リアクタンス**）という．コンデンサのリアクタンスの単位もオーム（記号：Ω）である．

振動数が小さくなると容量リアクタンスは増大し，$\omega \to 0$ で，$X_C \to \infty$ となります．これは，直流でコンデンサには電流が流れなくなることと一致しています．

コンデンサの消費電力は

$$P(t) = V(t)I(t) = V_0 I_0 \sin(\omega t)\cos(\omega t) = \frac{1}{2}\,X_C {I_0}^2 \sin(2\omega t)\ \text{[W]} \tag{7.8}$$

であるから，時間平均は $\overline{P(t)} = 0$ となる．すなわち，コンデンサでもコイルと同様に電力は消費されない．

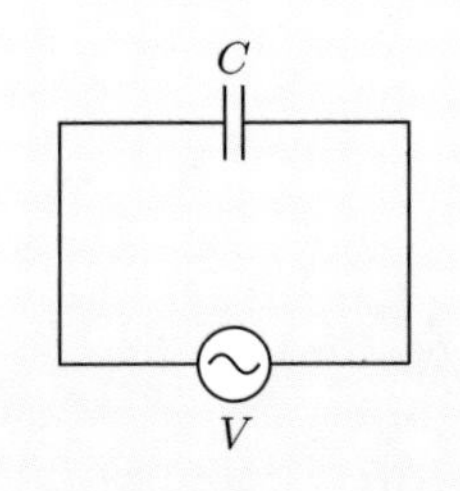

図7.5 交流とコンデンサ

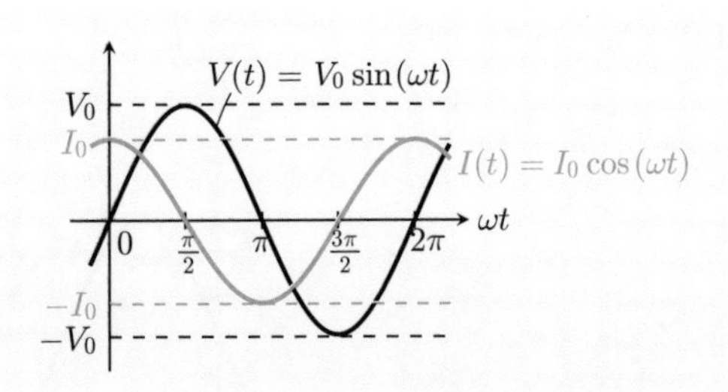

図7.6 コンデンサの $V(t)$ と $I(t)$ の関係

フェザー図　これまで見てきたように交流回路では，電流や電圧の位相が基準となる電圧もしくは電流に対して遅れたり進んだりする．そこで，基準となる電圧もしくは電流に対する位相差を回転ベクトルで表し，また，その大きさを最大値ではなく実効値で表すと便利である．これを**フェザー図**(ず)という．実効値で表す理由は，実用的には平均電力の方が重要なことが多いからである．フェザー図を描くとき，実効値 V_e，I_e の e は省略することが多いが，本書では混乱を防ぐために省略しないことにする．

電源電圧の実効値を V_e [V]，電流の実効値を I_e [A] とし，電流の位相を基準とすれば，抵抗値 R [Ω] の抵抗器と自己インダクタンス L [H] のコイルを直列に接続した RL 直列回路のフェザー図は，図 7.7 となる．ここで，V_e と I_e の関係は

$$V_\mathrm{e} = \sqrt{R + (\omega L)^2}\ I_\mathrm{e}\ [\mathrm{V}] \tag{7.9}$$

であり，それらの位相差は

$$\phi = \tan^{-1}\left(\frac{\omega L}{R}\right) \tag{7.10}$$

となる．

また，抵抗値 R [Ω] の抵抗器と電気容量 C [F] のコイルを直列に接続した RC 直列回路のフェザー図は，図 7.8 となる．ここで，V_e と I_e の関係は

$$V_\mathrm{e} = \sqrt{R + \left(\frac{1}{\omega C}\right)^2}\ I_\mathrm{e}\ [\mathrm{V}] \tag{7.11}$$

であり，それらの位相差は

$$\phi = \tan^{-1}\left(-\frac{1}{\omega RC}\right) \tag{7.12}$$

となる．

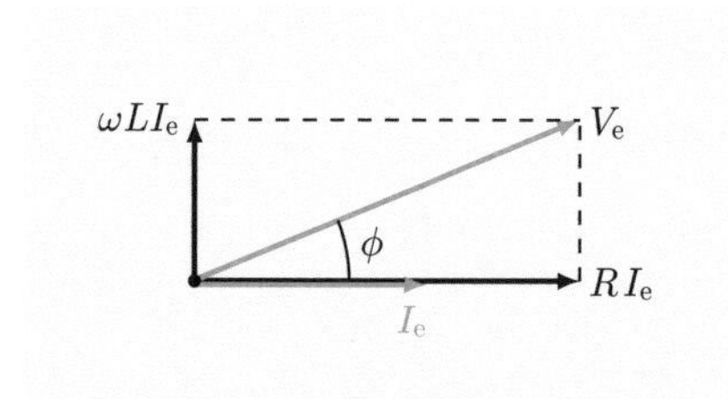

図 7.7　RL 直列回路のフェザー図

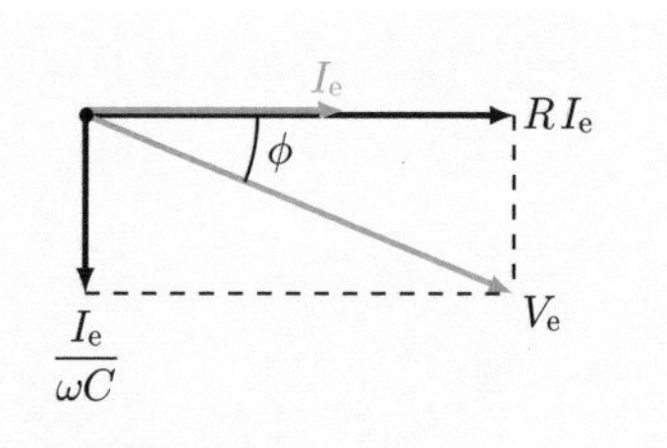

図 7.8　RC 直列回路のフェザー図

RLC 回路を解析しよう

難易度 ★★☆

基本例題メニュー 7.1 RLC 直列回路

図 7.9 のように抵抗値 R [Ω] の抵抗器，自己インダクタンス L [H] のコイル，電気容量 C [F] のコンデンサを直列につなぎ，交流電圧を加えたところ，時刻 t [s] に電源から流れ出る電流は $I = I_0 \sin(\omega t)$ [A] と表せた．ここで，I_0 [A] は電流の振幅，ω [rad/s] は角周波数である．このとき，電源電圧を求めなさい．

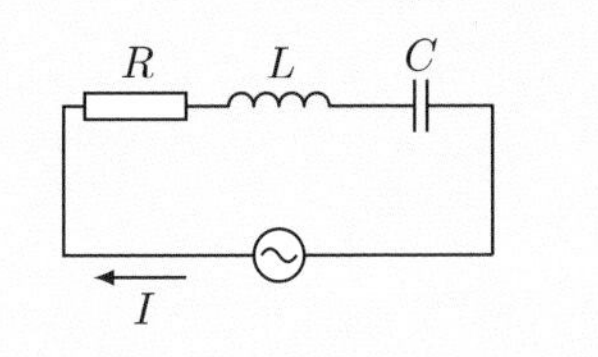

図 7.9 RLC 直列回路

また，I_0 を一定になるようにして ω を変えたときに，電源電圧と電源から流れ出る電流が同位相になる角周波数 ω_0 [rad/s] を求めなさい．

【材料】

Ⓐ キルヒホッフの法則，Ⓑ 各素子の両端の電圧と流れる電流の関係（(7.1), (7.4), (7.7)）

【レシピと解答】

Step1 キルヒホッフの法則より，各素子の両端の電圧と流れる電流の関係を求める．

抵抗器，コイル，コンデンサの両端の電圧をそれぞれ，V_R [V], V_L [V], V_C [V], 流れる電流をそれぞれ, I_R [A], I_L [A], I_C [A], 電源電圧を V [V] とすると, キルヒホッフの法則により, $V = V_\mathrm{R} + V_\mathrm{L} + V_\mathrm{C}$, $I = I_\mathrm{R} = I_\mathrm{L} = I_\mathrm{C}$ が成り立つ．

Step2 各素子の両端の電圧と流れる電流の関係より，各素子の両端の電圧を求める．

各素子の両端の電圧は次のようになる．

$$V_\mathrm{R} = RI_0 \sin(\omega t) \text{ [V]}, \tag{7.13}$$

$$V_\mathrm{L} = \omega L I_0 \sin\left(\omega t + \frac{\pi}{2}\right) \text{ [V]}, \tag{7.14}$$

$$V_\mathrm{C} = \frac{I_0}{\omega C} \sin\left(\omega t - \frac{\pi}{2}\right) \text{ [V]} \tag{7.15}$$

Step3 電源電圧の実効値を V_e [V]，電源から流れ出る電流の実効値を I_e [A] とし，電流を基準としてフェザー図を描く．

各素子の両端の電圧と，それらの合成である V_e を図に表すと，図 7.10 のようになる．ただし，$I_\mathrm{e} = \frac{I_0}{\sqrt{2}}$ である．

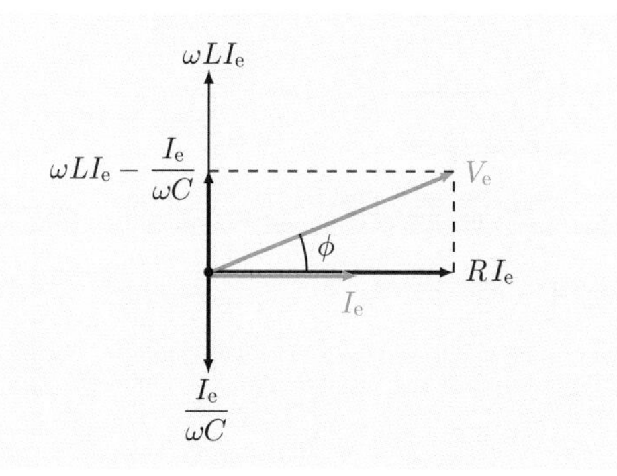

図 7.10　RLC 直列回路におけるフェザー図

Step4　図より電源電圧の実効値 V_e と，電源電圧と電流との位相差 ϕ を求める．
電源電圧の実効値 V_e，位相差 ϕ はそれぞれ

$$V_e = \sqrt{R^2 + \left(\omega L - \frac{1}{\omega C}\right)^2}\ I_e\ [\mathrm{V}], \tag{7.16}$$

$$\phi = \tan^{-1}\left(\frac{\omega L I_e - \frac{I_e}{\omega C}}{R I_e}\right) = \tan^{-1}\left\{\frac{1}{R}\left(\omega L - \frac{1}{\omega C}\right)\right\}\ [\mathrm{rad}] \tag{7.17}$$

と求まる．

$Z = \sqrt{R^2 + \left(\omega L - \frac{1}{\omega C}\right)^2}$ と置くと，(7.16) は $V_e = Z I_e$ とオームの法則と同じ形で書けます．一般に，交流回路において，オームの法則と同じ形で書いたときの Z をインピーダンスといいます．インピーダンスの単位は抵抗と同じオーム（記号：Ω）になります．

Step5　電圧と電流が同位相になる角周波数 ω_0 を求める．
同位相になる条件 $\phi = 0$ より

$$\omega_0 L - \frac{1}{\omega_0 C} = 0 \tag{7.18}$$

であるから

$$\omega_0 = \frac{1}{\sqrt{LC}}\ [\mathrm{rad/s}] \tag{7.19}$$

と求まる．

難易度★★☆

実践例題メニュー 7.2 RLC 並列回路

図 7.11 のように抵抗値 R [Ω] の抵抗器，自己インダクタンス L [H] のコイル，電気容量 C [F] のコンデンサを並列につなぎ，交流電圧 $V = V_0 \sin(\omega t)$ [V] を加えた．ここで，V_0 [V] は電圧の振幅，ω [rad/s] は角周波数である．このとき，電源から流れ出る電流を求めなさい．また，V_0 を一定に保ったまま ω だけを変えていったときに，電源電圧と電源から流れ出る電流が同位相になる角周波数 ω_0 [rad/s] を求めなさい．

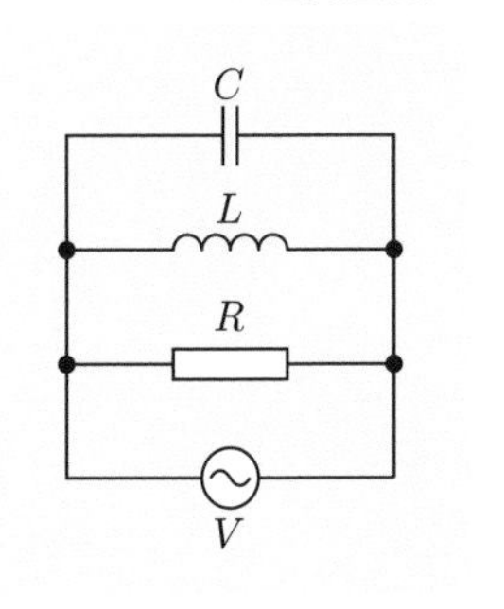

図 7.11 RLC 並列回路

【材料】

Ⓐ キルヒホッフの法則，Ⓑ 各素子の両端の電圧と流れる電流の関係（(7.1), (7.4), (7.7)）

【レシピと解答】

Step1 キルヒホッフの法則より，各素子の両端の電圧と流れる電流の関係を求める．

抵抗器，コイル，コンデンサの両端の電圧をそれぞれ，V_R [V], V_L [V], V_C [V], 流れる電流をそれぞれ, I_R [A], I_L [A], I_C [A], 電源から流れ出る電流を I とすると, キルヒホッフの法則により, $V =$ ① ______, $I =$ ② ______ が成り立つ．

Step2 各素子の両端の電圧と流れる電流の関係より，各素子に流れる電流を求める．

各素子に流れる電流は次のようになる．

$$I_R = \text{③} \quad \text{[A]}, \tag{7.20}$$

$$I_L = \text{④} \quad \text{[A]}, \tag{7.21}$$

$$I_C = \text{⑤} \quad \text{[A]} \tag{7.22}$$

Step3 電源電圧の実効値を V_e [V]，電源から流れ出る電流の実効値を I_e [A] とし，電源電圧を基準としてフェザー図を描き，ベクトルの合成より電流を描く．

各素子に流れる電流とその合成である I_e をフェザー図に表すと，図 7.12 のようになる．ただし，$V_e = \frac{V_0}{\sqrt{2}}$ である．

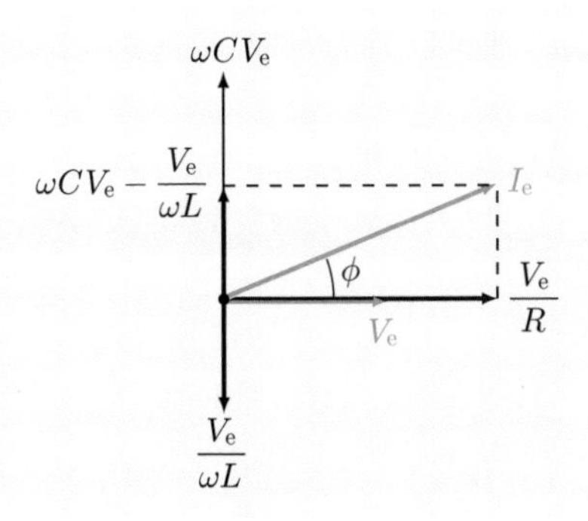

図 7.12　RLC 並列回路におけるフェザー図

Step4　電源から流れ出る電流の実効値 I_e と，電源電圧と電流との位相差 ϕ を求める.

電源から流れ出る電流の実効値 I_e，位相差 ϕ はそれぞれ

$$I_e = \boxed{⑥\qquad\qquad} \text{ [A]}, \tag{7.23}$$

$$\phi = \boxed{⑦\qquad\qquad} \tag{7.24}$$

と求まる.

Step5　電圧と電流が同位相になる角周波数 ω_0 を求める.

同位相になる条件 $\phi = 0$ より

$$\omega_0 C - \frac{1}{\omega_0 L} = \boxed{⑧\quad} \tag{7.25}$$

であるから，次のように求まる.

$$\omega_0 = \boxed{⑨\qquad} \text{ [rad/s]} \tag{7.26}$$

【実践例題解答】 ① $V_R = V_L = V_C$　② $I_R + I_L + I_C$　③ $\frac{V_e}{R}\sin(\omega t)$

④ $\frac{V_e}{\omega L}\sin\left(\omega t - \frac{\pi}{2}\right)$　⑤ $\omega C \sin\left(\omega t + \frac{\pi}{2}\right)$　⑥ $V_e\sqrt{\frac{1}{R^2} + \left(\omega C - \frac{1}{\omega L}\right)^2}$

⑦ $\tan^{-1}\left(\frac{\omega C V_e - \frac{V_e}{\omega L}}{\frac{V_e}{R}}\right) = \tan^{-1}\left\{R\left(\omega C - \frac{1}{\omega L}\right)\right\}$　⑧ 0　⑨ $\frac{1}{\sqrt{LC}}$

問　題

7.1　以下の設問に答えなさい．

(a)　図 7.13 (a) の抵抗値 R [Ω]，電気容量 C [F] のコンデンサ，交流電源からなる RC 直列回路において，出力電圧の実効値 V_{out} [V] が入力電圧の実効値 V_{in} [V] の $\frac{1}{\sqrt{2}}$ になる角周波数の値を求めなさい．

(b)　図 7.13 (b) の抵抗値 R [Ω]，電気容量 C [F] のコンデンサ，交流電源からなる RC 直列回路において，出力電圧の実効値 V_{out} [V] が入力電圧の実効値 V_{in} [V] の $\frac{1}{\sqrt{2}}$ になる角周波数の値を求めなさい．

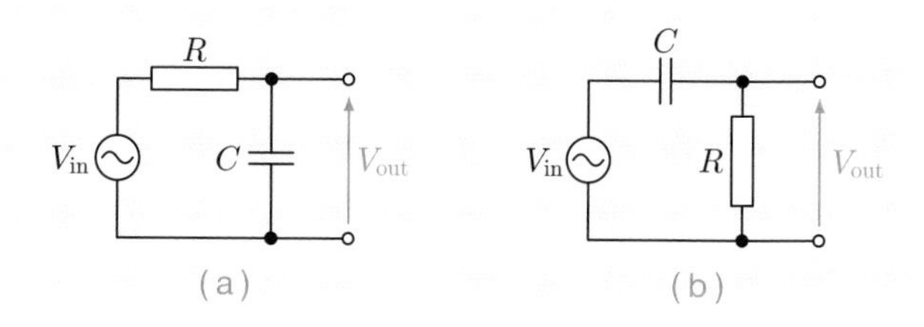

図 7.13　(a) ローパスフィルタと (b) ハイパスフィルタ

7.2　**【チャレンジ問題】** 図 7.14 (a)，(b) のように抵抗値 R [Ω] の抵抗器，自己インダクタンス L [H] のコイル，電気容量 C [F] のコンデンサを接続し，交流電圧 $V(t) = \sqrt{2}\,V_{\mathrm{e}} \sin(\omega t)$ [V] を加えた．ここで，V_{e} [V] は電圧の実効値，ω [rad/s] は角周波数である．それぞれについて，電源から流れ出る電流の実効値を求めなさい．また，角周波数 ω を変えたときに，電源から流れ出る電流が $V(t)$ と同位相になる角周波数の値を求めなさい．

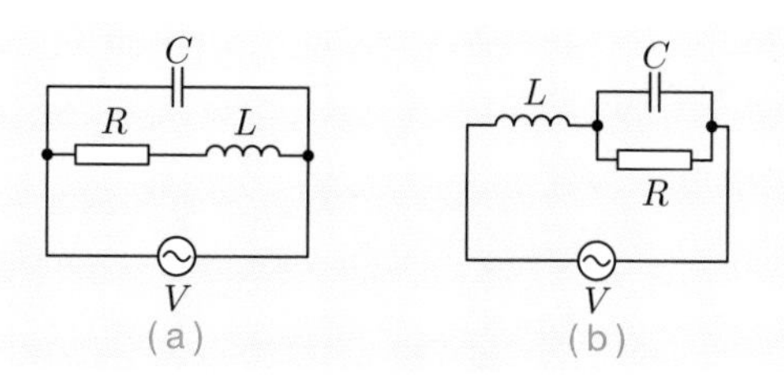

図 7.14　同位相になる条件

交流電源として正弦波を扱う理由の１つは，私達が普段利用している商用電源が正弦波だからです．もう１つの理由は，線形回路（電圧が電流や，電流の導関数の１次式で書ける回路）の場合には，どんな波形の電源でも正弦波の重ね合わせで考えられるからです．

7.2 共 振

RLC 直列共振回路 基本例題メニュー 7.1 の RLC 直列回路において，電源電圧の振幅を一定に保ったまま，角周波数 ω [rad/s] だけを変えていくと，$\omega_0 = \frac{1}{\sqrt{LC}}$ [rad/s] のときに電源電圧と回路を流れる電流の位相差が 0 になり，流れる電流の実効値が最大になる．このように，ある特定の角周波数 ω_0 で流れる電流の実効値が最大になる現象を，直列回路における**共振**といい，共振の起こる角周波数を**共振角周波数**という．

図 7.15 に縦軸を電流の実効値，横軸を角周波数として描いたグラフを示す．これを直列回路における**共振曲線**という．

共振回路は，多数の角周波数の重ね合わさった信号から，1 つの角周波数成分だけを取り出したい場合に用いられる．このとき，共振曲線が鋭い方が，選択した角周波数成分だけを取り出せる．共振曲線の鋭さを定量的に表す量として **Q 値**が用いられる．共振角周波数での電流の実効値を I_{m} [A] としたとき，電流の実効値の値が $\frac{I_{\mathrm{m}}}{\sqrt{2}}$ となる角周波数を ω_1 [rad/s], ω_2 [rad/s]（$\omega_2 > \omega_1$）とすると，Q 値は次式で表される．

$$Q = \frac{\omega_0}{\omega_2 - \omega_1} \quad (Q \text{ 値の定義式}) \tag{7.27}$$

Q 値が大きいほど共振曲線は鋭く，小さいほどなだらかになる．

RLC 直列回路の Q 値は

$$Q = \frac{1}{R}\sqrt{\frac{L}{C}} \tag{7.28}$$

となる（基本例題メニュー 7.3）．

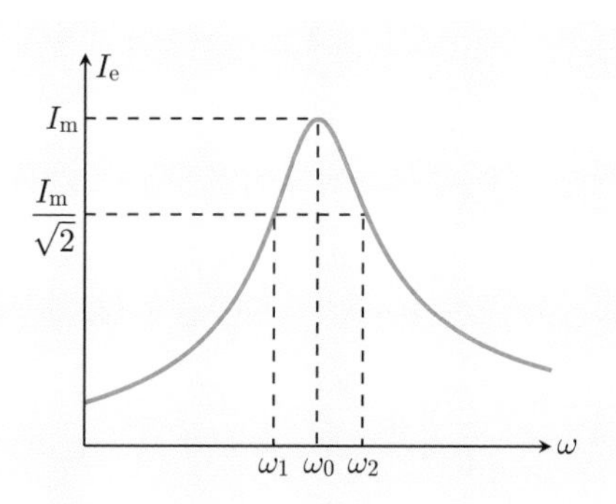

図 7.15 RLC 直列回路の共振曲線

RLC 直列回路の Q 値は，共振時の電源電圧に対する，コイルまたはコンデンサの両端の電圧の割合であると考えられる．共振時に電源から流れ出る電流の実効値を I_e [A] とすれば，電源電圧の実効値は $V_\mathrm{e} = RI_\mathrm{e}$ [V]，コイルの両端の電圧の実効値は $V_\mathrm{L} = \omega_0 LI_\mathrm{e}$ [V]，コンデンサの両端の電圧の実効値は $V_\mathrm{C} = \frac{I_\mathrm{e}}{\omega_0 C}$ [V] であるから

$$\frac{V_\mathrm{L}}{V_\mathrm{e}} = \frac{\omega_0 L}{R} = \frac{1}{R}\sqrt{\frac{L}{C}} = Q, \tag{7.29}$$

$$\frac{V_\mathrm{C}}{V_\mathrm{e}} = \frac{1}{\omega_0 CR} = \frac{1}{R}\sqrt{\frac{L}{C}} = Q \tag{7.30}$$

となる．

RLC 並列共振回路　実践例題メニュー 7.2 の RLC 並列回路において，電源から流れ出る電流の実効値を一定に保ったまま角周波数 ω [rad/s] だけを変えていくと，$\omega_0 = \frac{1}{\sqrt{LC}}$ [rad/s] のときに電源電圧と電源から流れ出る電流の位相差が 0 になり，抵抗の両端の電圧の実効値が最大になる．このように，ある特定の角周波数 ω_0 で電圧の実効値が最大になる現象を，並列回路における共振という．

共振角周波数での電圧の実効値を V_e [V] としたとき，電圧の実効値の値が $\frac{V_\mathrm{e}}{\sqrt{2}}$ となる角周波数を ω_1 [rad/s], ω_2 [rad/s]（$\omega_2 > \omega_1$）として，直列回路と同様に，Q 値は (7.27) で表される．RLC 並列回路の Q 値は

$$Q = R\sqrt{\frac{C}{L}} \tag{7.31}$$

となる（実践例題メニュー 7.4）．

RLC 並列回路の Q 値は，共振時の電源から流れ出る電流に対する，コイルまたはコンデンサを流れる電流の割合であると考えられる．共振時の電圧の実効値を V_e [V] とすれば，電源から流れ出る電流の実効値は $I_\mathrm{e} = \frac{V_\mathrm{e}}{R}$ [A]，コイルを流れる電流は $I_\mathrm{L} = \frac{V_\mathrm{e}}{\omega_0 L}$ [A]，コンデンサを流れる電流は $I_\mathrm{C} = \omega_0 CV_\mathrm{e}$ [A] であるから

$$\frac{I_\mathrm{L}}{I_\mathrm{e}} = \frac{R}{\omega_0 L} = R\sqrt{\frac{C}{L}} = Q, \tag{7.32}$$

$$\frac{I_\mathrm{C}}{I_\mathrm{e}} = \omega_0 CR = R\sqrt{\frac{C}{L}} = Q \tag{7.33}$$

となる．

RLC 回路の Q 値を求めよう

難易度★★☆

基本例題メニュー 7.3 RLC 直列回路の Q 値

RLC 直列回路の Q 値を求めなさい．

【材料】

Ⓐ RLC 直列回路の電圧の式：(7.16)，Ⓑ Q 値の定義式：$\frac{\omega_0}{\omega_2-\omega_1}$

【レシピと解答】

Step1 抵抗値 R [Ω] の抵抗器，自己インダクタンス L [H] のコイル，電気容量 C [C] のコンデンサからなる RLC 直列回路の共振角周波数とそのときの電源から流れ出る電流の実効値を求める．

電源電圧，電源から流れ出る電流の実効値をそれぞれ，V_e [V], I_e [A] とし，電源の角周波数を ω [rad/s] とすると，(7.16) より

$$I_\mathrm{e} = \frac{V_\mathrm{e}}{\sqrt{R^2+\left(\omega L-\frac{1}{\omega C}\right)^2}} \text{ [A]} \tag{7.34}$$

共振角周波数は $\omega_0 = \frac{1}{\sqrt{LC}}$ [rad/s]，そのときの電流の実効値は $I_\mathrm{e} = \frac{V_\mathrm{e}}{R}$ となる．

Step2 電流の実効値が共振角周波数におけるものの $\frac{1}{\sqrt{2}}$ になる角周波数を求める．

電流の実効値が $\frac{V_\mathrm{e}}{\sqrt{2}\,R}$ となるのは

$$R^2 = \left(\omega L - \frac{1}{\omega C}\right)^2 \tag{7.35}$$

のときである．これより

$$\omega_2 = \frac{RC+\sqrt{(RC)^2+4LC}}{2LC} \text{ [rad/s]}, \tag{7.36}$$

$$\omega_1 = \frac{-RC+\sqrt{(RC)^2+4LC}}{2LC} \text{ [rad/s]} \tag{7.37}$$

という 2 つの角周波数（$\omega_2 > \omega_1$）を得る．

Step3 Q 値を求める．

$\omega_2 - \omega_1 = \frac{R}{L}$ であるから，$Q = \frac{1}{R}\sqrt{\frac{L}{C}}$ と求まる．$\omega_0 = \frac{1}{\sqrt{LC}}$ を用いれば，$Q = \frac{\omega_0 L}{R} = \frac{1}{\omega_0 CR}$ と書くこともできる．

難易度★★☆

実践例題メニュー 7.4 RLC 並列回路の Q 値

RLC 並列回路の Q 値を求めなさい.

【材料】

Ⓐ RLC 並列回路の電流の式：(7.23), Ⓑ Q 値の定義式：$\frac{\omega_0}{\omega_2 - \omega_1}$

【レシピと解答】

Step1 抵抗値 R [Ω] の抵抗器，自己インダクタンス L [H] のコイル，電気容量 C [C] のコンデンサからなる RLC 並列回路の共振角周波数とそのときの電源電圧の実効値を求める.

電源電圧，電源から流れ出る電流の実効値をそれぞれ，V_e [V], I_e [A] とし，電源の角周波数を ω [rad/s] とすると，(7.23) より

$$V_e = \boxed{①} \text{ [V]} \qquad (7.38)$$

共振角周波数は $\omega_0 = \boxed{②}$ [rad/s]，そのときの電圧の実効値は $V_e = RI_e$ となる.

Step2 電圧の実効値が共振角周波数におけるものの $\frac{1}{\sqrt{2}}$ になる角周波数を求める.

電圧の実効値が $\frac{RI_e}{\sqrt{2}}$ となるのは

$$\boxed{③} \qquad (7.39)$$

のときである．これより

$$\omega_2 = \boxed{④} \text{ [rad/s]}, \quad \omega_1 = \boxed{⑤} \text{ [rad/s]} \qquad (7.40)$$

という 2 つの角周波数（$\omega_2 > \omega_1$）を得る.

Step3 Q 値を求める.

$\omega_2 - \omega_1 = \boxed{⑥}$ であるから，$Q = \boxed{⑦}$ と求まる．$\omega_0 = \boxed{②}$ を用いれば，$Q = \boxed{⑧}$ とも書ける.

【実践例題解答】 ① $\frac{I_e}{\sqrt{\frac{1}{R^2} + \left(\omega C - \frac{1}{\omega L}\right)^2}}$ ② $\frac{1}{\sqrt{LC}}$ ③ $\frac{1}{R^2} = \left(\omega L - \frac{1}{\omega C}\right)^2$ ④ $\frac{C + \sqrt{C^2 + 4RLC}}{2RLC}$ ⑤ $\frac{-C + \sqrt{C^2 + 4RLC}}{2RLC}$ ⑥ $\frac{1}{RL}$ ⑦ $R\sqrt{\frac{C}{L}}$ ⑧ $\frac{R}{\omega_0 L} = \omega_0 CR$

問　題

7.3　抵抗器，コイル，コンデンサからなる RLC 並列回路に，ある角周波数の交流電源を接続したところ，コイルの自己インダクタンスが L_0 [H] のときに共振し，抵抗の両端の電圧の実効値は V_e [V] だった．コイルの自己インダクタンスだけを $L_0 + \varDelta L$ のものに変えたところ，抵抗の両端の電圧の実効値は $\frac{V_\mathrm{e}}{\sqrt{2}}$ となった．このとき，$\left|\frac{\varDelta L}{L_0}\right|$ の値を回路の Q 値を用いて表しなさい．ただし，$\varDelta L \ll L_0$ として，$(1+\frac{\varDelta L}{L_0})^{-1} \fallingdotseq 1-\frac{\varDelta L}{L_0}$ とする．

7.4　以下の設問に答えなさい．ただし，ω [rad/s] は交流電源の角周波数である．

(a)　抵抗値 R [Ω] の抵抗器，自己インダクタンス L [H] のコイルからなる RL 直列回路は，$\frac{\omega L}{R} \gg 1$ のときに抵抗値 $R' = \frac{(\omega L)^2}{R}$ [Ω]，自己インダクタンス $L' = L$ [H] のコイルからなる RL 並列回路と等価であることを示しなさい．

(b)　抵抗値 R [Ω] の抵抗器，電気容量 C [F] のコンデンサからなる RC 直列回路は，$\frac{1}{\omega CR} \gg 1$ のときに抵抗値 $R' = \frac{1}{(\omega C)^2 R}$ [Ω]，電気容量 $C' = C$ [F] のコンデンサからなる RC 並列回路と等価であることを示しなさい．

7.5　**【チャレンジ問題】**現実のコンデンサには，抵抗や誘導リアクタンス成分が存在する．同様に，現実のコイルには，抵抗や容量リアクタンス成分が存在する．いま，電気容量 32 pF のコンデンサと自己インダクタンス 2.0 μH のコイルを用いて LC 並列回路をつくった．コイルには 5.0 Ω の直列抵抗成分があるとする．電源から流れ出る電流を一定に保ったまま角周波数だけを変化させた場合のコンデンサの両端の電圧の実効値の振る舞いを，コイルの抵抗成分を無視して計算した共振角周波数を用いてコイルの抵抗成分の直列並列変換を行った場合と，直列並列変換を行わずに直接計算した問題 7.2 (a) の場合とで比較しなさい．

7.6　極板間が真空の平行平板コンデンサからなる RLC 直列回路を交流電源につないだところ，角周波数 $\omega = \omega_0$ [rad/s] で共振した．次に，極板間をある媒質で満たして同じ実験をしたところ，$\omega = \omega_0'$ [rad/s] で共振した．この媒質の比誘電率（媒質の誘電率と真空の誘電率の比）を求めなさい．ただし，コンデンサの極板の端の効果は無視できるものとする．

> 現実のコンデンサの抵抗や誘導リアクタンス成分や，現実のコイルの抵抗や容量リアクタンス成分は，交流電源が正弦波ではなく方形波や三角波の場合には，方形波や三角波に含まれる高周波成分のためにノイズの原因になるので注意が必要です．

第8章 電磁波

この章では，まず変位電流を導入し，アンペールの法則を拡張しよう．そして，電磁波について学ぼう．

8.1 変位電流

充電されていないコンデンサ，電池，スイッチ S を用いて図 8.1 の回路をつくる．S を閉じるとコンデンサを充電するように電流が流れる．この電流は導線のまわりに磁場 $\boldsymbol{H}$ [A/m] をつくる．アンペールの法則 (5.50) によれば，閉曲線 C についての磁場の接線線積分が，C を境界とする面を貫く電流に等しくなる．

ここで，境界が C である面を貫く電流を決めるときに問題が生じる．C を境界とする面を図 8.1 (a) のように選ぶと，面を貫く電流はコンデンサの充電時に導線を流れる電流である．一方で，図 8.1 (b) のように選ぶと，面を貫く電流はない．しかし，(a) の場合でも (b) の場合でも境界 C は同じなので，磁場の接線線積分は等しくなければならない．この矛盾を解決するために，C を境界とする面を貫く電束 $\varPhi_{\mathrm{E}}$ の時間変化である**変位電流**（へんいでんりゅう）$\frac{d\varPhi_{\mathrm{E}}}{dt}$ [A] を導入する必要がある．

変位電流も考慮して，アンペールの法則 (5.50) は，次のように拡張する．

$$\oint_{\mathrm{C}} \boldsymbol{H} \cdot d\boldsymbol{l} - \frac{d\varPhi_{\mathrm{E}}}{dt} = \sum_i I_i \quad \text{（マクスウェル–アンペールの法則）} \tag{8.1}$$

これを**マクスウェル–アンペールの法則**（ほうそく）という．

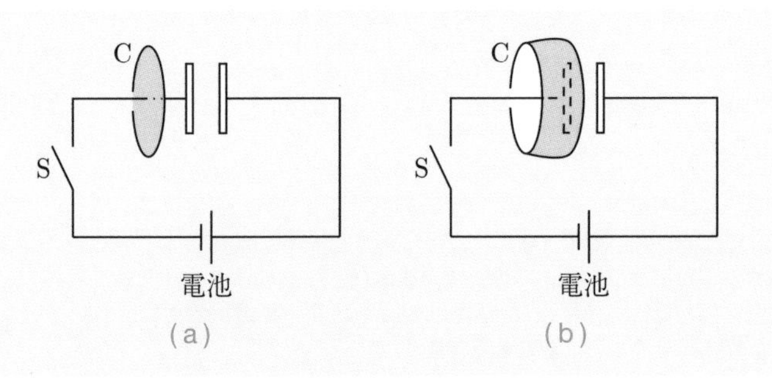

図 8.1　変位電流

8.2 マクスウェル方程式と電磁波

マクスウェル方程式　いままで学んできた，

$$\oint_S \boldsymbol{D}\cdot d\boldsymbol{S} = \sum_i Q_i \quad \text{（電場に関するガウスの法則），}$$
$$\oint_S \boldsymbol{B}\cdot d\boldsymbol{S} = 0 \quad \text{（磁場に関するガウスの法則），}$$
$$\oint_C \boldsymbol{E}\cdot d\boldsymbol{l} + \frac{d\Phi_M}{dt} = 0 \quad \text{（ファラデーの法則），}$$
$$\oint_C \boldsymbol{H}\cdot d\boldsymbol{l} - \frac{d\Phi_E}{dt} = \sum_i I_i \quad \text{（マクスウェル–アンペールの法則）} \tag{8.2}$$

の4つの法則をまとめて**マクスウェル方程式**(ほうていしき)という．マクスウェル方程式が電磁気学の基本方程式である．

さらに，電場 $\boldsymbol{E}$ と電束密度 $\boldsymbol{D}$，磁場 $\boldsymbol{H}$ と磁束密度 $\boldsymbol{B}$ は物質の方程式

$$\boldsymbol{D} = \varepsilon\boldsymbol{E} \quad \text{（電場に関する物質の方程式），} \tag{8.3}$$
$$\boldsymbol{B} = \mu\boldsymbol{H} \quad \text{（磁場に関する物質の方程式）} \tag{8.4}$$

で結びついている．

電磁波　真空中において電荷および電流がない場合を考える．xy 平面上で電場 $\boldsymbol{E}$ [N/C] と磁束密度 $\boldsymbol{B}$ [Wb/m^2] が一様であるとすると，マクスウェル方程式を変形して

$$\frac{\partial^2 E_x}{\partial z^2} = \mu_0\varepsilon_0\frac{\partial^2 E_x}{\partial t^2}, \quad \frac{\partial^2 E_y}{\partial z^2} = \mu_0\varepsilon_0\frac{\partial^2 E_y}{\partial t^2}, \quad E_z = 0, \tag{8.5}$$
$$\frac{\partial^2 B_x}{\partial z^2} = \mu_0\varepsilon_0\frac{\partial^2 B_x}{\partial t^2}, \quad \frac{\partial^2 B_y}{\partial z^2} = \mu_0\varepsilon_0\frac{\partial^2 B_y}{\partial t^2}, \quad B_z = 0 \tag{8.6}$$

が得られる（本書のレベルを超えるので導出は省略する）．これは z 軸方向に光の速さ $c = \frac{1}{\sqrt{\varepsilon_0\mu_0}}$ [m/s] で伝わる波の波動方程式である．この電場と磁束密度（磁場）からなる波のことを**電磁波**(でんじは)という．

電磁波の進行方向を向いた単位ベクトルを $\boldsymbol{n}$ とすると，電磁波の進行方向と電場 $\boldsymbol{E}$ [N/C]，磁束密度 $\boldsymbol{B}$ [Wb/m^2] について次の関係が導ける．

$$\boldsymbol{B} = \frac{1}{c}\boldsymbol{n}\times\boldsymbol{E} \tag{8.7}$$

ここで「×」は外積を表している．したがって，$\boldsymbol{E}$ の振幅を E_0 [N/C]，$\boldsymbol{B}$ の振幅を B_0 [Wb/m^2]，光の速さを c [m/s] とすると $B_0 = \frac{E_0}{c}$ である．また，$\boldsymbol{E}$ と $\boldsymbol{B}$ の向きは図 8.2 のように互いに直交しており，$\boldsymbol{B}$ の向きは進行方向を向くベクトル $\boldsymbol{n}$ を 90° 回転させて電場 $\boldsymbol{E}$ に重ねたときに，右ねじの進む向きになる．

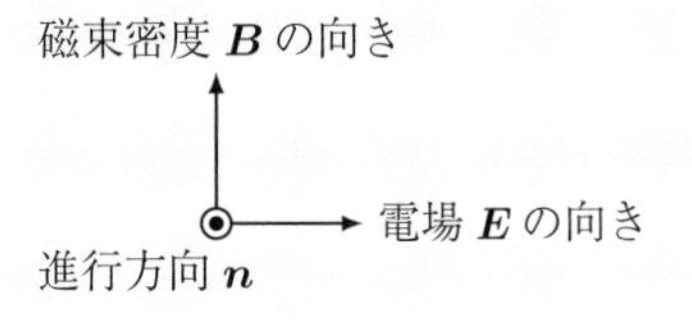

図 8.2　電磁波の向き

電場，磁場が xy 平面上で一様な電磁波，すなわち，電場と磁場が z と t のみの関数で表される場合，この電磁波を**平面波**（へいめんは）という．この電磁波は z 軸の方向に進む．

図 8.3 のように電場 $\boldsymbol{E}$ [N/C] が進行方向軸を含む平面（zx 平面とする）で振動する場合を**直線偏光**（ちょくせんへんこう）という（電場と磁場は単位が異なるので，この図は振動の向きを表す概念図であることに注意する）．このとき，磁場は yz 平面で振動する．

1 つの振動数で振動する電磁波を**単色波**（たんしょくは）という．図 8.3 の電磁波は

$$E_x = E_0 \cos(kz - \omega t)\ [\mathrm{N/C}], \quad B_y = \frac{E_0}{c} \cos(kz - \omega t)\ [\mathrm{Wb/m^2}] \tag{8.8}$$

と書ける．ここで k [rad/m] は角波数であり，ω [rad/s] は角振動数である．真空における磁場 H_y [A/m] と磁束密度 B_y [Wb/m^2] の関係 $B_y = \mu_0 H_y$ を用いれば，電場と磁場の比は，次のように書け，この量を**真空の特性インピーダンス**（しんくうのとくせいインピーダンス）という．

$$\frac{E_x}{H_y} = \sqrt{\frac{\mu_0}{\varepsilon_0}}\ [\Omega] \tag{8.9}$$

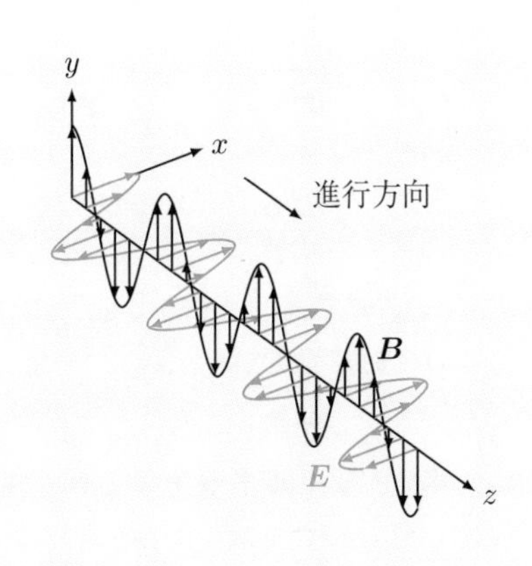

図 8.3　電磁波（直線偏光）

円偏光と楕円偏光　ある場所での電場を観察すると，大きさだけでなく，進行方向に垂直な面内で，その方向も変化していく場合がある．電場が，進行方向に垂直な面内で同じ大きさで回転する（電場が円を描く）場合を**円偏光**（えんへんこう）という．特に，図 8.4 (a) のように電磁波を迎えるようにして見たとき，電場が右回りのとき**右回り円偏光**（みぎまわりえんへんこう）といい，図 8.4 (b) のように左回りのとき**左回り円偏光**（ひだりまわりえんへんこう）という．より一般的には，電場が楕円を描く**楕円偏光**（だえんへんこう）がある．楕円偏光にも，**右回り楕円偏光**（みぎまわりだえんへんこう）と**左回り楕円偏光**（ひだりまわりだえんへんこう）がある．

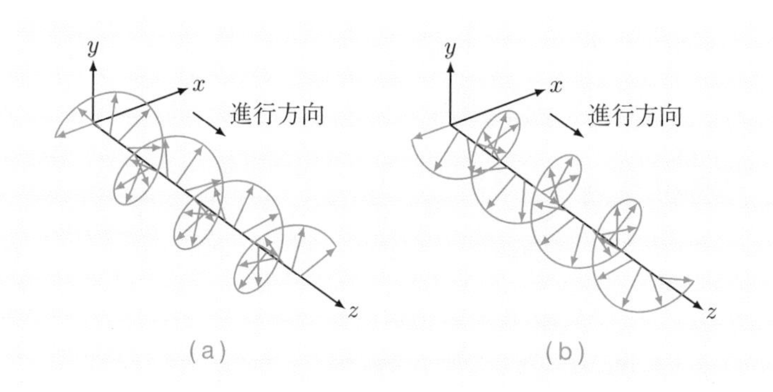

図 8.4　(a) 右回り円偏光と (b) 左回り円偏光

電磁波の種類　電磁波は，表 8.1 のように振動数の大きさによって名称が分類されている．振動数の低い（波長の長い）方から順に**電波**（でんぱ），**赤外線**（せきがいせん），**可視光線**（かしこうせん），**紫外線**（しがいせん），**X 線**（エックスせん），**γ 線**（ガンマせん）がある．

表 8.1　電磁波の名称と用途

名称		振動数	用途
電波	長波	≦ 300 kHz	IH 調理器
	中波	0.3〜3 MHz	AM ラジオ放送
	短波	3〜30 MHz	IC カード
赤外線		3〜380 THz	赤外線リモコン
可視光線		380〜790 PHz	光学機器
紫外線		0.79〜30 PHz	食品の殺菌，殺菌灯
X 線		0.03〜300 EHz	レントゲン検査，物質の結晶構造の解析
γ 線		> 300 EHz	γ 線（放射線）治療

電磁波の電場と磁場の関係を理解しよう

難易度★★☆

基本例題メニュー 8.1 電磁波の電場と磁場の関係 1

真空中を磁束密度が以下のように表される単色平面電磁波が伝搬している．

$$B_x = 0.60 \times 10^{-8} \sin(6.0 \times 10^8 t + 2.0z) \ [\mathrm{Wb/m^2}], \tag{8.10}$$

$$B_y = 0.80 \times 10^{-8} \sin(6.0 \times 10^8 t + 2.0z) \ [\mathrm{Wb/m^2}] \tag{8.11}$$

この電磁波の電場を求めなさい．ただし，真空の光の速さを 3.0×10^8 m/s とする．

【材料】

Ⓐ 電場と磁場の関係：$\boldsymbol{B} = \frac{1}{c}\boldsymbol{n} \times \boldsymbol{E}$

【レシピと解答】

Step1 磁場の振幅 B_0 を求める．

$$B_0 = \sqrt{(0.60 \times 10^{-8}\ \mathrm{Wb/m^2})^2 + (0.80 \times 10^{-8}\ \mathrm{Wb/m^2})^2}$$
$$= 1.0 \times 10^{-8}\ \mathrm{Wb/m^2} \tag{8.12}$$

Step2 電場と磁場の関係より電場の振幅 E_0 を求める．

真空中の光の速さを c [m/s] とすると $B_0 = \frac{E_0}{c}$ であるから，E_0 は次のように求まる．

$$E_0 = (3.0 \times 10^8\ \mathrm{m/s}) \times (1.0 \times 10^{-8}\ \mathrm{Wb/m^2})$$
$$= 3.0\,\mathrm{N/C} \tag{8.13}$$

Step3 電場の向きを求める．

磁束密度は $(\frac{3}{5}, \frac{4}{5}, 0)$ の向きを向いている．進行方向が $-z$ 方向であることに注意すると，電場の向きは $(-\frac{4}{5}, \frac{3}{5}, 0)$ である．

Step4 電場 $\boldsymbol{E} = (E_x, E_y, 0)$ を求める．

電場は次のように求まる．

$$E_x = -\frac{4}{5} \times 3.0 \sin(6.0 \times 10^8 t + 2.0z)$$
$$= -2.4 \sin(6.0 \times 10^8 t + 2.0z)\ [\mathrm{N/C}], \tag{8.14}$$

$$E_y = \frac{3}{5} \times 3.0 \sin(6.0 \times 10^8 t + 2.0z)$$
$$= 1.8 \sin(6.0 \times 10^8 t + 2.0z)\ [\mathrm{N/C}] \tag{8.15}$$

難易度★☆☆

実践例題メニュー 8.2　電磁波の電場と磁場の関係 2

真空中を電場が以下のように表される単色平面電磁波が伝搬している．

$$E_x = 15.0\cos(15.0\times10^8 t + 3.0y - 4.0z)\ [\mathrm{N/C}] \tag{8.16}$$

この電磁波の磁束密度を求めなさい．ただし，真空の光の速さを 3.0×10^8 m/s とする．

【材料】

Ⓐ 電場と磁場の関係：$\boldsymbol{B} = \frac{1}{c}\boldsymbol{n}\times\boldsymbol{E}$

【レシピと解答】

Step1　磁束密度の振幅 B_0 を求める．

電場の振幅を E_0 [N/C]，真空の光の速さを c [m/s] とすると $B_0 = \frac{E_0}{c}$ であるから，磁束密度の振幅 B_0 は次のように求まる．

$$B_0 = \boxed{①\qquad} \ \mathrm{Wb/m^2} \tag{8.17}$$

Step2　磁束密度の向きを求める．

$\boldsymbol{n} = \left(0, -\frac{3}{5}, \frac{4}{5}\right)$，電場が x 方向であるから，磁束密度の向きは

$$\left(0, -\frac{3}{5}, \frac{4}{5}\right)\times(1,0,0) = \boxed{②\qquad} \tag{8.18}$$

である．

Step3　磁束密度を求める．

磁束密度 $\boldsymbol{B} = (0, B_y, B_z)$ は次のように求まる．

$$B_y = \boxed{③\qquad}\ [\mathrm{Wb/m^2}], \tag{8.19}$$

$$B_z = \boxed{④\qquad}\ [\mathrm{Wb/m^2}] \tag{8.20}$$

【実践例題解答】　① $\frac{E_0}{c} = \frac{15.0\ \mathrm{N/C}}{3.0\times10^8\ \mathrm{m/s}} = 5.0\times10^{-8}$　② $\left(0, \frac{4}{5}, \frac{3}{5}\right)$　③ $\frac{4}{5}\times5.0\times10^{-8}\cos(15.0\times10^8 t + 3.0y - 4.0z) = 4.0\times10^{-8}\cos(15.0\times10^8 t + 3.0y - 4.0z)$　④ $\frac{3}{5}\times5.0\times10^{-8}\cos(15.0\times10^8 t + 3.0y - 4.0z) = 3.0\times10^{-8}\cos(15.0\times10^8 t + 3.0y - 4.0z)$

問 題

8.1 電源周波数は，東日本では 50 Hz，西日本では 60 Hz が使われている．光の速さを 3.0×10^8 m/s として，これらの周波数の電磁波の波長を求めなさい（伝送線路の長さがこの波長に近くなると，伝送線路内の各点の位相変化が無視できなくなるので注意が必要である）．

8.2 単色平面電磁波 (8.8) が電磁波の波動方程式 (8.5) の解の 1 つであることを確かめなさい．

8.3 電場が次式で表される電磁波が真空中を伝搬している．この電磁波の磁束密度を求めなさい．ただし，真空の光の速さを 3.0×10^8 m/s とする．

(a) $E_y = 3.0\cos(9.0 \times 10^8 t + 3.0x)$ [N/C]

(b) $E_y = 3.0\cos(9.0 \times 10^8 t + 3.0x)$ [N/C],
$E_z = 3.0\cos(9.0 \times 10^8 t + 3.0x)$ [N/C]

(c) $E_y = 4.25\cos(4.2 \times 10^8 t + 1.0x + 1.0z)$ [N/C]

8.4 **【チャレンジ問題】** 半径 a [m] の円形の極板からなる平行平板コンデンサを充電する．流れ込む電流が I [A] のときの，極板間の真ん中で，極板の中心を結ぶ軸から距離 r [m] の位置の磁場を求めなさい．ただし，電流が流れ込んでいるときも電荷は極板に一様に分布しているものとし，端の効果は無視できるものとする．また，問題 2.20 の結果を使ってよい．

8.5 誘電率が ε [F/m]，透磁率が μ [N/A^2] の媒質中を伝搬する電磁波がある．この媒質の絶対屈折率 n（真空の光の速さ c [m/s] と媒質中を伝わる光の速さ v [m/s] の比 $\frac{c}{v}$）を求めなさい．ただし，真空の誘電率を ε_0 [F/m]，透磁率を μ_0 [N/A^2] とする．

8.6 z 軸の正の向きに進む電磁波の電場を

$$\begin{cases} E_x = E_0\cos(kz - \omega t + \theta_x) \text{ [N/C]} \\ E_y = E_0\cos(kz - \omega t + \theta_y) \text{ [N/C]} \end{cases} \tag{8.21}$$

としたとき，以下の場合は，どのような偏光か説明しなさい．ただし，E_0, k, ω, θ_x, θ_y を定数とする．

(a) $\theta_x = \theta_y$

(b) $\theta_x = \theta_y + \pi$

(c) $\theta_x = \theta_y + \frac{\pi}{2}$

(d) $\theta_x = \theta_y - \frac{\pi}{2}$

8.3 電磁場のエネルギー

真空中において，大きさ E [N/C] の電場のエネルギー密度は $u_{\mathrm{E}} = \frac{\varepsilon_0 E^2}{2}$ [J/m^3]，大きさ B [Wb/m^2] の磁場のエネルギー密度は $u_{\mathrm{M}} = \frac{B^2}{2\mu_0}$ [J/m^3] であった．したがって，電磁波のエネルギー密度は，その和として

$$u = u_{\mathrm{E}} + u_{\mathrm{M}} = \frac{1}{2}\left(\varepsilon_0 E^2 + \frac{B^2}{\mu_0}\right) \ [\mathrm{J/m^3}] \tag{8.22}$$

と書ける．ここで，真空の光の速さを c $\left(= \frac{1}{\sqrt{\varepsilon_0 \mu_0}}\right)$ とすると $B = \frac{E}{c}$ の関係があるので，電磁波のエネルギー密度は次のようにも書ける．

$$u = \varepsilon_0 E^2 \ [\mathrm{J/m^3}]，\text{もしくは，} u = \frac{B^2}{\mu_0} \ [\mathrm{J/m^3}] \tag{8.23}$$

電磁波は空間を伝搬するときにエネルギーを運ぶ．ある面を単位時間，単位面積当たりに通過するエネルギーは

$$\boldsymbol{P} = \frac{1}{\mu_0} \boldsymbol{E} \times \boldsymbol{B} \ [\mathrm{W/m^2}] \quad \text{（ポインティングベクトル）} \tag{8.24}$$

の大きさで与えられる．これを**ポインティングベクトル**という．

話を簡単にするために，z 軸方向に伝わる電磁波

$$E_x = E_0 \cos(kz - \omega t) \ [\mathrm{N/C}], \quad B_y = \frac{E_0}{c} \cos(kz - \omega t) \ [\mathrm{Wb/m^2}] \tag{8.25}$$

を考えよう．このとき，ポインティングベクトルは z 軸方向を向き

$$P = \frac{1}{\mu_0 c} {E_0}^2 \cos^2(kz - \omega t) \ [\mathrm{W/m^2}] \tag{8.26}$$

となる．ここで，電場の周期 T [s] でポインティングベクトルの大きさを時間平均すると

$$\overline{P} = \frac{1}{T}\int_0^T P\,dt = c\left(\frac{\varepsilon_0 {E_0}^2}{2}\right) = c\left(\frac{\varepsilon_0 {E_0}^2}{4} + \frac{{B_0}^2}{4\mu_0}\right) \ [\mathrm{W/m^2}] \tag{8.27}$$

となる．一方で，

$$\begin{aligned} \overline{u_{\mathrm{E}}} &= \frac{1}{T}\int_0^T u_{\mathrm{E}}\,dt = \frac{\varepsilon_0 {E_0}^2}{4} \ [\mathrm{J/m^3}], \\ \overline{u_{\mathrm{M}}} &= \frac{1}{T}\int_0^T u_{\mathrm{M}}\,dt = \frac{{B_0}^2}{4\mu_0} \ [\mathrm{J/m^3}] \end{aligned} \tag{8.28}$$

である．つまり，ポインティングベクトルの大きさの平均値は，エネルギー密度の平均値と真空の光の速さの積になっており，確かに，単位時間，単位面積当たりに伝搬するエネルギーになっている．

電磁場のエネルギーを求めてみよう

難易度★★★

基本例題メニュー 8.3 平行平板コンデンサに流入するエネルギー

真空中に，半径 a [m] の円形の極板からなる，極板間隔 d [m] の平行平板コンデンサがある．コンデンサに電荷が蓄えられていない状態から電気量 Q [C] $(Q > 0)$ の電荷が蓄えられるまでに，コンデンサの極板間に流入するエネルギーを求めなさい．ただし，極板の端の効果は無視できるものとし，真空の誘電率および透磁率を ε_0 [F/m], μ_0 [N/A^2] とする．

【材料】

Ⓐ 極板間が真空で面積 S の平行平板コンデンサの極板間の電場（大きさ：$E = \frac{Q}{\varepsilon_0 S}$），Ⓑ 変位電流：$\frac{d\Phi_{\mathrm{E}}}{dt}$，Ⓒ ポインティングベクトル：$\boldsymbol{P} = \frac{1}{\mu_0}\boldsymbol{E} \times \boldsymbol{B}$，Ⓓ 電場のエネルギー：$U_{\mathrm{E}} = \frac{E^2 Sd}{2}$

【レシピと解答】

Step1 電荷が q [C] だけ蓄えられているときの，極板間の電場 $\boldsymbol{E}$ および電束密度 $\boldsymbol{D}$ を求める．

問題 2.20 より

$$D = \frac{q}{\pi a^2} \text{ [C]}, \quad E = \frac{q}{\varepsilon_0 \pi a^2} \text{ [N/C]} \tag{8.29}$$

であり，正の極板から負の極板に向かう向きである．

Step2 閉曲線 C として，極板間の真ん中，極板に平行で極板の中心を結ぶ軸を中心とする半径 r [m] の円を考え，C を縁とする面を貫く変位電流を求める．

C を縁とする面を貫く電束は

$$\Phi_{\mathrm{E}} = D \times \pi r^2 = \frac{r^2 q}{a^2} \text{ [C]} \tag{8.30}$$

であるから，C を縁とする面を貫く変位電流は

$$\frac{d\Phi_{\mathrm{E}}}{dt} = \frac{r^2}{a^2}\frac{dq}{dt} \text{ [A]} \tag{8.31}$$

となる．

Step3　マクスウェル–アンペールの法則より，極板間で中心軸から距離 r だけ離れた位置の磁場 $\boldsymbol{H}$ を求める．
対称性より，$\boldsymbol{H}$ はC上の至る所で同じ大きさ，Cの接線方向で右ねじの法則に従う向きである．したがって $\oint_{\mathrm{C}} \boldsymbol{H}\cdot d\boldsymbol{l} = 2\pi r H$ である．これが $\frac{d\Phi_{\mathrm{E}}}{dt}$ と等しいとおくと

$$H = \frac{1}{2\pi r}\frac{r^2}{a^2}\frac{dq}{dt} = \frac{r}{2\pi a^2}\frac{dq}{dt}\ [\mathrm{A/m}] \tag{8.32}$$

であり，Cの接線方向で右ねじの法則に従う向きである．

Step4　中心軸から距離 r だけ離れた位置のポインティングベクトル $\boldsymbol{P}(r)$ を求める．
電場と磁場が直交しているので

$$P(r) = \frac{1}{\mu_0}|\boldsymbol{E}\times\boldsymbol{B}| = \frac{qr}{2\varepsilon_0\pi^2 a^4}\frac{dq}{dt}\ [\mathrm{W/m^2}] \tag{8.33}$$

であり，向きは中心軸に垂直で，中心軸に向かう向きである．

Step5　極板間の表面全体（極板間で中心軸と同軸の底面の半径 a，高さ d の円筒面）を単位時間当たりに通過するエネルギー $\frac{dU}{dt}$ を求める．
$r = a$ として，底面では $\boldsymbol{P}$ は底面に平行なので，側面だけ考えればよい．P は側面上の至る所で同じ値なので，側面積を掛けて

$$\frac{dU}{dt} = P(a)\times(2\pi a)\times d = \frac{qd}{\varepsilon_0\pi a^2}\frac{dq}{dt}\ [\mathrm{W}] \tag{8.34}$$

となる．

Step6　極板間に流入するエネルギー U を求める．
上式を充電し始めてから充電し終わるまで時間 t で積分すると

$$U = \int_{q=0}^{q=Q}\frac{dU}{dt}\,dt = \frac{Q^2 d}{2\varepsilon_0\pi a^2}\ [\mathrm{J}] \tag{8.35}$$

となる．

極板間が真空で半径 a，極板間隔 d の平行平板コンデンサの電気容量は $C = \frac{\varepsilon_0\pi a^2}{d}$ [F] であり，このコンデンサに電気量 Q の電荷が蓄えられているときの，コンデンサに蓄えられている静電エネルギーは $U_{\mathrm{E}} = \frac{Q^2}{2C} = \frac{Q^2 d}{2\varepsilon_0\pi a^2}$ [J] である．これは，極板間に流入するエネルギーと一致している．

難易度★★★

実践例題メニュー 8.4 円柱状導体に流入するエネルギー

底面の半径 a [m]，長さ l [m]，抵抗値 R [Ω] の十分に長い円柱状直線導体に電流 I [A] が一様に流れている．この導線表面でのポインティングベクトルを求めなさい．ただし，真空の透磁率を μ_0 [N/A^2] とする．

【材料】

Ⓐ オームの法則：$V = RI$，Ⓑ 円柱電流のつくる磁束密度（大きさ：$B = \frac{\mu_0 I}{2\pi r}$），

Ⓒ ポインティングベクトル：$\boldsymbol{P} = \frac{1}{\mu_0}\boldsymbol{E} \times \boldsymbol{B}$

【レシピと解答】

Step1 導体内の電場 $\boldsymbol{E}$ を求める．

導体の両端の電位差は RI [V] なので，

$$E = \boxed{①\quad} \text{ [N/C]} \tag{8.36}$$

であり，電流の流れる向きと同じ向きになる．

Step2 導体表面の磁束密度 $\boldsymbol{B}$ を求める．

実践例題メニュー 5.8 より

$$B = \boxed{②\quad} \text{ [Wb/m}^2\text{]} \tag{8.37}$$

であり，右ねじの法則に従う向きである．

Step3 ポインティングベクトル $\boldsymbol{P}$ を求める．

電場と磁束密度が直交しているので

$$P = \frac{1}{\mu_0}|\boldsymbol{E} \times \boldsymbol{B}| = \boxed{③\qquad\qquad} \text{ [W/m}^2\text{]} \tag{8.38}$$

であり，向きは導体に垂直で外側から内側に向かう向きである．

ポインティングベクトルは導体表面全体で足し合わせると，$P \times (2\pi al) = RI^2$ となります．ポインティングベクトルは導体に垂直で外側から内側に向かう向きですので，導体表面の電磁場のエネルギーが導体内部に流入し，ジュール熱として消費されるといえます．

【実践例題解答】 ① $\frac{RI}{l}$ ② $\frac{\mu_0 I}{2\pi a}$ ③ $\frac{1}{\mu_0}EB = \frac{RI^2}{2\pi al}$

問　題

8.7　真空中に磁束密度が次式で表される単色平面電磁波がある（基本例題メニュー 8.1）．

$$\begin{cases} B_x = 0.60 \times 10^{-8} \sin(6.0 \times 10^8 t + 2.0z) \ [\mathrm{Wb/m^2}] \\ B_y = 0.80 \times 10^{-8} \sin(6.0 \times 10^8 t + 2.0z) \ [\mathrm{Wb/m^2}] \end{cases} \tag{8.39}$$

この電磁波に関するポインティングベクトルを求めなさい．ただし，真空の透磁率を 1.26×10^{-6} N/A^2 とする．

8.8　等方的に光を放射する 100 W の電球がある．この電球の効率は 10% である．この電球から 1.0 m だけ離れた位置でのポインティングベクトルの大きさ，電場の最大値および磁場の最大値を求めなさい．ただし，電球は点光源として扱い，真空の誘電率を 8.9×10^{-12} F/m，光速を 3.0×10^8 m/s，円周率を 3.14 とする．

8.9　地球の大気表面に垂直に入射する電磁波のポインティングベクトルの平均値は地球と太陽との距離が 1 AU のときに，約 1.39×10^3 W/m^2 である（これを**太陽定数**（たいようていすう）という）．太陽から放射される単位時間当たりの電磁波のエネルギーの時間平均を求めなさい．ただし，太陽を点光源とみなし，太陽からは等方的に電磁波が放射するとする．また，1 AU を 1.5×10^{11} m，円周率を 3.14 とする．

8.10　内部が真空の，断面の半径 a [m]，長さ l [m]，巻き数 N の十分に長いソレノイドに時刻 t [s] での大きさが $I(t) = I_0(1 - e^{-\frac{t}{\tau}})$ [A] で表される電流を流した．ここで，I_0 [A], τ [s] は定数である．このときのソレノイド表面（ソレノイドと同軸で半径 a，長さ l の円筒表面）のポインティングベクトルを求め，単位時間に表面から流入するエネルギーを求めなさい．また，それがソレノイド内の磁場のエネルギーの増加量と等しいことを示しなさい．ただし，端の効果は無視できるものとし，真空の透磁率を μ_0 [N/A^2] とする．また，問題 5.18 の結果を使ってよい．

8.11　**【チャレンジ問題】**図 6.10 のように，真空中に十分に長い断面の半径 a [m] の円筒導体とそれと同軸で断面の半径 b [m]（$a < b$）の円筒導体があり，それに起電力 V [V] の電源と抵抗器を接続して，軸に平行で逆向きに共に大きさ I [A] の電流を一様に流す．この同軸円筒導体の電源側の断面から流入するエネルギーを求めなさい．ただし，端の効果は無視できるものとし，真空の誘電率を ε_0 [F/m]，真空の透磁率を μ_0 [N/A^2] とする．また，問題 3.11，問題 5.15 の結果を使ってよい．

問題解答

第1章

1.1　10 nC に帯電した場合の不足した電子の個数は

$$\frac{10\times10^{-9}\ \mathrm{C}}{1.6\times10^{-19}\ \mathrm{C}}=6.25\times10^{10}\ 個$$

である．同様に，1.0 μC に帯電した場合の不足した電子の個数は

$$\frac{1.0\times10^{-6}}{1.6\times10^{-19}}=6.3\times10^{12}\ 個$$

である．

1.2　Step1 2 つの導体球を接触させたときの全電荷の電気量を求める．$+0.20+0.30=+0.50\ \mu\mathrm{C}$.　Step2 2 つの導体球は同じなので，離した後の電荷はちょうど半分ずつになる．これより，離した後の B の電気量を求める．$+\frac{0.50}{2}=+0.25\ \mu\mathrm{C}$.

1.3　Step1 A と C を接触させてから離した後のそれぞれの電気量を求める．A と C は同じなので，離した後の A と C の電気量は元の電気量の和 $+0.60+0=+0.60\ \mu\mathrm{C}$ のちょうど半分になる．したがって，それぞれの電荷は A：$+0.30\ \mu\mathrm{C}$，B：$+0.50\ \mu\mathrm{C}$，C：$+0.30\ \mu\mathrm{C}$. Step2 その後，B と C を接触させてから離した後のそれぞれの電気量を求める．B と C も同じなので，離した後の B と C の電気量は元の電気量の和 $+0.50+0.30=+0.80\ \mu\mathrm{C}$ のちょうど半分になる．したがって，それぞれの電荷は A：$+0.30\ \mu\mathrm{C}$，B：$+0.40\ \mu\mathrm{C}$，C：$+0.40\ \mu\mathrm{C}$ となり，C の電気量は $+0.40\ \mu\mathrm{C}$ となる．

1.4　Step1 棒を近づける前の図を描く（図 (a)）．棒を近づける前は，金属板も箔も正に帯電している．　Step2 棒を近づけた後の図を描く（図 (b)）．金属板に近い方に正電荷が集まるので，はじめより箔は閉じる．

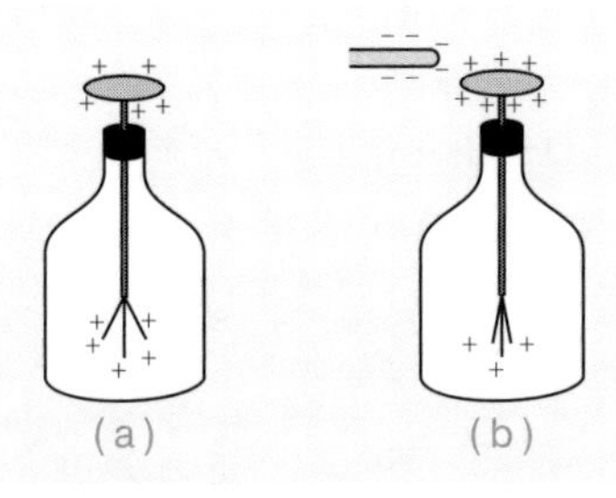

(a)　(b)

1.5　Step1 棒で A に触れた直後の図を描く（図 (a)）．棒で A に触れると，A は正に帯電し，さらに，B は A を通して正に帯電する．　Step2 棒を遠ざけた後の図を描く（図 (b)）．棒を遠ざけた後は，A, B 共に正に帯電しているので，A と B は遠ざかる．

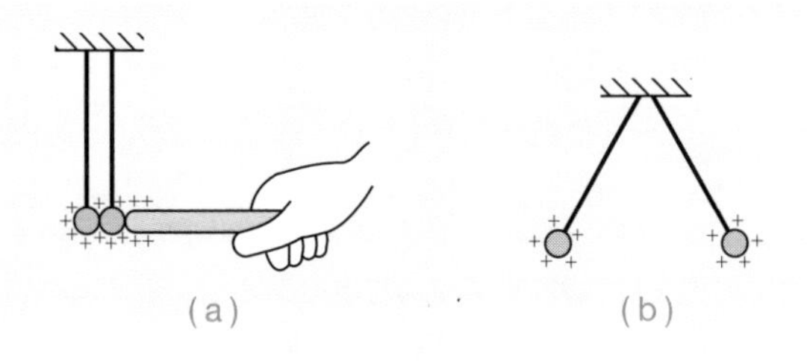

1.6 Step1 棒を近づけた後の図を描く（図(a)）．棒を近づけると，A は負に，B は正に帯電する． Step2 A と B を離してから棒を遠ざけた後の図を描く（図(b)）．A と B を離した後は，A は負に B は正に帯電しているので A と B は近づく．

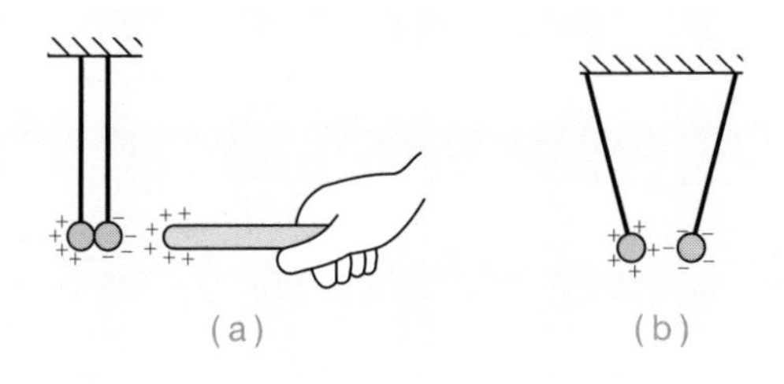

1.7 貴ガス原子は電子が平均的には原子核のまわりに球対称に分布しており，電気的に中性であるが，瞬間的には電荷分布に偏りが生じることがある．この偏りによってもう一方の原子の電荷分布にも偏りが生じ，そして，原子どうしで引力相互作用を行う．このような原子間の電荷分布の瞬間的な偏りによる引力のことを**ファンデルワールス力**（りょく）という．貴ガス原子はファンデルワールス力によって結晶になるのである．1.1 節で説明したように，中性であっても内部に電荷をもっていないわけではないので注意する．

1.8 Step1 クーロンの法則 (1.1) より，静電気力の大きさを求める．$F = 9.0 \times 10^9\ \mathrm{N \cdot m^2/C^2} \times \frac{q^2}{(1.0\ \mathrm{m})^2} = 9.0 \times 10^9 q^2\ [\mathrm{N}]$． Step2 F が 1.0 N に等しいとして，q の値を求める．

$$q = \sqrt{\frac{1.0}{9.0 \times 10^9}} = 1\overset{1}{\not 0}.\not 5 \times 10^{-6}\ \mathrm{C} = 11\ \mu\mathrm{C}$$

1.9 Step1 クーロンの法則 (1.1) より，電子と陽子の間に働く静電気力の大きさ F_E を求める．

$$F_\mathrm{E} = 9.0 \times 10^9\ \mathrm{N \cdot m^2/C^2} \times \frac{(1.6 \times 10^{-19}\ \mathrm{C})^2}{(5.3 \times 10^{-11}\ \mathrm{m})^2} = 8.20\not 2 \times 10^{-8}\ \mathrm{N}$$

Step2 万有引力の法則より，電子と陽子の間に働く万有引力の大きさ F_G を求める．

$$F_\mathrm{G} = 6.7 \times 10^{-11}\ \mathrm{N \cdot m^2/kg^2} \times \frac{(9.1 \times 10^{-31}\ \mathrm{kg}) \times (1.7 \times 10^{-27}\ \mathrm{kg})}{(5.3 \times 10^{-11}\ \mathrm{m})^2}$$

$$= 3.6\overset{9}{\not 8}\not 9 \times 10^{-47}\ \mathrm{N}$$

Step3 静電気力と万有引力の大きさの比を求める．

$$\frac{F_\mathrm{E}}{F_\mathrm{G}} = \frac{8.20 \times 10^{-8}}{3.69 \times 10^{-47}} = 2.22 \times 10^{39}$$

したがって，水素原子内では，万有引力に比べて，静電気力の方が圧倒的に大きく，支配的である．

1.10 Step1 隣り合う陽子間に働く静電気力を求める．

$$F = k\,\frac{e^2}{r^2} = (9.0 \times 10^9\ \mathrm{N \cdot m^2/C^2}) \times \frac{(1.6 \times 10^{-19}\ \mathrm{C})^2}{(1.0 \times 10^{-15}\ \mathrm{m})^2} = 0.230 \times 10^3\ \mathrm{N} = 0.23\ \mathrm{kN}$$

であり反発力である． Step2 このことから何が予想できるかを考える．陽子間に働く力は反発力であるので，陽子を原子核内に束縛させておくには，それとは別の引力相互作用が必要である．引力の候補として万有引力が考えられるが，万有引力の大きさは静電気力に比べて十分に小さいため，万有引力では原子核内に束縛させておくことはできない．陽子間には静電気力や万有引力とは別の力が働いていることが予想できる．この力は「強い相互作用」と呼ばれ，そのメカニズムは湯川秀樹博士の中間子論で初めて明らかにされた．強い相互作用は数 fm 程度の非常に短い距離まで陽子や中性子が接近したときにのみ働く．なお，ほとんど使われてはいないが，湯川秀樹博士の名にちなんで 1 fm を 1 ユカワ（記号：Y）ということもある．

1.11 Step1 A が C に及ぼす静電気力の大きさを求める．AC 間の距離は $\sqrt{a^2+r^2}$ [m] であるから，力の大きさは $F_{\mathrm{A\to C}} = k\,\frac{q^2}{a^2+r^2}$ [N] である．よって

$$\begin{aligned}\boldsymbol{F}_{\mathrm{A\to C}} &= \left(F_{\mathrm{A\to C}} \times \frac{a}{\sqrt{a^2+r^2}}, F_{\mathrm{A\to C}} \times \frac{r}{\sqrt{a^2+r^2}}\right)\\ &= \left(\frac{kq^2a}{(a^2+r^2)^{\frac{3}{2}}}, \frac{kq^2r}{(a^2+r^2)^{\frac{3}{2}}}\right)\ [\mathrm{N}]\end{aligned}$$

Step2 B が C に及ぼす静電気力を求める．同様に

$$\boldsymbol{F}_{\mathrm{B\to C}} = \left(-\frac{kq^2a}{(a^2+r^2)^{\frac{3}{2}}}, \frac{kq^2r}{(a^2+r^2)^{\frac{3}{2}}}\right)\ [\mathrm{N}]$$

Step3 C に働く力の合力を求める．

$$\boldsymbol{F}_{\mathrm{C}} = \boldsymbol{F}_{\mathrm{A\to C}} + \boldsymbol{F}_{\mathrm{B\to C}} = \left(0, \frac{2kq^2r}{(a^2+r^2)^{\frac{3}{2}}}\right)\ [\mathrm{N}]$$

となる．電荷の配置が y 軸について対称なので，合力の x 成分は打ち消し合って 0 になる．

1.12 Step1 小球に働く力を描く．小球に働く力は図のようになり，重力 $\boldsymbol{W}$ [N]，糸の張力 $\boldsymbol{T}$ [N]，静電気力 $\boldsymbol{F}_{静電気力}$ [N] の 3 つである．

Step2 小球 A の質量を m [kg]，重力加速度の大きさを g [m/s^2] として，力のつり合いより，$F_{静電気力}$ を m, g を用いて表す．重力の大きさは $W = mg$ であるから，力のつり合いより鉛直成分：$\frac{T}{2} = mg$，水平成分：$\frac{\sqrt{3}\,T}{2} = F_{静電気力}$．よって，$F_{静電気力} = \sqrt{3}\,mg$ [N]．

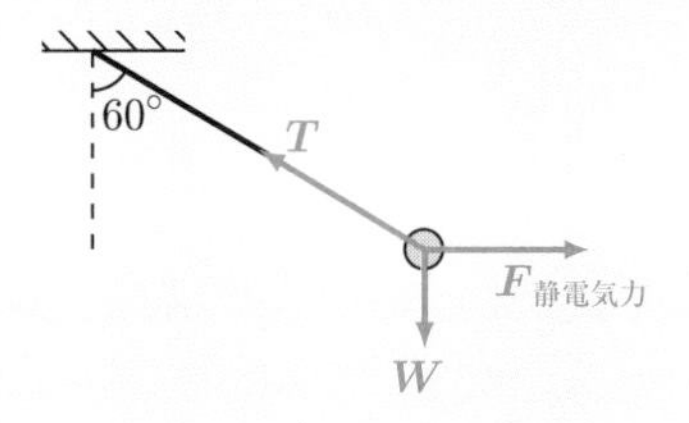

Step3 小球 A の電気量を q [C]，小球 B の電気量を q_{B} [C]，AB 間の距離を r [m]，クーロンの法則の比例定数を k [N・m²/C²] として，$F_{静電気力}$ を求め，これが $\sqrt{3}\,mg$ に等しいとして，q について解く．そして，数値を代入して q の値を求める．クーロンの法則 (1.1) より

$$F_{静電気力} = k\,\frac{|q||q_{\mathrm{B}}|}{r^2}\ [\mathrm{N}]$$

である．したがって，小球 A の電気量の大きさは

$$|q| = \frac{\sqrt{3}\,mgr^2}{k|q_{\mathrm{B}}|} = \frac{\sqrt{3}\times(27\times10^{-3}\ \mathrm{kg})\times(9.8\ \mathrm{m/s^2})\times(10\times10^{-2}\ \mathrm{m})^2}{(9.0\times10^{9}\ \mathrm{N\cdot m^2/C^2})\times(0.98\times10^{-6}\ \mathrm{C})}$$

$$= 0.5\overset{2}{\not 1}\not 0\times10^{-6}\ \mathrm{C} = 0.52\ \mu\mathrm{C}$$

であり，引力が働いているので，負電荷である．

1.13 Step1 小球に働く力を描く．小球 A, B は同じなので，鉛直線と糸の成す角は 30° になる．小球 B に働く力は図のようになり，重力 $\boldsymbol{W}$，糸の張力 $\boldsymbol{T}$，静電気力 $\boldsymbol{F}_{静電気力}$ の 3 つである．

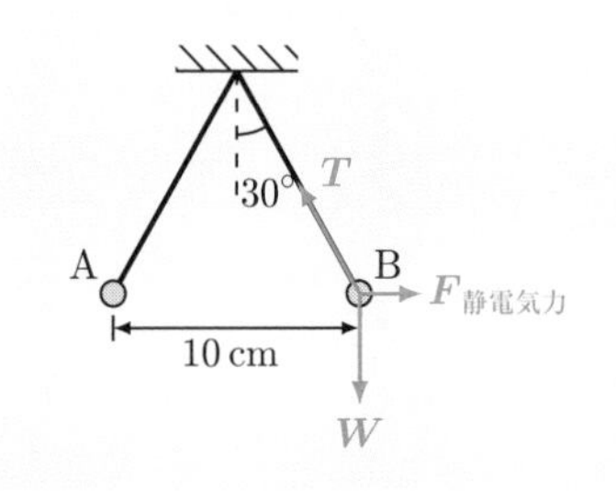

Step2 小球 A の質量を m [kg]，重力加速度の大きさを g [m/s²] として，力のつり合いより，$F_{静電気力}$ を m, g を用いて表す．重力の大きさは $W = mg$ であるから，力のつり合いより，鉛直成分：$\frac{\sqrt{3}\,T}{2} = mg$，水平成分：$\frac{T}{2} = F_{静電気力}$．よって，静電気力の大きさは $F_{静電気力} = \frac{\sqrt{3}\,mg}{3}$ [N]． Step3 小球 A, B の電気量を q [C]，AB 間の距離を r [m]，クーロンの法則の比例定数を k [N・m²/C²] として，静電気力の大きさを求める．クーロンの法則 (1.1) より静電気力の大きさは $F_{静電気力} = k\,\frac{|q|^2}{r^2}$ [N]．したがって，A, B の電気量の大きさは

$$|q| = \left(\frac{\sqrt{3}\,mgr^2}{3k}\right)^{\frac{1}{2}} = \left(\frac{\sqrt{3}\times(10\times10^{-3}\ \mathrm{kg})\times(9.8\ \mathrm{m/s^2})\times(10\times10^{-2}\ \mathrm{m})^2}{3\times(9.0\times10^{9}\ \mathrm{N\cdot m^2/C^2})}\right)^{\frac{1}{2}}$$

$$= 0.25\not 0\times10^{-6}\ \mathrm{C} = 0.25\ \mu\mathrm{C}$$

となる．斥力が働いているので，電荷は同符号である．

1.14 Step1 図 1.18 (a) の場合の中心に置いた電荷に働く力を求める．対称性より，電荷に働く力は 0 になる．

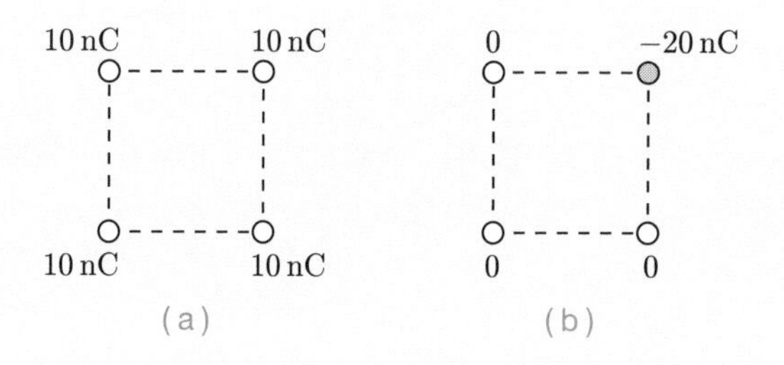

Step2 重ね合わせの原理より，図 1.18 (b) は，上図 (a), (b) の重ね合わせと考えられる．これより，図 1.18 (b) の場合の中心に置いた電荷に働く力を求める．上図 (a) の場合，中心に置いた電荷に働く力は 0 である．したがって，図 (b) の場合の働く力を求めればよい．働く力の大きさは

$$F_{静電気力} = 9.0 \times 10^9\ \mathrm{N \cdot m^2/C^2} \times \frac{|-10 \times 10^{-9}\ \mathrm{C}| \times |-20 \times 10^{-9}\ \mathrm{C}|}{(\frac{\sqrt{2}}{2} \times 10^{-2}\ \mathrm{m})^2}$$

$$= 3.6 \times 10^{-2}\ \mathrm{N}$$

向きは，中心から左下の電荷に向かう向きになる．

1.15 Step1 小球の電気量を共に q [C] $(q > 0)$，小球間の距離を r [m]，クーロンの法則の比例定数を k $[\mathrm{N \cdot m^2/C^2}]$ として，小球間に働く静電気力の大きさを求める．クーロンの法則 (1.1) より，静電気力の大きさは $F_{静電気力} = k\,\frac{q^2}{r^2}$ [N]． Step2 1 つの小球に着目して，その小球の質量を m [kg]，放した直後の加速度の大きさを a $[\mathrm{m/s^2}]$ として，ニュートンの運動方程式を立てる．ニュートンの運動方程式は $ma = F_{静電気力} = k\,\frac{q^2}{r^2}$． Step3 上で求めた式を q について解き，数値を代入して q の値を求める．q の値は

$$q = \sqrt{\frac{ma}{k}}\,r = \sqrt{\frac{(40 \times 10^{-3}\ \mathrm{kg}) \times (9.0 \times 10^{-3}\ \mathrm{m/s^2})}{(9.0 \times 10^9\ \mathrm{N \cdot m^2/C^2})}} \times (10 \times 10^{-2}\ \mathrm{m})$$

$$= 20 \times 10^{-9}\ \mathrm{C} = 20\ \mathrm{nC}$$

1.16 Step1 x [m] の位置にある電気量 q [C] の点電荷を x 軸に沿って微小距離 dx [m] だけ運ぶのに必要な外力のする仕事を求める．点電荷が x の位置にあるときの静電気力は $k\,\frac{Qq}{x^2}$ なので，$-(k\,\frac{Qq}{x^2})\,dx$． Step2 点電荷を基準点 $x = \infty$ から $x = r$ まで x 軸に沿って運ぶのに必要な外力のする仕事を求める．

$$W = \int_{\infty}^{r} \left(-k\,\frac{Qq}{x^2}\right) dx = \left[k\,\frac{Qq}{x}\right]_{\infty}^{r} = k\,\frac{Qq}{r}\ [\mathrm{J}]$$

第 2 章

2.1 Step1 電荷 A が P につくる電場 $\boldsymbol{E}_\mathrm{A}$ を求める．(2.2) より

$$E_A = k\frac{q}{(r-\frac{d}{2})^2} = k\frac{q}{r^2}\frac{1}{(1-\frac{d}{2r})^2}\ [\text{N/C}]$$

であり，P から A に向かう向きになる．$r \gg d$ として $\frac{d}{r}$ について E_A のテイラー展開を行うと

$$E_A \fallingdotseq k\frac{q}{r^2}\left(1+\frac{d}{r}+\frac{3d^2}{4r^2}\right)\ [\text{N/C}]$$

後で見るように，$\frac{d}{r}$ の 0 次の項と 1 次の項は他の電荷と打ち消し合うので，2 次の項まで求めた． Step2 電荷 B が P につくる電場 $\boldsymbol{E}_B$ を求める．同様に (2.2) より

$$E_B = k\frac{2q}{r^2}\ [\text{N/C}]$$

であり，B から P に向かう向きになる． Step3 電荷 C が P につくる電場 $\boldsymbol{E}_C$ を求める．

$$E_C = k\frac{q}{(r+\frac{d}{2})^2} = k\frac{q}{r^2}\frac{1}{(1+\frac{d}{2r})^2}\ [\text{N/C}]$$

電荷 A の場合と同様に，$r \gg d$ として $\frac{d}{2r}$ について E_C のテイラー展開を行うと

$$E_C \fallingdotseq k\frac{q}{r^2}\left(1-\frac{d}{r}+\frac{3d^2}{4r^2}\right)\ [\text{N/C}]$$

であり，P から C に向かう向きになる． Step4 $r \gg d$ での合成電場 $\boldsymbol{E}$ を求める．向きに注意して足すと

$$E = -E_A + E_B - E_C = \frac{3kqd^2}{2r^4}\ [\text{N/C}]$$

となり，向きは B から P に向かう向きになる．

これまで見てきたように，電場の大きさは点電荷は r^2 に，電気双極子は r^3 に，電気四極子は r^4 に反比例している．同様に，2^n 極子（$n = 1, 2, 3, \ldots$）の電場は r^{n+2} に反比例する．電荷分布をこのような 2^n 極子の重ね合わせで書いておくと，r を大きくしたときに，n の値の大きい項の寄与が早く小さくなるので，はじめの小さいいくつかの n だけ考えれば十分になる．このような方法を**多極子展開**（たきょくしてんかい）といい，複雑な電荷分布の計算によく用いられる．

2.2 Step1 重ね合わせの原理を用いて計算しやすい 2 つの電荷配置に分ける．図 2.7 は，下図 (a), (b) の重ね合わせと考えられる．

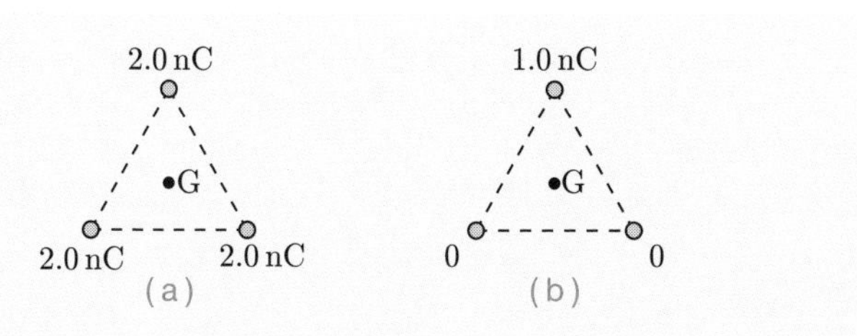

Step2 重心 G における電場 $\boldsymbol{E}$ を求める．対称性より，上図 (a) の電荷配置の場合の G の

位置の電場は 0 である．したがって，(b) の電荷配置の場合の G の位置の電場を求めればよい．上の点電荷と重心との間の距離は $\sqrt{3.0} \times 10^{-3}$ m であるから，(2.2) より電場の大きさは $E = 9.0 \times 10^9\ \mathrm{N \cdot m^2/C^2} \times \frac{1.0\times10^{-9}\ \mathrm{C}}{(\sqrt{3.0}\times10^{-3}\ \mathrm{m})^2} = 3.0 \times 10^6$ N/C であり，上の点電荷から重心へ向かう向きとなる．

2

2.3 Step1 1 つの点電荷が P につくる電場 $\boldsymbol{E}_i$ を求める．(2.2) より

$$E_i = k\,\frac{\frac{Q}{n}}{z^2 + a^2}\ [\mathrm{N/C}]$$

であり，点電荷から P に向かう向きになる． Step2 対称性より合成電場の円に平行な成分は打ち消し合うために 0 になる．そこで，$\boldsymbol{E}_i$ の円に垂直な成分を求める．

$$(E_i)_\perp = E_i \times \frac{z}{\sqrt{z^2 + a^2}} = k\,\frac{\frac{Q}{n}\,z}{(z^2 + a^2)^{\frac{3}{2}}}\ [\mathrm{N/C}]$$

Step3 合成電場 $\boldsymbol{E}$ を求める．

$$E = \sum_{i=1}^{n}(E_i)_\perp = \frac{kQz}{(z^2 + a^2)^{\frac{3}{2}}}\ [\mathrm{N/C}]$$

であり，n に依らなくなる．また，向きは円の中心から P に向かう向きである．この結果は，$n \to \infty$ の場合の実践例題メニュー 2.4 の結果と一致している．

2.4 Step1 座標軸を設定する．荷電粒子を放した時刻を $t = 0$，そのときの位置を原点とし，電場の方向を x 軸とする． Step2 荷電粒子に働く力を求める．荷電粒子に働く力は $F_{\text{静電気力}} = qE$ [N] である． Step3 ニュートンの運動方程式を立てる．加速度を a_x [m/s^2] とすると，$ma_x = qE$． Step4 ニュートンの運動方程式を解いて，任意の時刻 t [s] における位置 x および速度 v_x を求める．ニュートンの運動方程式より，$a_x = \frac{qE}{m}$ であるから，t について積分を行うと

$$x = \frac{1}{2}\,\frac{qE}{m}\,t^2\ [\mathrm{m}], \quad v_x = \frac{qE}{m}\,t\ [\mathrm{m/s}]$$

と求まる．ただし，$t = 0$ のとき，$x = 0$, $v_x = 0$ を用いた． Step5 初期位置から距離 d だけ移動したときの時刻を求める．

$$d = \frac{1}{2}\,\frac{qE}{m}\,t^2\ [\mathrm{m}]$$

を t について解いて

$$t = \sqrt{\frac{2md}{qE}}\ [\mathrm{s}]$$

Step6 初期位置から d だけ移動したときの速度を求める．速度の式に，上で求めた $t = \sqrt{\frac{2md}{qE}}$ を代入して

$$v_x = \frac{qE}{m}\sqrt{\frac{2md}{qE}} = \sqrt{\frac{2qEd}{m}}\ [\mathrm{m/s}]$$

(Step7) 運動エネルギーの変化 ΔK を求める．

$$\Delta K = \frac{1}{2}m\left(\sqrt{\frac{2qEd}{m}}\right)^2 - \frac{1}{2}m\cdot 0^2 = qEd \text{ [J]}$$

2.5 (Step1) 静電気力と重力の合力の大きさ F を求める．

$$\sqrt{(mg)^2+(qE)^2} = m\sqrt{g^2+\left(\frac{qE}{m}\right)^2} \text{ [N]}$$

(Step2) この運動は重力加速度 $\sqrt{g^2+\left(\frac{qE}{m}\right)^2}$ の重力が働く場合の単振り子と同じだと考えることができる．単振り子の周期の式 $T=2\pi\sqrt{\frac{l}{g}}$ の g を $\sqrt{g^2+\left(\frac{qE}{m}\right)^2}$ に置き換えて，この単振り子の周期 T を求める．

$$T = 2\pi\sqrt{\frac{l}{\sqrt{g^2+\left(\frac{qE}{m}\right)^2}}} \text{ [s]}$$

2.6 (Step1) 半径 a の円に内接する正 n 角形の 1 辺の長さ，周の長さ，辺の中点から P までの距離を求める．1 辺の長さ $2a\sin(\frac{\pi}{n})$ [m]，周の長さ $2na\sin(\frac{\pi}{n})$ [m]，辺の中点から P までの距離 $\sqrt{z^2+\{a\cos(\frac{\pi}{n})\}^2}$ [m]． (Step2) 線電荷密度 λ を求める．$\lambda = \frac{Q}{2na\sin(\frac{\pi}{n})}$ [C/m]．
(Step3) 1 辺の電荷が P につくる電場 $\boldsymbol{E}_1$ を求める．基本例題メニュー 2.3 より

$$E_1 = \frac{kQ}{n\sqrt{z^2+\{a\cos(\frac{\pi}{n})\}^2}\sqrt{\{a\sin(\frac{\pi}{n})\}^2+z^2+\{a\cos(\frac{\pi}{n})\}^2}}$$
$$= \frac{kQ}{n\sqrt{z^2+\{a\cos(\frac{\pi}{n})\}^2}\sqrt{z^2+a^2}} \text{ [N/C]}$$

であり，辺の中点から P へ向かう向きである． (Step4) 対称性より合成電場の円に平行な成分は打ち消し合うために 0 になるので，$\boldsymbol{E}_1$ の円に垂直な成分を求める．

$$(E_1)_\perp = E_1 \times \frac{z}{\sqrt{z^2+\{a\cos(\frac{\pi}{n})\}^2}} = \frac{kQz}{n[z^2+\{a\cos(\frac{\pi}{n})\}^2]\sqrt{z^2+a^2}} \text{ [N/C]}$$

(Step5) 全ての辺の電荷が P につくる合成電場 $\boldsymbol{E}$ を求める．それぞれの辺の電荷が P につくる電場の円に垂直な成分は等しいので

$$E = n(E_1)_\perp = \frac{kQz}{[z^2+\{a\cos(\frac{\pi}{n})\}^2]\sqrt{z^2+a^2}} \text{ [N/C]}$$

$n\to\infty$ では $\cos(\frac{\pi}{n})\to 1$ であるから $E=\frac{kQz}{(z^2+a^2)^{3/2}}$ [N/C] となり，実践例題メニュー 2.4 の結果と一致する．

2.7 (Step1) $+\lambda$ の直線導線が P につくる電場 $\boldsymbol{E}_+$ を求める．基本例題メニュー 2.3 の導線が長い極限を考えればよい．したがって，$E_+ = \frac{2k\lambda}{r}$ [N/C] であり，$+\lambda$ の導線に垂直で遠

ざかる向きとなる．Step2 $-\lambda$ の直線導線が P につくる電場 $\boldsymbol{E}_-$ を求める．求める位置の，$-\lambda$ の直線導線からの距離は $d-r$ だから，$E_- = \frac{2k\lambda}{d-r}$ [N/C] であり，$-\lambda$ の導線に垂直で近づく向きとなる．Step3 $+\lambda$ の導線から r だけ離れた位置の，2 つの導線がつくる合成電場 $\boldsymbol{E}$ を求める．

$$E = E_+ + E_- = 2k\lambda\left(\frac{1}{r} + \frac{1}{d-r}\right) = 2k\lambda\,\frac{d}{r(d-r)}\ \text{[N/C]}$$

であり，$+\lambda$ から $-\lambda$ の導線に向かう向きとなる．$r \ll d$ のときには，$E = E_+$ となる（$-\lambda$ の電荷の影響は無視できる）．$r = 0, d$ で電場の大きさは ∞ となる．$r = \frac{d}{2}$ のときに，最小値 $E = \frac{8k\lambda}{d}$ となる．

2.8 Step1 図 (a) のように円板を円環に分割して考え，中心から r [m] の位置にある微小な幅 dr [m] の 1 つの円環が P につくる電場 $d\boldsymbol{E}$ を求める．中心から r の位置にある幅 dr の円環上の電気量は $\sigma \times 2\pi r\,dr$ であるから，実践例題メニュー 2.4 より

$$dE = \frac{2\pi k\sigma zr\,dr}{(z^2+r^2)^{\frac{3}{2}}}\ \text{[N/C]}$$

であり，円環から遠ざかる向きになる．

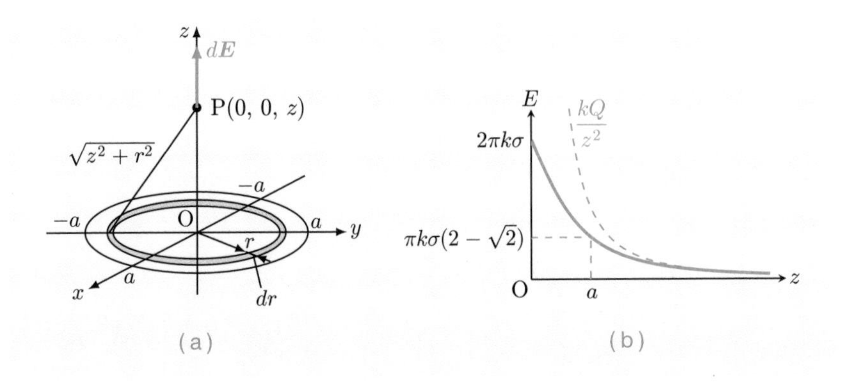

(a) (b)

Step2 上で求めた式を r について 0 から a まで積分して，円板全体のつくる合成電場 $\boldsymbol{E}$ を求める．合成電場の大きさ E は

$$E = \int_{r=0}^{r=a} dE = \pi k\sigma z \int_0^a \frac{2r\,dr}{(z^2+r^2)^{\frac{3}{2}}}\ \text{[N/C]} \tag{a}$$

より求められる．ここで，$u = z^2 + r^2$ と置いて置換積分をする．$\frac{du}{dr} = 2r$ であるから

$$E = \pi k\sigma z \int_{z^2}^{z^2+a^2} \frac{du}{u^{\frac{3}{2}}} = -2\pi k\sigma z\left[\frac{1}{u^{\frac{1}{2}}}\right]_{z^2}^{z^2+a^2} = 2\pi k\sigma\left(1 - \frac{z}{\sqrt{z^2+a^2}}\right)\ \text{[N/C]}$$

であり，z 軸の正の向きになる．E の r 依存性は図 (b) のようになる．ここで，円板が十分に大きい極限 $a \to \infty$ を考えると，$E = 2\pi k\sigma$ [N/C] となり，電場の大きさは円板からの距離に依存しなくなる．これは，問題 2.19 で電場に関するガウスの法則を用いて解く．一方

で，z が大きいときには，上式の括弧の中の第2項を2項展開近似 $\frac{z}{\sqrt{z^2+a^2}} \fallingdotseq 1-\frac{a^2}{2z^2}$ をして，$\sigma=\frac{Q}{\pi a^2}$ [C/m^2] を代入すれば点電荷のつくる電場と一致する．

2.9 (Step1) $+\sigma$ の円板がPにつくる電場 $\boldsymbol{E}_+$ を求める．前問より，大きさは

$$E_+ = 2\pi k\sigma\left(1-\frac{z}{\sqrt{z^2+a^2}}\right) \text{ [N/C]}$$

であり，向きは円板に垂直で，$+\sigma$ から $-\sigma$ の円板の向きである． (Step2) $-\sigma$ の円板がPにつくる電場 $\boldsymbol{E}_-$ を求める．同様に，大きさは

$$E_- = 2\pi k\sigma\left\{1-\frac{d-z}{\sqrt{(d-z)^2+a^2}}\right\} \text{ [N/C]}$$

であり，円板に垂直で，$+\sigma$ から $-\sigma$ の円板の向きである． (Step3) 2つの円板がPにつくる合成電場 $\boldsymbol{E}$ を求める．

$$E = E_+ + E_- = 2\pi k\sigma\left\{2-\frac{z}{\sqrt{z^2+a^2}}-\frac{d-z}{\sqrt{(d-z)^2+a^2}}\right\} \text{ [N/C]}$$

であり，円板に垂直で，$+\sigma$ から $-\sigma$ の円板の向きである．特に，$a \gg d$ のときには $E = 4\pi k\sigma$ [N/C] となる．これは，問題 2.20 で電場に関するガウスの法則を用いて解く．

2.10 (Step1) 半径 a [m] の円環がPにつくる電場 $\boldsymbol{E}_a$ を求める．実践例題メニュー 2.4 より

$$E_a = \frac{kQz}{(z^2+a^2)^{\frac{3}{2}}} \text{ [N/C]}$$

であり，軸に平行で円環から遠ざかる向きである． (Step2) 半径 b [m] の円環が点Pにつくる電場 $\boldsymbol{E}_b$ を求める．同様に

$$E_b = \frac{kQz}{(z^2+b^2)^{\frac{3}{2}}} \text{ [N/C]}$$

であり，軸に平行で円環に近づく向きである． (Step3) 2つの円環がつくる合成電場 $\boldsymbol{E}$ を求める．向きに注意して合成すれば

$$E = E_a - E_b = \frac{kQz}{(z^2+a^2)^{\frac{3}{2}}} - \frac{kQz}{(z^2+b^2)^{\frac{3}{2}}}$$

$$= kQz\left\{\frac{1}{(z^2+a^2)^{\frac{3}{2}}}-\frac{1}{(z^2+b^2)^{\frac{3}{2}}}\right\} \text{ [N/C]}$$

であり，軸に平行で円環から遠ざかる向きである．

2.11 (Step1) 重ね合わせの原理より，穴の空いた円板を2つの円板に分ける．電荷密度 σ [C/m^2] で電荷が一様に分布したOを中心とする半径 b [m] の円板と，電荷密度 $-\sigma$ [C/m^2] で電荷が一様に分布したOを中心とする半径 a [m] の円板の重ね合わせと考えられる． (Step2) 半径 b の円板が点Pにつくる電場 $\boldsymbol{E}_b$ を求める．問題 2.8 より

$$E_b = 2\pi k\sigma\left(1-\frac{z}{\sqrt{z^2+b^2}}\right) \text{ [N/C]}$$

であり，軸に平行で円板から遠ざかる向きである． (Step3) 半径 a の円板が点 P につくる電場 $\boldsymbol{E}_a$ を求める．同様に

$$E_a = 2\pi k\sigma\left(1 - \frac{z}{\sqrt{z^2+a^2}}\right) \ \text{[N/C]}$$

であり，軸に平行で円板に近づく向きになる． (Step4) 2 つの円板がつくる合成電場 $\boldsymbol{E}$ を求める．向きに注意して合成すれば

$$E = E_b - E_a = 2\pi k\sigma\left(1 - \frac{z}{\sqrt{z^2+b^2}}\right) - 2\pi k\sigma\left(1 - \frac{z}{\sqrt{z^2+a^2}}\right)$$

$$= 2\pi k\sigma z\left(\frac{1}{\sqrt{z^2+a^2}} - \frac{1}{\sqrt{z^2+b^2}}\right) \ \text{[N/C]}$$

であり，軸に平行で円板から遠ざかる向きである．

別解　問題 2.8 の解答の式 (a) の積分範囲を a から b までにすることで求められる．

$$E = \int_a^b dE = \pi k\sigma z \int_a^b \frac{2r\,dr}{(z^2+r^2)^{\frac{3}{2}}} = \pi k\sigma z \int_{z^2+a^2}^{z^2+b^2} \frac{du}{u^{\frac{3}{2}}}$$

$$= -2\pi k\sigma z\left[\frac{1}{u^{\frac{1}{2}}}\right]_{z^2+a^2}^{z^2+b^2} = 2\pi k\sigma z\left(\frac{1}{\sqrt{z^2+a^2}} - \frac{1}{\sqrt{z^2+b^2}}\right) \ \text{[N/C]}$$

ただし，$u = z^2 + r^2$ である．

2.12 (Step1) 立方体全体を貫く電束の本数を求める．電場に関するガウスの法則によれば，閉曲面を貫く電束の正味の本数は内部に含まれる電気量であるから，$\Phi_{\mathrm{E}} = Q$ [C] である． (Step2) 1 つの面を貫く電束を求める．対称性より，全ての面を貫く電束は等しい．したがって，1 つの面を貫く電束は $\frac{\Phi_{\mathrm{E}}}{6} = \frac{Q}{6}$ [C] である．

2.13 電場に関するガウスの法則によれば，閉曲面を貫く電束の正味の本数は内部に含まれる電気量であるから，S_1 を貫く電束の本数は $q + 2q = 3q$ [C]，S_2 を貫く電束の本数は $q - q = 0$，S_3 を貫く電束の本数は 0 となる．

2.14 (Step1) 図のように導体の内側の表面には負電荷が誘起し，外側の表面には正電荷が誘起する．電場に関するガウスの法則により，内側の表面に誘起する負電荷を求める．図の破線のように，導体内部を通るように閉曲面 S を考える．導体内に電場があると，自由電子が静電気力を受けて運動する．したがって，電荷が静止している平衡状態では導体内部の電場は 0 になり，S を貫く電束が 0 になる．電場に関するガウスの法則より，S に含まれる全電荷は 0 になる．内側の表面に誘起する電荷を q' [C] とすると，$q + q' = 0$ より $q' = -q$ [C] と求まる． (Step2) 電荷保存則により，外側の表面に誘起する電荷を求める．電荷保存則により内側の表面に誘起した電荷と外側の表面に誘起する電荷の和は Q [C] になる．したがって，外側の表面に誘起する電荷は $Q + q$ [C] となる．

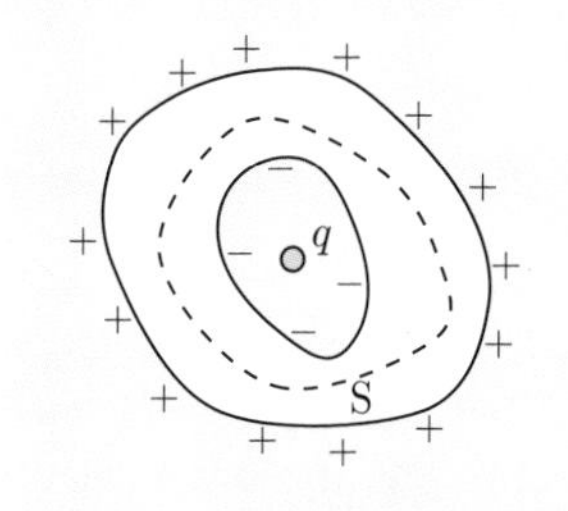

2.15 (Step1) 電場に関するガウスの法則により，誘電率 ε の空間に置かれた点電荷 Q [C] が，

点電荷から距離 r [m] だけ離れた位置につくる電場を求め，点電荷がつくる電場の式 (2.2) と比較する．閉曲面Sとして点電荷を中心とする半径 r の球面を考え，Sに含まれる電荷を求める．Sに含まれる電荷は Q である． Step2 対称性より，電束密度はS上の至るところで同じ大きさ，Sに垂直でSの内側から外側に向かう向きになる．電束密度を $\boldsymbol{D}$ [C/m^2] として，Sを貫く全電束 $\varPhi_{\mathrm{E}}$ を求める．$\varPhi_{\mathrm{E}} = \oint_{\mathrm{S}} \boldsymbol{D} \cdot d\boldsymbol{S} = D \times$ (球の表面積) $= 4\pi r^2 D$ [C]． Step3 電場に関するガウスの法則 (2.28) より，点電荷から距離 r だけ離れた位置の電束密度の大きさ D を求める．ガウスの法則より $4\pi r^2 D = Q$ が成り立つ．これより $D = \frac{Q}{4\pi r^2}$ [C/m^2]． Step4 $D = \varepsilon E$ より，点電荷から距離 r だけ離れた位置の電場の大きさ E を求める．その位置での電場の大きさ E は $E = \frac{Q}{4\pi\varepsilon r^2}$ [N/C]． Step5 上で求めた結果と，点電荷のつくる電場の式 (2.2) を比較する．$k = \frac{1}{4\pi\varepsilon}$ が確かめられる．

2.16 Step1 閉曲面Sとして，球と同心の半径 r [m] の球面を考え，Sに含まれる電荷を求める．図 (a), (b) のように考えれば，$r \geqq a$ の場合（図 (a)）は Q [C]，$r < a$ の場合（図 (b)）は $\frac{Qr^3}{a^3}$ となる． Step2 対称性より，電束密度はS上の至るところで同じ大きさ，Sに垂直でSの内側から外側に向かう向きになる．電束密度を $\boldsymbol{D}$ [C/m^2] として，Sを貫く全電束 $\varPhi_{\mathrm{E}}$ を求める．

$$\varPhi_{\mathrm{E}} = \oint_{\mathrm{S}} \boldsymbol{D} \cdot d\boldsymbol{S} = D \times (\text{半径 } r \text{ の球の表面積}) = D \times (4\pi r^2) = 4\pi r^2 D \text{ [C]}$$

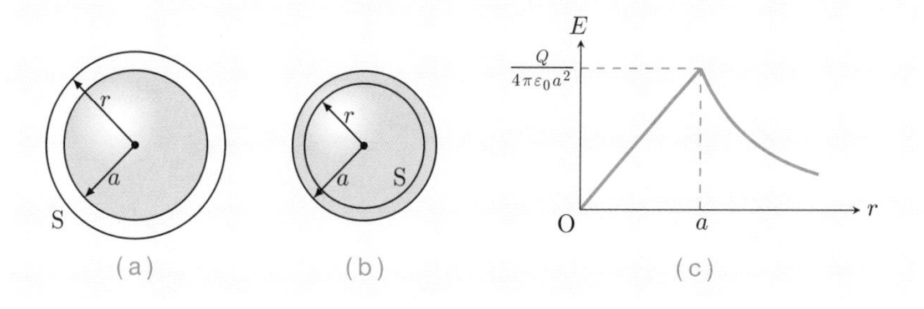

(a)　(b)　(c)

Step3 電場に関するガウスの法則 (2.28) より電束密度 $\boldsymbol{D}$ を求め，$\boldsymbol{D} = \varepsilon_0 \boldsymbol{E}$ より電場 $\boldsymbol{E}$ を求める．

$$4\pi r^2 D = \begin{cases} Q & (r \geqq a) \\ \frac{Qr^3}{a^3} & (r < a) \end{cases}$$

が成り立つので

$$D = \begin{cases} \frac{Q}{4\pi r^2} \text{ [C/m}^2\text{]} & (r \geqq a) \\ \frac{Qr}{4\pi a^3} \text{ [C/m}^2\text{]} & (r < a) \end{cases}, \quad E = \begin{cases} \frac{Q}{4\pi\varepsilon_0 r^2} \text{ [N/C]} & (r \geqq a) \\ \frac{Qr}{4\pi\varepsilon_0 a^3} \text{ [N/C]} & (r < a) \end{cases}$$

であり，共に球面に垂直で中心から遠ざかる向きである．E の r 依存性のグラフは図 (c) のようになる．

2.17 Step1 半径 a の球殻が，中心からの距離 r [m] の位置につくる電場 $\boldsymbol{E}_a$ を求める．実践例題メニュー 2.6 より

$$E_a = \begin{cases} \frac{Q}{4\pi\varepsilon_0 r^2} \text{ [N/C]} & (r \geqq a) \\ 0 & (r < a) \end{cases}$$

であり，球面に垂直で中心から遠ざかる向きになる． Step2 半径 b の球殻が，中心からの距離 r の位置につくる電場 $\boldsymbol{E}_b$ を求める．同様に

$$E_b = \begin{cases} \frac{Q}{4\pi\varepsilon_0 r^2} \text{ [N/C]} & (r \geqq b) \\ 0 & (r < b) \end{cases}$$

であり，球面に垂直で中心に近づく向きになる． Step3 重ね合わせの原理より，2 つの球殻のつくる合成電場 $\boldsymbol{E}$ を求める．向きに注意して合成すると

$$E = \begin{cases} 0 & (r \geqq b) \\ \frac{Q}{4\pi\varepsilon_0 r^2} \text{ [N/C]} & (b > r \geqq a) \\ 0 & (r < a) \end{cases}$$

であり，球面に垂直で，半径 a の球殻から半径 b の球殻への向きとなる（電束密度は $\boldsymbol{D} = \varepsilon_0 \boldsymbol{E}$ より求められる）．電場は 2 つの球面の間にのみ値をもつ．E の r 依存性のグラフは図 (a) のようになる．

別解　閉曲面 S として，図 (b) のように球と同心の半径 r の球面を考え，S に含まれる電荷を求めると，$Q - Q = 0$ $(r \geqq b)$, Q $(b > r \geqq a)$, 0 $(r < a)$ であるので，電場に関するガウスの法則 (2.28) より求めることができる．

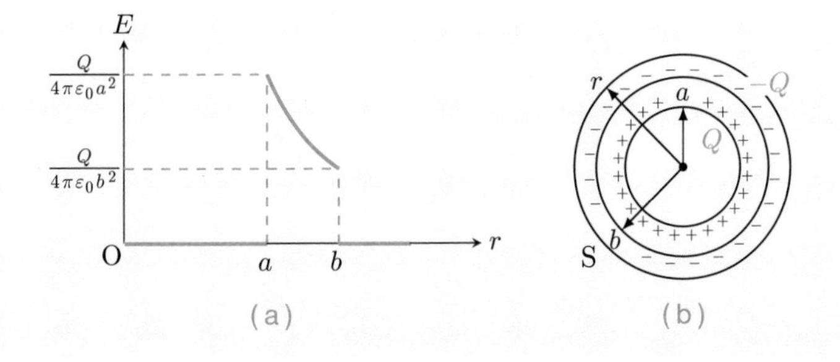

(a)　(b)

2.18 Step1 重ね合わせの原理より，中空の球を 2 つの球に分ける．電荷密度 ρ で電荷が一様に分布した半径 b の球と，電荷密度 $-\rho$ で電荷が一様に分布した半径 a の同心の球の重ね合わせと考えられる． Step2 電荷密度 ρ で電荷が一様に分布した半径 b の球が中心から距離 r の位置につくる電場 $\boldsymbol{E}_b$ を求める．問題 2.16 より

$$E_b = \begin{cases} \frac{\rho b^3}{3\varepsilon_0 r^2} \text{ [N/C]} & (r \geqq b) \\ \frac{\rho r}{3\varepsilon_0} \text{ [N/C]} & (r < b) \end{cases}$$

であり，球面に垂直で外向きになる． Step3 電荷密度 $-\rho$ で電荷が一様に分布した半径 a の球が中心から距離 r の位置につくる電場 $\boldsymbol{E}_a$ を求める．同様に

$$E_a = \begin{cases} \frac{\rho a^3}{3\varepsilon_0 r^2}\ [\mathrm{N/C}] & (r \geqq a) \\ \frac{\rho r}{3\varepsilon_0}\ [\mathrm{N/C}] & (r < a) \end{cases}$$

であり，球面に垂直で内向きになる． Step4 重ね合わせの原理より，中心から距離 r の位置の電場 $\boldsymbol{E}$ を求める．向きに注意して合成すると

$$E = E_b - E_a = \begin{cases} \frac{\rho}{3\varepsilon_0 r^2}(b^3 - a^3)\ [\mathrm{N/C}] & (r \geqq b) \\ \frac{\rho}{3\varepsilon_0}\left(r - \frac{a^3}{r^2}\right)\ [\mathrm{N/C}] & (b > r \geqq a) \\ 0 & (r < a) \end{cases}$$

であり，向きは球面に垂直で中心から遠ざかる向きになる（電束密度は $\boldsymbol{D} = \varepsilon_0 \boldsymbol{E}$ より求められる）．E の r 依存性のグラフは図 (a) のようになる．

別解 閉曲面 S として，図 (b) のように球と同心の半径 r の球面を考え，S に含まれる電荷を求めると，$\rho(\frac{4\pi b^3}{3} - \frac{4\pi a^3}{3})$ $(r \geqq b)$, $\rho(\frac{4\pi r^3}{3} - \frac{4\pi a^3}{3})$ $(b > r \geqq a)$, 0 $(r < a)$ であるので，電場に関するガウスの法則 (2.28) より求めることができる．

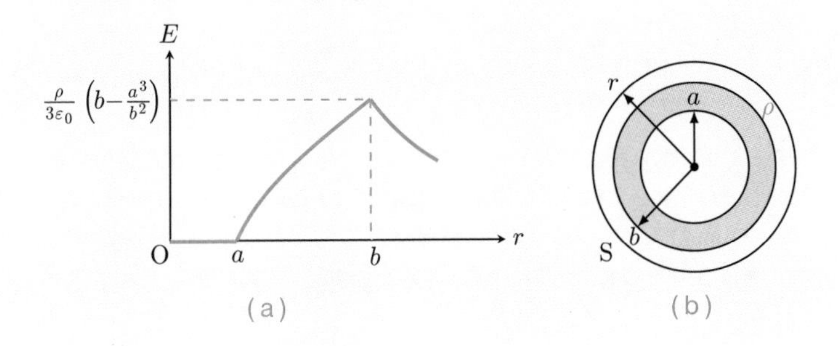

(a) (b)

2.19 Step1 閉曲面 S として，図のように軸が平面に垂直で平面によって 2 等分される底面積 A [m^2] の円筒面を考え，S に含まれる電荷を求める．S に含まれる電荷は，σA [C]． Step2 対称性より，電束密度は S の上底面および下底面の至るところで同じ大きさ，底面に垂直で

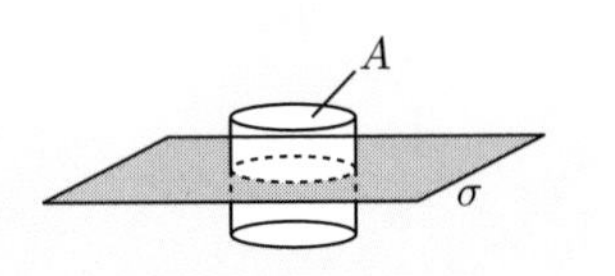

S の内側から外側に向かう向きになる．電束密度を $\boldsymbol{D}$ [C/m^2] として，S を貫く全電束 Φ_{E} を求める．S を貫く電束は上底面を貫く電束 $\Phi_{\text{上底面}}$ と下底面を貫く電束 $\Phi_{\text{下底面}}$ の和である．したがって，$\Phi_{\mathrm{E}} = \oint_{\mathrm{S}} \boldsymbol{D} \cdot d\boldsymbol{S} = \Phi_{\text{上底面}} + \Phi_{\text{下底面}} = DA + DA = 2DA$ [C].

Step3 電場に関するガウスの法則 (2.28) より，電束密度 $\boldsymbol{D}$ および電場 $\boldsymbol{E}$ を求める．$2DA = \sigma A$ であるので，$D = \frac{\sigma}{2}$ [C/m^2], $E = \frac{\sigma}{2\varepsilon_0}$ [N/C] であり，平面に垂直で平面から遠ざかる向きである．電場の大きさは平面からの距離に依らない．また，この結果は問題 2.8 で $a \to \infty$ としたものと一致する．

2.20 Step1 $+\sigma$ に帯電した平板がつくる電場 $\boldsymbol{E}_+$ を求める．問題 2.19 より $E_+ = \frac{\sigma}{2\varepsilon_0}$ [N/C] であり，平板に垂直で平板から遠ざかる向きになる． Step2 $-\sigma$ に帯電した平板がつくる電場 $\boldsymbol{E}_-$ を求める．同様に，$-\sigma$ に帯電した平板がつくる電場の大きさ E_- は $E_- =$

$\frac{\sigma}{2\varepsilon_0}$ [N/C] であり，平板に垂直で平板に近づく向きになる． Step3 重ね合わせの原理より，2 つの平板のつくる合成電場 $\boldsymbol{E}$ を求める．平板間は電場の向きが同じ向きになり，それ以外は逆向きになる．したがって，平板間では $E = \frac{\sigma}{\varepsilon_0}$ [N/C] であり，$+\sigma$ の平板から $-\sigma$ の平板に向かう向きになる．また，平板間以外では 0 になる（電束密度は $\boldsymbol{D} = \varepsilon_0 \boldsymbol{E}$ より求められる）．この結果は問題 2.9 で $a \to \infty$ としたものと一致する．

2.21 Step1 閉曲面 S として，図 (a) のように円筒軸と同軸の長さ l [m]，断面の半径 r [m] の円筒面を考え，S に含まれる電荷を求める．S に含まれる電荷は，$r \geqq a$ の場合は λl [C] であり，$r < a$ の場合は 0 である．

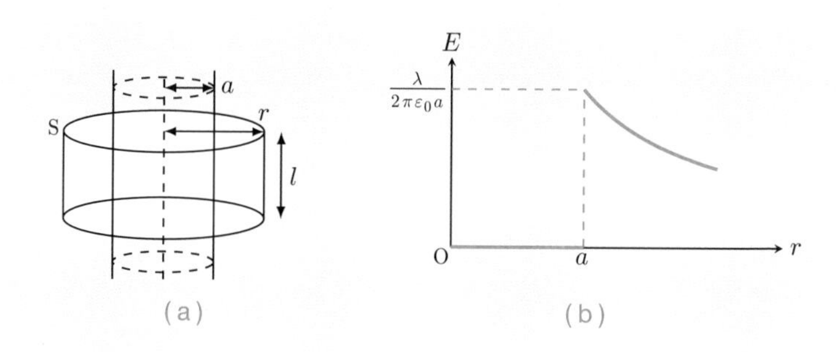

(a) (b)

Step2 対称性より，電束密度は S の側面の至るところで同じ大きさ，側面に垂直で S の内側から外側に向かう向きになる．電束密度の大きさを D [C/m^2] として，S を貫く全電束 Φ_{E} を求める．$\Phi_{\mathrm{E}} = \oint_{\mathrm{S}} \boldsymbol{D} \cdot d\boldsymbol{S} = D \times (S \text{ の側面積}) = 2\pi r l D$ [C]． Step3 電場に関するガウスの法則 (2.28) より電束密度 $\boldsymbol{D}$ を求め，$\boldsymbol{D} = \varepsilon_0 \boldsymbol{E}$ より電場 $\boldsymbol{E}$ を求める．

$$2\pi r l D = \begin{cases} \lambda l & (r \geqq a) \\ 0 & (r < a) \end{cases}$$

が成り立つので

$$D = \begin{cases} \frac{\lambda}{2\pi r}\ [\mathrm{C/m^2}] & (r \geqq a) \\ 0 & (r < a) \end{cases}, \quad E = \begin{cases} \frac{\lambda}{2\pi\varepsilon_0 r}\ [\mathrm{N/C}] & (r \geqq a) \\ 0 & (r < a) \end{cases}$$

であり，共に円筒側面に垂直で中心軸から遠ざかる向きである．E の r 依存性のグラフは図 (b) のようになる．

2.22 Step1 $+\lambda$ に帯電した円筒がつくる電場 $\boldsymbol{E}_+$ を求める．問題 2.21 より

$$E_+ = \begin{cases} \frac{\lambda}{2\pi\varepsilon_0 r}\ [\mathrm{N/C}] & (r \geqq a) \\ 0 & (r < a) \end{cases}$$

であり，円筒側面に垂直で中心軸から遠ざかる向きである． Step2 $-\lambda$ に帯電した円筒がつくる電場 $\boldsymbol{E}_-$ を求める．同様に

$$E_- = \begin{cases} \frac{\lambda}{2\pi\varepsilon_0 r}\ [\mathrm{N/C}] & (r \geqq b) \\ 0 & (r < b) \end{cases}$$

であり，円筒側面に垂直で円筒に近づく向きである．Step3 重ね合わせの原理より，2つの円筒のつくる合成電場 $\boldsymbol{E}$ を求める．向きに注意して合成すると，2つの円筒間で $E = \frac{\lambda}{2\pi\varepsilon_0 r}$ [N/C] であり，円筒側面に垂直で半径 a の円筒から半径 b の円筒に向かう向きになる．また，2つの円筒の間以外では電場は0になる（電束密度は $\boldsymbol{D} = \varepsilon_0 \boldsymbol{E}$ より求められる）．E の r 依存性のグラフは図(a)のようになる．

別解　閉曲面Sとして，図(b)のように円筒と同軸で断面の半径 r [m]，長さ l [m] の円筒面を考え，Sに含まれる電荷を求めると，0 ($r \geqq b$), λl ($b > r \geqq a$), 0 ($r < a$) であるので，電場に関するガウスの法則 (2.28) より求めることができる．

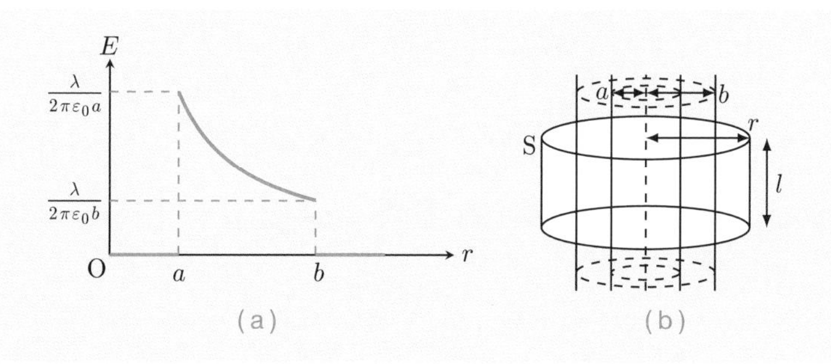

(a)　(b)

2.23 Step1 閉曲面Sとして，円柱軸と同軸の断面の半径 r [m]，長さ l [m] の円筒面を考え，Sに含まれる電荷を求める．Sに含まれる電荷は，$r \geqq a$ の場合 $\pi a^2 l\rho$ [C] であり，$r < a$ の場合 $\pi r^2 l\rho$ [C] である．Step2 対称性より，電束密度はSの側面の至るところで同じ大きさ，側面に垂直でSの内側から外側に向かう向きになる．電束密度を $\boldsymbol{D}$ [C/m^2] として，Sを貫く全電束 $\Phi_{\rm E}$ を求める．$\Phi_{\rm E} = \oint_{\rm S} \boldsymbol{D} \cdot d\boldsymbol{S} = D \times (\text{側面積}) = 2\pi r l D$ [C]．Step3 電場に関するガウスの法則 (2.28) より電束密度 $\boldsymbol{D}$ を求め，$\boldsymbol{D} = \varepsilon_0 \boldsymbol{E}$ より電場 $\boldsymbol{E}$ を求める．

$$2\pi r l D = \begin{cases} \pi a^2 l\rho & (r \geqq a) \\ \pi r^2 l\rho & (r < a) \end{cases}$$

が成り立つので

$$D = \begin{cases} \frac{\rho a^2}{2r}\ [\mathrm{C/m^2}] & (r \geqq a) \\ \frac{\rho r}{2}\ [\mathrm{C/m^2}] & (r < a) \end{cases}, \quad E = \begin{cases} \frac{\rho a^2}{2\varepsilon_0 r}\ [\mathrm{N/C}] & (r \geqq a) \\ \frac{\rho r}{2\varepsilon_0}\ [\mathrm{N/C}] & (r < a) \end{cases}$$

であり，共に円柱側面に垂直で中心軸から遠ざかる向きである．

2.24 Step1 重ね合わせの原理より，中空の円柱を2つの円柱に分ける．中空円柱は電荷密度 ρ [C/m^3] で電荷が一様に分布した底面の半径 b の円柱と電荷密度 $-\rho$ [C/m^3] で電荷が一様に分布した底面の半径 a の同軸の円柱の重ね合わせと考えられる．Step2 電荷密度 ρ で電荷が一様に分布した底面の半径 b の円柱のつくる電場 $\boldsymbol{E}_b$ を求める．問題 2.23 より

$$E_b = \begin{cases} \frac{\rho b^2}{2\varepsilon_0 r}\ [\mathrm{N/C}] & (r \geqq b) \\ \frac{\rho r}{2\varepsilon_0}\ [\mathrm{N/C}] & (r < b) \end{cases}$$

であり，円柱側面に垂直で中心軸から遠ざかる向きである．Step3 電荷密度 $-\rho$ [C/m^3] で電荷が一様に分布した底面の半径 a [m] の円柱のつくる電場 $\boldsymbol{E}_a$ を求める．同様に

$$E_a = \begin{cases} \frac{\rho a^2}{2\varepsilon_0 r} \text{ [N/C]} & (r \geqq a) \\ \frac{\rho r}{2\varepsilon_0} \text{ [N/C]} & (r < a) \end{cases}$$

であり，中心軸に垂直で中心軸に近づく向きである．Step4 重ね合わせの原理より，中空円柱のつくる電場 $\boldsymbol{E}$ を求める．向きに注意して合成すると

$$E = \begin{cases} \frac{\rho}{2\varepsilon_0}\left(\frac{b^2}{r} - \frac{a^2}{r}\right) \text{ [N/C]} & (r \geqq b) \\ \frac{\rho}{2\varepsilon_0}\left(r - \frac{a^2}{r}\right) \text{ [N/C]} & (b > r \geqq a) \\ 0 & (r < a) \end{cases}$$

であり，中心軸に垂直で中心軸から遠ざかる向きになる（電束密度は $\boldsymbol{D} = \varepsilon_0 \boldsymbol{E}$ より求められる）．

2.25 Step1 閉曲面 S として，球と同心の半径 r [m] の球面を考え，S に含まれる電荷を求める．$r < a$ の場合は

$$4\pi \int_0^r \rho(r) r^2\, dr = 4\pi A \int_0^r r^3\, dr = 4\pi A \left[\frac{1}{4} r^4\right]_0^r = \pi A r^4$$

$r \geqq a$ の場合は，上式に $r = a$ を代入して $\pi A a^4$ となる．Step2 対称性より，電束密度は S 上の至るところで同じ大きさ，S に垂直で S の内側から外側に向かう向きになる．電束密度を $\boldsymbol{D}$ [C/m^2] として，S を貫く全電束 Φ_{E} を求める．$\Phi_{\mathrm{E}} = \oint_{\mathrm{S}} \boldsymbol{D} \cdot d\boldsymbol{S} = D \times$ (半径 r の球の表面積) $= D \times (4\pi r^2) = 4\pi r^2 D$ [C]．Step3 電場に関するガウスの法則 (2.28) より電束密度 $\boldsymbol{D}$ を求め，$\boldsymbol{D} = \varepsilon_0 \boldsymbol{E}$ より電場 $\boldsymbol{E}$ を求める．

$$4\pi r^2 D = \begin{cases} \pi A a^4 & (r \geqq a) \\ \pi A r^4 & (r < a) \end{cases}$$

が成り立つので

$$D = \begin{cases} \frac{Aa^4}{4r^2} \text{ [C/m}^2\text{]} & (r \geqq a) \\ \frac{Ar^2}{4} \text{ [C/m}^2\text{]} & (r < a) \end{cases}, \quad E = \begin{cases} \frac{Aa^4}{4\varepsilon_0 r^2} \text{ [N/C]} & (r \geqq a) \\ \frac{Ar^2}{4\varepsilon_0} \text{ [N/C]} & (r < a) \end{cases}$$

であり，共に球面に垂直で中心から遠ざかる向きである．

第3章

3.1 Step1 はじめの位置から距離 d [m] だけ移動するまでのポテンシャルエネルギーの変化 ΔU を求める．はじめの位置から d だけ移動した位置の電位差を V とすると，$\Delta U = -qV$ [J] である．ここで，一様電場の場合，電場に沿った方向に d だけ離れた点の電位差は $V = Ed$ [V] と書けるので，$\Delta U = -qEd$ [J] となる．Step2 エネルギー保存則を用いて，はじめの位置から d [m] だけ移動したときの，運動エネルギーの変化 ΔK を求める．力学的エネルギー保存則は $\Delta K + \Delta U = 0$ となる．これより $\Delta K = -\Delta U = qEd$ [J] と求まる．Step3 d

だけ移動したときの粒子の速さ v を求める．初速が0である（静かに放した）ことを用いると

$$\Delta K = \frac{1}{2}mv^2 - \frac{1}{2}m \cdot 0^2 = qEd \text{ [J]}$$

これを v について解くと $v = \sqrt{\frac{2qEd}{m}}$ [m/s]．これらは問題 2.4 の結果と一致している．

3.2 (Step1) $+q$ の電荷が $\boldsymbol{r} = (x, y)$ の位置につくる電位を求める．$+q$ の電荷から $\boldsymbol{r}$ までの距離は $\sqrt{x^2 + (y - \frac{d}{2})^2}$ である．したがって，(3.3) より，$+q$ の電荷がつくる電位は

$$\phi_+ = \frac{q}{4\pi\varepsilon_0\sqrt{x^2 + (y - \frac{d}{2})^2}} \text{ [V]}$$

特に，$d \ll r$ のときには

$$\phi_+ = \frac{q}{4\pi\varepsilon_0\sqrt{x^2 + y^2 - yd + (\frac{d}{2})^2}} \fallingdotseq \frac{q}{4\pi\varepsilon_0\sqrt{x^2 + y^2 - yd}}$$

$$= \frac{q}{4\pi\varepsilon_0 r\sqrt{1 - \frac{yd}{r^2}}} \fallingdotseq \frac{q}{4\pi\varepsilon_0 r}\left(1 + \frac{yd}{2r^2}\right) \text{ [V]}$$

ただし，1つ目の近似では，d^2 の項を無視し，2つ目の近似で2項展開近似 $(1+x)^\alpha \fallingdotseq 1 + \alpha x$ を用いた．(Step2) $-q$ の電荷が $\boldsymbol{r}$ の位置につくる電位を求める．同様に

$$\phi_- = \frac{-q}{4\pi\varepsilon_0 r}\left(1 - \frac{yd}{2r^2}\right) \text{ [V]}$$

(Step3) 合成電位を求める．

$$\phi = \phi_+ + \phi_- = \frac{qyd}{4\pi\varepsilon_0 r^3} \text{ [V]}$$

$\boldsymbol{r}$ の y 軸となす角を θ とすれば $y = r\cos\theta$ であるから

$$\phi = \frac{qd\cos\theta}{4\pi\varepsilon_0 r^2} \text{ [V]}$$

と書くこともできる．(Step4) 電位を微分して電場を求める．

$$E_x = -\frac{\partial\phi}{\partial x} = -\frac{\partial}{\partial x}\left\{\frac{qyd}{4\pi\varepsilon_0(x^2 + y^2)^{\frac{3}{2}}}\right\} = \frac{3qdxy}{4\pi\varepsilon_0 r^5} \text{ [N/C]},$$

$$E_y = -\frac{\partial\phi}{\partial y} = -\frac{\partial}{\partial y}\left\{\frac{qyd}{4\pi\varepsilon_0(x^2 + y^2)^{\frac{3}{2}}}\right\} = -\frac{qd}{4\pi\varepsilon_0 r^3} + \frac{3qdy^2}{4\pi\varepsilon_0 r^5} \text{ [N/C]}$$

特に，$(0, r)$ の位置では

$$E_x = 0, \quad E_y = -\frac{qd}{4\pi\varepsilon_0 r^3} + \frac{3qdr^2}{4\pi\varepsilon_0 r^5} = \frac{qd}{2\pi\varepsilon_0 r^3} \text{ [N/C]}$$

となり，$(r, 0)$ の位置では

$$E_x = 0, \quad E_y = -\frac{qd}{4\pi\varepsilon_0 r^3} \text{ [N/C]}$$

となる．これらは基本例題メニュー 2.1，実践例題メニュー 2.2 の解答と一致している．

3.3 (Step1) 円環の微小長さ dl 部分が，P につくる電位 $d\phi$ を求める．dl 部分の電気量は $\lambda\, dl$ [C] であるから

$$d\phi = \frac{\lambda\, dl}{4\pi\varepsilon_0\sqrt{z^2+a^2}} \text{ [V]}$$

(Step2) 円環全体で電位を足し合わせて，P の電位を求める．

$$\phi = \int_0^{2\pi a} \frac{\lambda\, dl}{4\pi\varepsilon_0\sqrt{z^2+a^2}} = \frac{\lambda a}{2\varepsilon_0\sqrt{z^2+a^2}} \text{ [V]}$$

(Step3) P での電場 $\boldsymbol{E}$ を求める．対称性より，軸上の電場は円環の軸の方向で，円環から遠ざかる向きになる．そこで，z で微分をして

$$E_z = -\frac{\partial\phi}{\partial z} = \frac{\lambda a z}{2\varepsilon_0(z^2+a^2)^{\frac{3}{2}}} \text{ [N/C]}$$

となる．これは実践例題メニュー 2.4 の解答と一致している．

3.4 (Step1) 円板を，円環に分割して考え，中心から r [m] の位置にある幅 dr [m] の 1 つの円環が P につくる電位 $d\phi$ を求める．中心から r の位置にある幅 dr の円環上の電気量は $\sigma \times 2\pi r\, dr$ [C] であるから，$d\phi$ は，問題 3.3 より

$$d\phi = \frac{\sigma r\, dr}{2\varepsilon_0\sqrt{z^2+r^2}} \text{ [V]}$$

(Step2) 円板全体で電位を足し合わせて，円板全体のつくる電位 ϕ を求める．

$$\phi = \int_{r=0}^{r=a} d\phi = \frac{\sigma}{2\varepsilon_0}\int_0^a \frac{r\, dr}{\sqrt{z^2+r^2}}$$

であるが，$u = z^2 + r^2$ と置いて置換積分をする．$\frac{du}{dr} = 2r$ であるから

$$\phi = \frac{\sigma}{4\varepsilon_0}\int_{z^2}^{z^2+a^2} \frac{du}{\sqrt{u}} = \frac{\sigma}{2\varepsilon_0}\left[u^{\frac{1}{2}}\right]_{z^2}^{z^2+a^2} = \frac{\sigma}{2\varepsilon_0}\left(\sqrt{z^2+a^2} - z\right) \text{ [V]}$$

(Step3) P での電場 $\boldsymbol{E}$ を求める．対称性より，軸上の電場は円板の軸の方向で，円板から遠ざかる向きになる．そこで，z で微分をして

$$E_z = -\frac{\partial\phi}{\partial z} = -\frac{\partial}{\partial z}\left\{\frac{\sigma}{2\varepsilon_0}\left(\sqrt{z^2+a^2} - z\right)\right\} = \frac{\sigma}{2\varepsilon_0}\left(1 - \frac{z}{\sqrt{z^2+a^2}}\right) \text{ [N/C]}$$

となる．これは問題 2.8 の解答と一致している．

3.5 (Step1) 半径 a [m] の球内に一様に分布している電気量 Q [C] の電荷が球の中心から r の距離につくる電場 $\boldsymbol{E}$ を求める．問題 2.16 より

$$E = \begin{cases} \frac{Q}{4\pi\varepsilon_0 r^2} \text{ [N/C]} & (r \geqq a) \\ \frac{Qr}{4\pi\varepsilon_0 a^3} \text{ [N/C]} & (r < a) \end{cases}$$

であり，向きは球面に垂直で中心から遠ざかる向きになる． (Step2) 基準点から積分することで，電位を求める．電位は，静電気力に逆らって基準点からその位置まで運ぶのに要する

単位電気量当たりの仕事であるから，中心から距離 r の位置の電位は $r \geqq a$ の場合は

$$\phi = -\int_{\infty}^{r} E(r)\,dr = -\int_{\infty}^{r} \frac{Q}{4\pi\varepsilon_0 r^2}\,dr = \frac{Q}{4\pi\varepsilon_0}\left[\frac{1}{r}\right]_{\infty}^{r} = \frac{Q}{4\pi\varepsilon_0 r}\ \mathrm{[V]}$$

$r < a$ の場合は，積分区間を ∞ から a までと a から r までに分けて積分を行う．

$$\begin{aligned}\phi &= -\int_{\infty}^{r} E(r)\,dr = -\int_{\infty}^{a} \frac{Q}{4\pi\varepsilon_0 r^2}\,dr - \int_{a}^{r} \frac{Qr}{4\pi\varepsilon_0 a^3}\,dr \\ &= -\frac{Q}{4\pi\varepsilon_0}\left(\left[-\frac{1}{r}\right]_{\infty}^{a} + \left[\frac{r^2}{2a^3}\right]_{a}^{r}\right) = \frac{Q}{8\pi\varepsilon_0 a}\left(3 - \frac{r^2}{a^2}\right)\ \mathrm{[V]}\end{aligned}$$

ϕ の r 依存性のグラフを描くと，図のようになる．

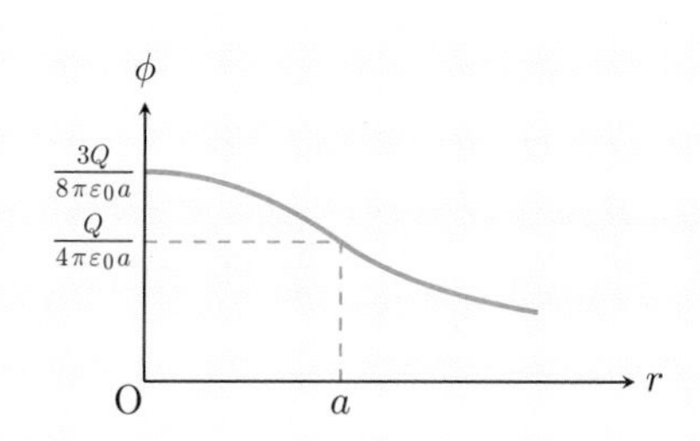

3.6 Step1 半径 a の球殻上に分布した電荷のつくる球殻上の電位を求める．実践例題メニュー 3.2 より，半径 a の球殻上に分布した電荷のつくる電位は半径 b の球殻上では $\frac{Q}{4\pi\varepsilon_0 b}$ [V]，半径 a の球殻上では $\frac{Q}{4\pi\varepsilon_0 a}$ [V] である． Step2 半径 b の球殻上に分布した電荷のつくる球殻上の電位を求める．同様に半径 b の球殻上に分布した電荷のつくる電位は半径 b の球殻上でも半径 a の球殻上でも $\frac{Q}{4\pi\varepsilon_0 b}$ である． Step3 2 つの球殻の電位差を求める．電位の重ね合わせの原理より，2 つの球殻上に分布した電荷のつくる電位は半径 b の球殻上では $\frac{Q}{4\pi\varepsilon_0 b} + \frac{Q}{4\pi\varepsilon_0 b}$ [V]，半径 a の球殻上では $\frac{Q}{4\pi\varepsilon_0 a} + \frac{Q}{4\pi\varepsilon_0 b}$ [V] である．2 つの球殻の合成電位は半径 b より半径 a の球殻の方が高く，電位差は次のようになる．

$$V = \frac{Q}{4\pi\varepsilon_0}\left(\frac{1}{a} + \frac{1}{b} - \frac{1}{b} - \frac{1}{b}\right) = \frac{Q}{4\pi\varepsilon_0}\left(\frac{1}{a} - \frac{1}{b}\right)\ \mathrm{[V]}$$

別解 問題 2.17 より，半径 a の球殻と b の球殻のつくる合成電場 $\boldsymbol{E}$ は

$$E = \begin{cases} 0 & (r \geqq b) \\ \frac{Q}{4\pi\varepsilon_0 r^2}\ \mathrm{[N/C]} & (b > r \geqq a) \\ 0 & (r < a) \end{cases}$$

であり，向きは球殻に垂直で中心から遠ざかる向きである．したがって，2 つの球殻の電位差は

$$V = \int_{a}^{b} \frac{Q}{4\pi\varepsilon_0 r^2}\,dr = -\frac{Q}{4\pi\varepsilon_0}\left[\frac{1}{r}\right]_{a}^{b} = \frac{Q}{4\pi\varepsilon_0}\left(\frac{1}{a} - \frac{1}{b}\right)\ \mathrm{[N/C]}$$

3

3.7 (Step1) 2つの円筒がつくる合成電場を求める．問題 2.22 より，2つの円筒がつくる合成電場 $\boldsymbol{E}$ は

$$E = \begin{cases} 0 & (r \geqq b) \\ \frac{\lambda}{2\pi\varepsilon_0 r}\ [\mathrm{N/C}] & (b > r \geqq a) \\ 0 & (r < a) \end{cases}$$

であり，中心軸に垂直で中心軸から遠ざかる向きである． (Step2) 2つの円筒の電位差を求める．

$$V = \int_b^a \left(-\frac{\lambda}{2\pi\varepsilon_0 r}\right) dr = \frac{\lambda}{2\pi\varepsilon_0}\left[-\ln r\right]_b^a = \frac{\lambda}{2\pi\varepsilon_0}\ln\frac{b}{a}\ [\mathrm{V}]$$

ここで，$\ln(x)$ は，自然対数（底がネイピア数 e の対数関数 $\log_e(x)$ である）．

3.8 (Step1) 一般的な形状の導体を計算するのは難しいので，ここでは孤立した導体として図のような導線で繋がれた半径 r_1 [m], r_2 [m] の導体球 1, 2 を考える．ただし，2つの導体球は十分に離れており，また，導線に分布した電荷は無視できるものとする．このとき，導体球 1, 2 にはそれぞれ面電荷密度 σ_1 [C/m^2], σ_2 [C/m^2] で一様に電荷が分布しているとして，導体球表面の電位 V_1, V_2 を求める．導体球 1, 2 の電気量はそれぞれ $Q_1 = 4\pi {r_1}^2 \sigma_1$ [C], $Q_2 = 4\pi {r_2}^2 \sigma_2$ [C] であるから

$$V_1 = \frac{Q_1}{4\pi\varepsilon_0 r_1} = \frac{r_1\sigma_1}{\varepsilon_0}\ [\mathrm{V}], \quad V_2 = \frac{Q_2}{4\pi\varepsilon_0 r_2} = \frac{r_2\sigma_2}{\varepsilon_0}\ [\mathrm{V}]$$

(Step2) 平衡状態では，導体表面の電位は等しくなる．このことから電荷密度の比 $\frac{\sigma_1}{\sigma_2}$ を求める．$V_1 = V_2$ より，$\frac{\sigma_1}{\sigma_2} = \frac{r_2}{r_1}$ となる．したがって，曲率半径が小さいほど電荷分布の大きさは大きくなる．なお，いまは図のような特別な形状を考えたが，一般的に曲率半径が小さいほど電荷分布の大きさは大きくなる傾向にある．

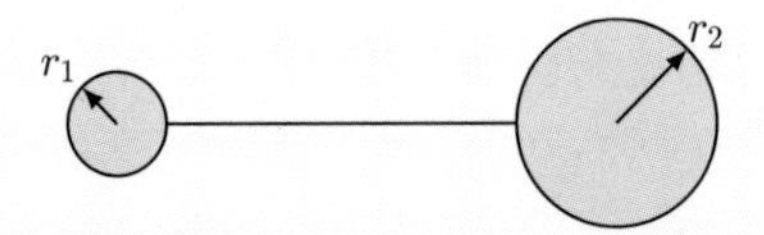

3.9 (Step1) 平行平板コンデンサの2つの極板にそれぞれ，Q [C], $-Q$ [C]（$Q > 0$）の電荷が帯電していたとして，極板間の電場を求める．極板に電荷が一様に分布していたとすると，面電荷密度は，それぞれ

$$\sigma = \frac{Q}{S}\ [\mathrm{C/m^2}], \quad -\sigma = -\frac{Q}{S}\ [\mathrm{C/m^2}]$$

である．したがって，問題 2.20 より，極板間の電場 $\boldsymbol{E}$ は

$$E = \frac{\sigma}{\varepsilon} = \frac{Q}{\varepsilon S}\ [\mathrm{N/C}]$$

であり，極板に垂直で正の極板から負の極板の向きである．ただし，ε [F/m] は極板間の媒質の誘電率である． (Step2) 極板間の電位差 V を求める（基本例題メニュー 3.1）．負の極

板の位置を原点として，極板に鉛直で正の極板の向きを x 軸とすると

$$V = \int_0^d \frac{Q}{\varepsilon S}\,dx = \frac{Qd}{\varepsilon S}\ [\mathrm{V}]$$

Step3 蓄えられた電荷と極板間の電位差の式 $Q = CV$ と比較して，C を求める．上で得られた式を変形すると $Q = \frac{\varepsilon S}{d}V$ [C] となり，$C = \frac{\varepsilon S}{d}$ [F] と求まる．

3.10 Step1 半径 a [m] の球殻に Q [C]（$Q > 0$），b [m] の球殻に $-Q$ [C] の電荷を与えたときの2つの球殻の電位差を求める．問題 3.6 より，2つの球殻の電位差 V は

$$V = \frac{Q}{4\pi\varepsilon_0}\left(\frac{1}{a} - \frac{1}{b}\right)\ [\mathrm{V}]$$

Step2 $Q = CV$ より，同心球形コンデンサの電気容量を求める．

$$C = \frac{Q}{V} = \frac{4\pi\varepsilon_0 ab}{b - a}\ [\mathrm{F}]$$

3.11 Step1 断面の半径 a [m] の円筒に単位長さ当たり λ [C/m]（$\lambda > 0$），b [m] の円筒に単位長さ当たり $-\lambda$ [C/m] の電荷を与えたときの2つの円筒の電位差を求める．問題 3.7 より，2つの円筒の電位差 V は

$$V = \frac{\lambda}{2\pi\varepsilon_0}\ln\left(\frac{b}{a}\right)\ [\mathrm{V}]$$

となる． Step2 $\lambda = CV$ より，単位長さ当たりの電気容量 C を求める．

$$C = \frac{\lambda}{V} = \frac{2\pi\varepsilon_0}{\ln\left(\frac{b}{a}\right)}\ [\mathrm{F/m}]$$

3.12 Step1 電気量 Q [C] が蓄えられているときの，極板間が真空で，面積 S [m^2]，極板間隔 d [m] のコンデンサに蓄えられているエネルギー U_{E} を求める．$C = \frac{\varepsilon_0 S}{d}$ より

$$U_{\mathrm{E}} = \frac{1}{2}\frac{Q^2}{C} = \frac{1}{2}\frac{Q^2 d}{\varepsilon_0 S}\ [\mathrm{J}]$$

Step2 コンデンサの極板間隔だけを $d \to d + \Delta d$ [m] と広げたときにコンデンサに蓄えられるエネルギー U'_{E} を求める．

$$U'_{\mathrm{E}} = \frac{1}{2}\frac{Q^2(d + \Delta d)}{\varepsilon_0 S}\ [\mathrm{J}]$$

Step3 極板間に働く力の大きさは，極板間隔を広げたときのエネルギーの変化を ΔU_{E} $(= E' - E)$ [J] とすると，

$$F = \left|-\lim_{\Delta d \to 0}\frac{\Delta U_{\mathrm{E}}}{\Delta d}\right|$$

で求められる．これより，極板間に働く力 $\boldsymbol{F}$ を求める．

$$\Delta U_{\mathrm{E}} = \frac{1}{2}\frac{Q^2 \Delta d}{\varepsilon_0 S}\ [\mathrm{J}]$$

であるから

$$F = \frac{1}{2}\frac{Q^2}{\varepsilon_0 S} \text{ [N]}$$

である．また，間隔を広げると蓄えられるエネルギーが大きくなるので，力は極板間隔を縮める向きになる．

3.13 (a) 直列接続したとき，1 つのコンデンサの電気容量を C [F] として，合成容量を求める．

$$\frac{1}{C_{合成}} = \frac{1}{C} + \frac{1}{C} + \cdots = \frac{n}{C} \text{ [1/F]}$$

したがって，電気容量は $\frac{1}{n}$ になる．

(b) 並列接続したとき，1 つのコンデンサの電気容量を C [F] として，合成容量を求める．

$$C_{合成} = C + C + \cdots = nC \text{ [F]}$$

したがって，電気容量は n 倍になる．これらの結果は，直列に接続することは極板間隔を大きくしていることに，並列に接続することは極板面積を大きくしていることに対応すると考えると，理解しやすい．

3.14 Step1 図 (a) の等価回路を考え，2 つのコンデンサの合成容量 C_1 を求める．電気容量 C の 2 つのコンデンサの直列接続であるから $C_1 = \frac{C}{2}$ [F]． Step2 図 (b) の等価回路を考え，合成容量 C_2 を求める．C_1 と C の並列接続であるから $C_2 = C_1 + C = \frac{3C}{2}$ [F]． Step3 図 (c) の等価回路を考え，合成容量 C_3 を求める．C_2 と C の直列接続であるから $C_3 = \frac{CC_2}{C+C_2} = \frac{3C}{5}$ [F]． Step4 図 (d) の等価回路を考え，合成容量 C_4 を求める．C_3 と C の並列接続であるから $C_4 = C_3 + C = \frac{8C}{5}$ [F]． Step5 全体の合成容量 $C_{合成}$ を求め

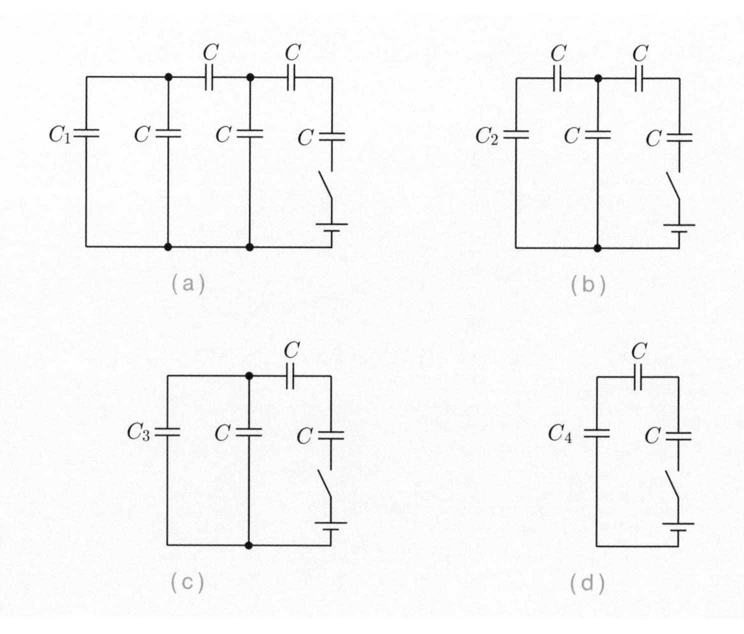

る．C_4 と2つの C の直列接続だから

$$C_{合成} = \frac{\frac{C}{2}C_4}{\frac{C}{2}+C_4} = \frac{8C}{21}\ [\mathrm{F}]$$

3.15 Step1 このコンデンサに電池をつないだ場合の等価回路として，図のような回路を考え，それぞれの電気容量 C_1, C_2, C_3 を求める．正の極板から，挿入した誘電体までの距離を x [m] $(0 < x < \frac{d}{2})$ とすると，それぞれの電気容量は次のようになる．

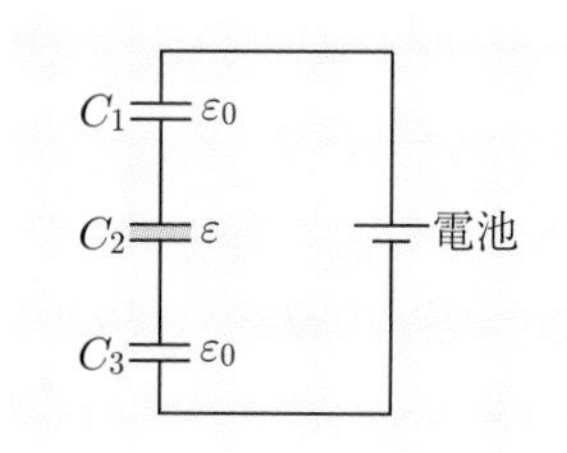

$$C_1 = \frac{\varepsilon_0 S}{x}\ [\mathrm{F}],\quad C_2 = \frac{\varepsilon S}{\frac{d}{2}}\ [\mathrm{F}],\quad C_3 = \frac{\varepsilon S}{\frac{d}{2}-x}\ [\mathrm{F}]$$

Step2 この回路の合成容量 C を求める．

$$\frac{1}{C} = \frac{1}{C_1} + \frac{1}{C_2} + \frac{1}{C_3} = \frac{x}{\varepsilon_0 S} + \frac{\frac{d}{2}}{\varepsilon S} + \frac{\frac{d}{2}-x}{\varepsilon_0 S} = \frac{\frac{d}{2}}{\varepsilon_0 S} + \frac{\frac{d}{2}}{\varepsilon S} = \frac{d(\varepsilon+\varepsilon_0)}{2\varepsilon_0\varepsilon S}$$

であるから，$C = \frac{2\varepsilon_0\varepsilon S}{d(\varepsilon+\varepsilon_0)}$ [F] となり，C は x に依らなくなる．

Step3 蓄えられている電荷 Q を求める．$Q = CV$ より

$$Q = CV = \frac{2\varepsilon_0\varepsilon S}{d(\varepsilon+\varepsilon_0)} V\ [\mathrm{C}]$$

Step4 蓄えられている静電エネルギー E を求める．

$$U_\mathrm{E} = \frac{1}{2}CV^2 = \frac{\varepsilon_0\varepsilon S}{d(\varepsilon+\varepsilon_0)} V^2\ [\mathrm{J}]$$

3.16 Step1 スイッチをa側に入れると C_1 のみ充電される．十分に時間が経過したとき C_1 に蓄えられている電荷 Q および静電エネルギー U_E を求める．

$$Q = C_1 V = (1.0\times10^{-6}\ \mathrm{F})\times(6.0\ \mathrm{V}) = 6.0\times10^{-6}\ \mathrm{C} = 6.0\ \mu\mathrm{C},$$

$$U_\mathrm{E} = \frac{1}{2}C_1V^2 = \frac{1}{2}\times(1.0\times10^{-6}\ \mathrm{F})\times(6.0\ \mathrm{V})^2 = 18\times10^{-6}\ \mathrm{J} = 18\ \mu\mathrm{J}$$

Step2 スイッチをb側に入れると C_1 に蓄えられていた電荷の一部が C_2 に移動し，C_1 と C_2 の両端の電位差は等しくなる．このときの C_1 および C_2 の両端の電位差 V' を求める．C_1 と C_2 に蓄えられている電荷を Q_1, Q_2 とすると $Q_1 = C_1V'$ [C], $Q_2 = C_2V'$ [C] であり，また，電荷保存則より $Q = Q_1 + Q_2$ である．これらより，

$$V' = \frac{C_1V}{C_1+C_2} = \frac{(1.0\times10^{-6}\ \mathrm{F})\times(6.0\ \mathrm{V})}{(1.0\times10^{-6}\ \mathrm{F})+(1.5\times10^{-6}\ \mathrm{F})} = 2.4\ \mathrm{V}$$

Step3 スイッチをb側に入れたときに，C_1 と C_2 に蓄えられている静電エネルギーの総量 E' を求める．

$$U'_\mathrm{E} = \frac{1}{2}(C_1+C_2){V'}^2 = \frac{1}{2}(1.0\times10^{-6}\ \mathrm{F} + 1.5\times10^{-6}\ \mathrm{F})\times(2.4\ \mathrm{V})^2$$

$$= 7.2\times10^{-6}\ \mathrm{J} = 7.2\ \mu\mathrm{J}$$

Step4 C_1 と C_2 に蓄えられている静電エネルギーの総量の変化 $\Delta U_{\mathrm{E}} = U'_{\mathrm{E}} - U_{\mathrm{E}}$ を求める．

$$\Delta U_{\mathrm{E}} = 7.2\,\mu\mathrm{J} - 18\,\mu\mathrm{J} = -10.8\,\mu\mathrm{J} = -11\,\mu\mathrm{J}$$

スイッチを a から b に切り替えるとコンデンサに蓄えられる静電エネルギーは減少する．これは，電荷が移動する際に，回路図には描かれていないが，導線内にはわずかな抵抗や誘導リアクタンス（105 ページ参照）が存在するために，エネルギーが熱や電磁波のエネルギーへ変換されるからである．

3.17 (a) Step1 球の中心から r [m] の位置の電場 $\boldsymbol{E}$ を求める．実践例題メニュー 2.6 より，$r < a$ で $E = 0$，$r \geqq a$ で，$E = \frac{Q}{4\pi\varepsilon_0 r^2}$ [N/C]． Step2 球の中心から r [m] の位置の電場のエネルギー密度 u_{E} を求める．$r < a$ で $u_{\mathrm{E}} = 0$，$r \geqq a$ で $u_{\mathrm{E}} = \frac{1}{2}\varepsilon_0 E^2 = \frac{Q^2}{32\pi^2\varepsilon_0 r^4}$ [J/m^3]． Step3 空間全体で積分して，電場のエネルギー U_{E} を求める．半径 $r \sim r + dr$ の球殻に含まれるエネルギーは $dU_{\mathrm{E}} = u_{\mathrm{E}} \times (4\pi r^2)\,dr$ であるから

$$U_{\mathrm{E}} = \int_0^a 4\pi r^2 u_{\mathrm{E}}\,dr + \int_a^\infty 4\pi r^2 u_{\mathrm{E}}\,dr = \int_a^\infty \frac{Q^2}{8\pi\varepsilon_0 r^2}\,dr = \frac{1}{2}\left(\frac{Q^2}{4\pi\varepsilon_0 a}\right)\ \text{[J]}$$

別解　電気量 q の電荷が一様に帯電しているときの球上の電位は $V = \frac{q}{4\pi\varepsilon_0 a}$ [V] である．電気量 q の電荷が一様に帯電している導体球に電気量 dq だけさらに帯電させるには

$$dU_{\mathrm{E}} = V\,dq = \frac{q}{4\pi\varepsilon_0 a}\,dq$$

のエネルギーを必要とする．

$$U_{\mathrm{E}} = \int_{q=0}^{q=Q} V\,dq = \int_0^Q \frac{q}{4\pi\varepsilon_0 a}\,dq = \frac{1}{2}\left(\frac{Q^2}{4\pi\varepsilon_0 a}\right)\ \text{[J]}$$

(b) Step1 電子の質量を m_{e}，電気量を $-e$ とし，上で求めた電場のエネルギーが特殊相対性理論より得られる静止エネルギー $m_{\mathrm{e}}c^2$ に等しいとして式を立てる．ただし，因子 $\frac{1}{2}$ は電荷の分布の仕方によるもので（例えば球内に一様に分布している場合はこの因子は $\frac{3}{5}$ になる），通常は無視される．そこで，ここでも因子 $\frac{1}{2}$ は無視することにする．

$$\frac{e^2}{4\pi\varepsilon_0 a} = m_{\mathrm{e}}c^2$$

Step2 半径 a について解いて，古典電子半径を求める．

$$a = \frac{e^2}{4\pi\varepsilon_0 m_{\mathrm{e}}c^2}\ \text{[m]}$$

これらに値を入れて計算すると 2.8×10^{-15} m となる（もちろん，電子をこのようなモデルで扱うのは正しくはないが，電子の性質を表す物理量 m_{e}, e と，真空の性質を表す物理量 ε_0, c からなる長さの次元をもつ物理量なので，量子力学でもこの形が現れる）．

3.18 Step1 半径 a の球にだけ電気量 Q [C] の電荷が帯電していた場合の電場のエネルギー U_a を求める．問題 3.17(a) より

$$U_a = \frac{Q^2}{8\pi\varepsilon_0 a} \ [\mathrm{J}]$$

Step2 半径 b の球にだけ電気量 $-Q$ [C] の電荷が帯電していた場合の電場のエネルギー U_b を求める．

$$U_b = \frac{Q^2}{8\pi\varepsilon_0 b} \ [\mathrm{J}]$$

Step3 半径 a [m], b [m] の球に，それぞれ電気量 Q [C], $-Q$ [C] の電荷が帯電していた場合の電場のエネルギー U_{ab} を求める．

$$U_{ab} = \int_a^b \left(\frac{Q^2}{8\pi\varepsilon_0 r^2}\right) dr = \frac{Q^2}{8\pi\varepsilon_0}\left(\frac{1}{a} - \frac{1}{b}\right) \ [\mathrm{J}]$$

Step4 エネルギーについての重ね合わせの原理が成り立たないことを確かめる．

$$U_{ab} \neq U_a + U_b$$

であるから，電場のエネルギーについて重ね合わせの原理は成り立たない．これは，(3.23) が電場について線形（電場についての 1 次式）ではないからである．この状況は磁場のエネルギー (6.20) でも同じである．

第 4 章

4.1 Step1 キルヒホッフの法則を適用するループを描く（図の実線と破線）．

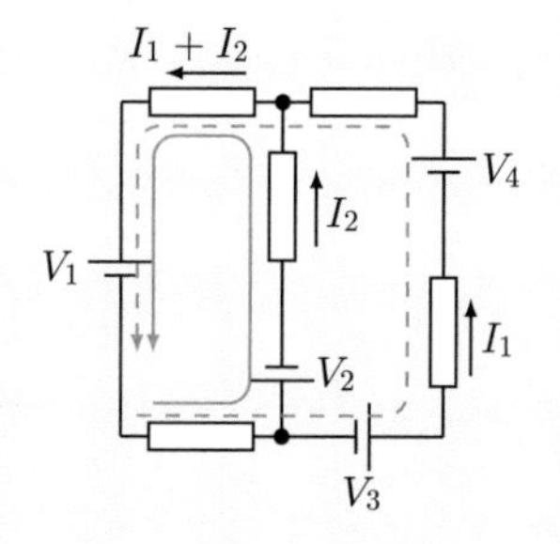

Step2 図のように右の抵抗を流れる電流を I_1 [A]，真ん中の抵抗を流れる電流を I_2 [A] として，各ループに対する起電力と電圧降下の関係式を立てる．

$$\begin{cases} \text{（実線）:} \quad 1.0 \times 10^3 I_2 + 2.0 \times 10^3 (I_1 + I_2) = -9.0 - 3.0 \\ \text{（破線）:} \quad 2.0 \times 10^3 I_1 + 2.0 \times 10^3 (I_1 + I_2) = 3.0 + 6.0 - 9.0 \end{cases}$$

Step3 上で立てた式を解いて電流を求める．上で立てた式を整理すると

$$\begin{cases} \text{（実線）:} \quad 2.0 \times 10^3 I_1 + 3.0 \times 10^3 I_2 = -12.0 \\ \text{（破線）:} \quad 4.0 \times 10^3 I_1 + 2.0 \times 10^3 I_2 = 0.0 \end{cases}$$

これらを連立して解くと，$I_1 = 3.0\times10^{-3}$ A $= 3.0$ mA, $I_2 = -6.0\times10^{-3}$ A $= -6.0$ mA となり，したがって，それぞれの抵抗を流れる電流は R_1, R_2 : 3.0 mA，R_3, R_4 : −3.0 mA，R_5 : −6.0 mA となる．負符号ははじめに設定した向きと逆向きに電流が流れていることを意味する．

4.2 Step1 キルヒホッフの法則を適用するループを描く（図の実線，破線，点線）．

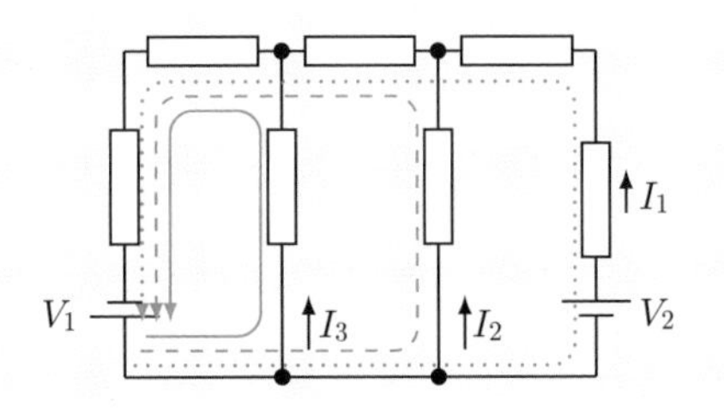

Step2 図のように右の電池から流れ出る電流を I_1 [A]，次の横桟を流れる電流を I_2 [A]，その隣の横桟を流れる電流を I_3 [A] として，各ループに対する起電力と電圧降下の関係式を立てる．

$$\begin{cases} (\text{実線}): & 1.0\times10^3 I_3 + 2.0\times10^3 (I_1+I_2+I_3) = 7.0 \\ (\text{破線}): & 1.0\times10^3 I_2 + 1.0\times10^3 (I_1+I_2) + 2.0\times10^3 (I_1+I_2+I_3) = 7.0 \\ (\text{点線}): & 2.0\times10^3 I_1 + 1.0\times10^3 (I_1+I_2) + 2.0\times10^3 (I_1+I_2+I_3) = 14.0 \end{cases}$$

Step3 上で立てた式を解いて電流を求める．上で立てた式を整理すると

$$\begin{cases} (\text{実線}): & 2.0\times10^3 I_1 + 2.0\times10^3 I_2 + 3.0\times10^3 I_3 = 7.0 \\ (\text{破線}): & 3.0\times10^3 I_1 + 4.0\times10^3 I_2 + 2.0\times10^3 I_3 = 7.0 \\ (\text{点線}): & 5.0\times10^3 I_1 + 3.0\times10^3 I_2 + 2.0\times10^3 I_3 = 14.0 \end{cases}$$

これらを連立して解くと，$I_1 = 3.0\times10^{-3}$ A $= 3.0$ mA, $I_2 = -1.0\times10^{-3}$ A $= -1.0$ mA, $I_3 = 1.0\times10^{-3}$ A $= 1.0$ mA となり，したがって，電池から流れ出る電流は，共に 3.0 mA となる．

4.3 Step1 キルヒホッフの法則を適用するループを描く（図の実線と破線）．

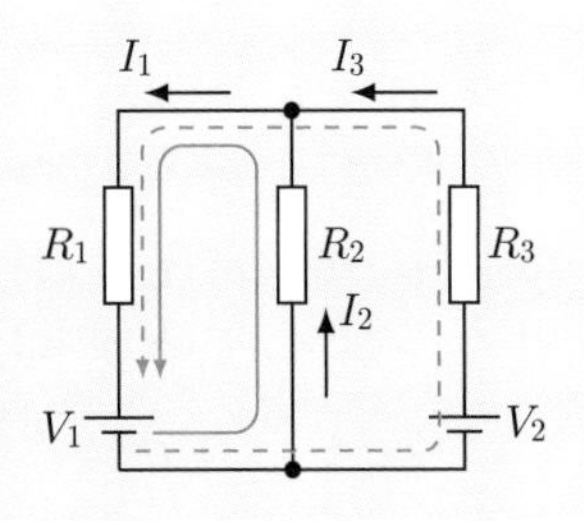

Step2 抵抗器の抵抗値を左から R_1, R_2, R_3 とし，キルヒホッフの第 1 法則より，それらを流れる電流 I_1 [A], I_2 [A], I_3 [A] の間の関係を求める．ループの矢印の向きを電流の向き

とすると

$$I_2 + I_3 = I_1$$

Step3 キルヒホッフの第2法則より，各ループに対する起電力と電圧降下の関係式を立てる．

$$\begin{cases} (\text{実線}): & R_1 I_1 + R_2 I_2 = -6.0 \\ (\text{破線}): & R_1 I_1 + R_3 I_3 = -6.0 + 3.0 \end{cases}$$

Step4 上で立てた式と $R_2 I_2 = -2.4\ \mathrm{V}$ であることを解いて，抵抗値の関係式を求める．

$$4 = \frac{R_2}{R_3} + \frac{6R_2}{R_1}$$

Step5 R_1，R_2，R_3 の値を求める．抵抗値が $1.0\ \mathrm{k\Omega}$ か $2.0\ \mathrm{k\Omega}$ のどちらかしかない場合，上の関係式を満たすのは $R_1 = 2.0\ \mathrm{k\Omega}$, $R_2 = R_3 = 1.0\ \mathrm{k\Omega}$ であることがわかる．

4.4 Step1 キルヒホッフの法則を適用するループを描く（図の実線，破線，点線）．

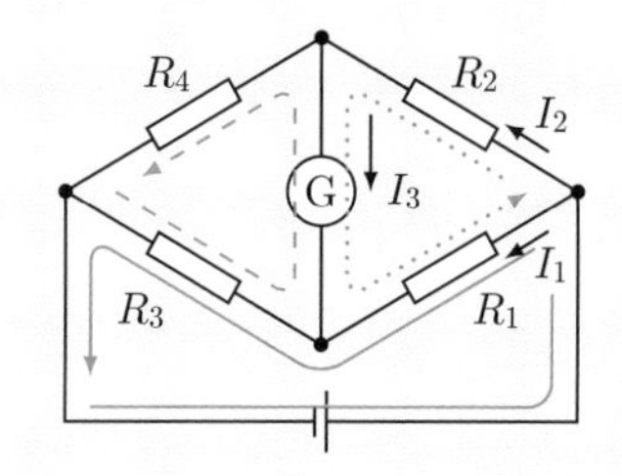

Step2 図のように電源 I_1 [A], I_2 [A], I_3 [A] を定義して，キルヒホッフの法則の式を立てる．

$$\begin{cases} (\text{実線}): & R_1 I_1 + R_3(I_1 + I_3) = V \\ (\text{破線}): & R_3(-I_1 - I_3) + R_4(I_2 - I_3) = 0 \\ (\text{点線}): & R_1(-I_1) + R_2 I_2 = 0 \end{cases}$$

Step3 上で立てた式を解いて検流計に流れる電流 I_3 を求める．上で立てた式を連立して解くと I_3 は次のようになる．

$$I_3 = \frac{(R_1 R_4 - R_2 R_3)V}{R_1 R_2 R_3 + R_1 R_2 R_4 + R_1 R_3 R_4 + R_2 R_3 R_4}\ [\mathrm{A}]$$

Step4 $I_3 = 0$ になる条件を求める．上で求めた式で，

$$R_4 R_1 = R_2 R_3$$

が成り立つとき，I_3 の分子が0になるので，$I_3 = 0$ となる．

4.5 (a)　直列接続したとき，1つの抵抗器の抵抗値を R [Ω] として，合成抵抗を求める．

$$R_{\text{合成}} = R + R + \cdots = nR\ [\Omega]$$

したがって，抵抗値は n 倍になる．

(b)　並列接続したとき，1つの電気抵抗の抵抗値を R [Ω] として，合成抵抗を求める．

$$\frac{1}{R_{合成}} = \frac{1}{R} + \frac{1}{R} + \cdots = \frac{n}{R}\ [1/\Omega]$$

したがって，抵抗値は $\frac{1}{n}$ になる．これらの結果は，直列に接続することは，抵抗棒の長さを大きくしていることに，並列に接続することは抵抗棒の断面積を大きくしていることに対応すると考えると，理解しやすい．

4.6 (Step1) 図 (a) の等価回路を考え，2 つの抵抗の合成抵抗 R_1 [Ω] を求める．

$$R_1 = 1.0 + 1.0 = 2.0\,\mathrm{k\Omega}$$

(Step2) 図 (b) の等価回路を考え，合成抵抗 R_2 [Ω] を求める．

$$R_2 = \frac{2.0 \times 1.0}{2.0 + 1.0} = \frac{2.0}{3.0}\,\mathrm{k\Omega}$$

(Step3) 図 (c) の等価回路を考え，合成抵抗 R_3 [Ω] を求める．

$$R_3 = \frac{2.0}{3.0} + 1.0 = \frac{5.0}{3.0}\,\mathrm{k\Omega}$$

(Step4) 図 (d) の等価回路を考え，合成抵抗 R_4 [Ω] を求める．

$$R_4 = \frac{\frac{5.0}{3.0} \times 1.0}{\frac{5.0}{3.0} + 1.0} = \frac{5.0}{8.0}\,\mathrm{k\Omega}$$

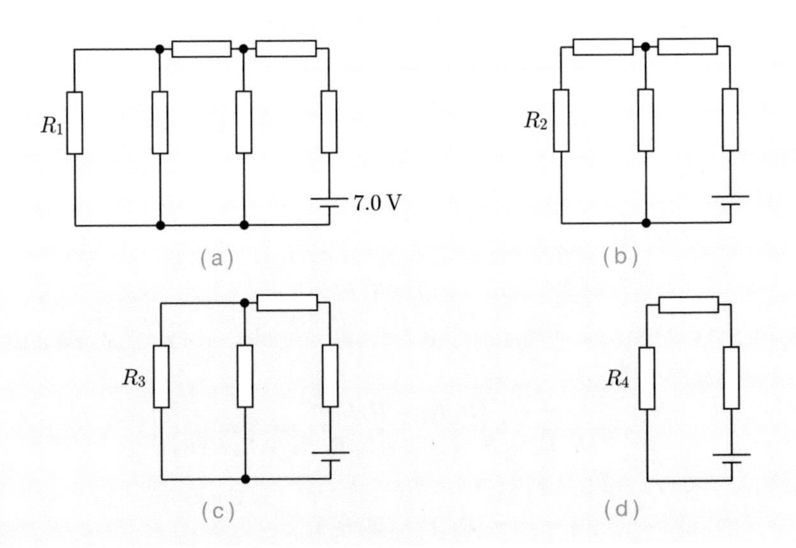

(Step5) 電池側から見た回路全体の合成抵抗を求める．

$$R_{合成} = \frac{5.0}{8.0} + 1.0 + 1.0 = \frac{21}{8.0}\,\mathrm{k\Omega}$$

(Step6) I_1 を求める．

$$I_1 = \frac{V}{R_{合成}} = \frac{7.0\,\mathrm{V}}{\frac{21}{8.0} \times 10^3\,\Omega} = \frac{8}{3} \times 10^{-3}\,\mathrm{A} = 2.\overset{7}{\cancel{6}}\cancel{6} \times 10^{-3}\,\mathrm{A} = 2.7\,\mathrm{mA}$$

Step7 I_2 を求める．

$$I_2 = \frac{R_3}{R_3 + 1.0 \times 10^3\,\Omega} I_1 = \frac{5}{3} \times 10^{-3}\,\mathrm{A} = 1.\overset{7}{\cancel{6}}\cancel{6} \times 10^{-3}\,\mathrm{A} = 1.7\,\mathrm{mA}$$

Step8 I_3 を求める．

$$I_3 = \frac{R_2}{R_2 + 1.0 \times 10^3\,\Omega} I_2 = \frac{2}{3} \times 10^{-3}\,\mathrm{A} = 0.6\overset{7}{\cancel{6}}\cancel{6} \times 10^{-3}\,\mathrm{A} = 0.67\,\mathrm{mA}$$

Step9 I_4 を求める．

$$I_4 = I_1 - I_2 - I_3 = \frac{8}{3} - \frac{5}{3} - \frac{2}{3} = \frac{1}{3}\,\mathrm{mA} = 0.33\cancel{3}\,\mathrm{mA}$$

4.7 Step1 はしごを無限個接続した場合の全体の合成抵抗を R_∞ とすると，さらにもう一段はしごを取り付けても，合成抵抗は R_∞ となる．そこで，図のような回路を考え，回路の破線部分の合成抵抗を求める．破線部分の合成抵抗は

$$R_{合成} = \frac{(R_\infty + 1.0) \times 1.0}{(R_\infty + 1.0) + 1.0}$$

となる．

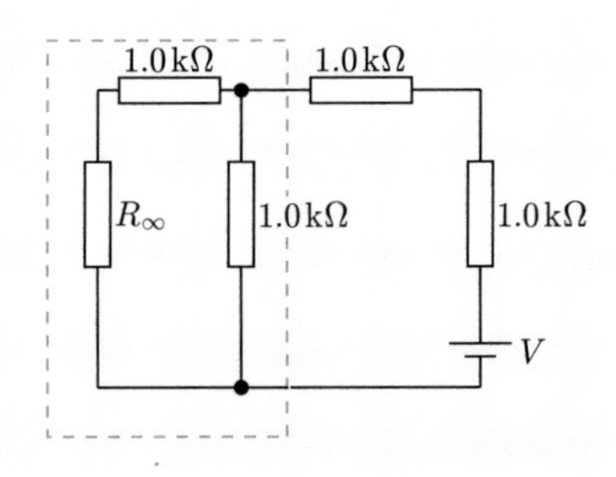

Step2 上で求めた合成抵抗 $R_{合成}$ が R_∞ と等しくなるとして，式を立てる．

$$R_\infty = \frac{(R_\infty + 1.0) \times 1.0}{(R_\infty + 1.0) + 1.0}$$

これを整理すると

$${R_\infty}^2 + 1.0R_\infty - 1.0 = 0$$

Step3 上の方程式を解いて，R_∞ を求める．上の方程式を平方完成すると

$$(R_\infty + 0.50)^2 = 1.25$$

となる．$R_\infty > 0$ であるから

$$R_\infty = \frac{\sqrt{5.0}-1}{2} = 0.6\not{1}\ \mathrm{k\Omega}$$

となる．最後に，残りの $1.0\ \mathrm{k\Omega} + 1.0\ \mathrm{k\Omega} = 2.0\ \mathrm{k\Omega}$ の抵抗を合成すると $2.6\ \mathrm{k\Omega}$ と求まる．

無限に続くはしご型回路は非現実的だと考えるかもしれないが，ケーブルをモデル化するときに用いられる．

4.8 (Step1) 電池の内部抵抗と，可変抵抗の合成抵抗を求める．$r+R$ [Ω]．
(Step2) 電池から流れ出る電流 I を求める．$I = \frac{V}{r+R}$ [A]．(Step3) R の両端の電圧 V_R を求める．$V_\mathrm{R} = RI = \frac{VR}{r+R}$ [V]． (Step4) 可変抵抗 R で消費される電力を求める．$P = V_\mathrm{R} I = \frac{V^2 R}{(r+R)^2}$ [W]． (Step5) 消費される電力が最大になるときの可変抵抗 R の値を求める．P が最大になるとき，P の R についての導関数が 0 になる．

$$\frac{dP}{dR} = \frac{d}{dR}\left\{\frac{V^2 R}{(r+R)^2}\right\} = \frac{V^2(r-R)}{(r+R)^3} = 0$$

より，導関数が 0 になるのは $R = r$ である．$R < r$ のとき P は R についての増加関数であり，$R > r$ のとき，P は R についての減少関数である．したがって，$R = r$ のとき P は最大になり，その値は次のようになる．

$$P = \frac{V^2 R}{(R+R)^2} = \frac{V^2}{4R}\ [\mathrm{W}]$$

4.9 (Step1) 電源の起電力を V [V] として (a) のように接続したときの電流計の読み I_a，電圧計の読み V_a を求める．(a) のように接続したときの合成抵抗は $R_{合成} = r_\mathrm{A} + \frac{r_\mathrm{V} R}{r_\mathrm{V}+R}$ [Ω] であるから

$$\begin{cases} I_\mathrm{a} = \frac{V}{R_{合成}} = \frac{V(r_\mathrm{V}+R)}{r_\mathrm{A} r_\mathrm{V} + r_\mathrm{A} R + r_\mathrm{V} R}\ [\mathrm{A}] \\ V_\mathrm{a} = V - r_\mathrm{A} I_\mathrm{a} = \frac{r_\mathrm{V} RV}{r_\mathrm{A} r_\mathrm{V} + r_\mathrm{A} R + r_\mathrm{V} R}\ [\mathrm{V}] \end{cases}$$

(Step2) (a) のように接続したときの，抵抗の測定値 $\frac{V_\mathrm{a}}{I_\mathrm{a}}$ および相対誤差を求める．$\frac{V_\mathrm{a}}{I_\mathrm{a}} = \frac{r_\mathrm{V} R}{r_\mathrm{V}+R}$ であるから，相対誤差は

$$\left|\frac{1}{R}\left(\frac{V_\mathrm{a}}{I_\mathrm{a}} - R\right)\right| = \frac{R}{r_\mathrm{V}+R}$$

(Step3) 電源の起電力を V として (b) のように接続したときの電流計の読み I_b，電圧計の読み V_b を求める．(b) のように接続したときの I_b, V_b は

$$\begin{cases} I_\mathrm{b} = \frac{V}{R+r_\mathrm{A}}\ [\mathrm{A}] \\ V_\mathrm{b} = V\ [\mathrm{V}] \end{cases}$$

(Step4) (b) のように接続したときの，抵抗の測定値 $\frac{V_\mathrm{b}}{I_\mathrm{b}}$ および相対誤差を求める．$\frac{V_\mathrm{b}}{I_\mathrm{b}} = R + r_\mathrm{A}$ であるから，相対誤差は

$$\left|\frac{1}{R}\left(\frac{V_\mathrm{b}}{I_\mathrm{b}} - R\right)\right| = \frac{r_\mathrm{A}}{R}$$

したがって，抵抗値 R が小さいときには (a)，大きいときには (b) のように電圧計，電流計を接続すると誤差を小さくできる．

4.10 Step1 直列の場合には，素子の順番を入れ替えても電流の流れ方に影響を与えないので，素子を入れ替えて整理し，等価回路を描く．図 4.8 の素子を並べ替えて整理すると，図のようになる．

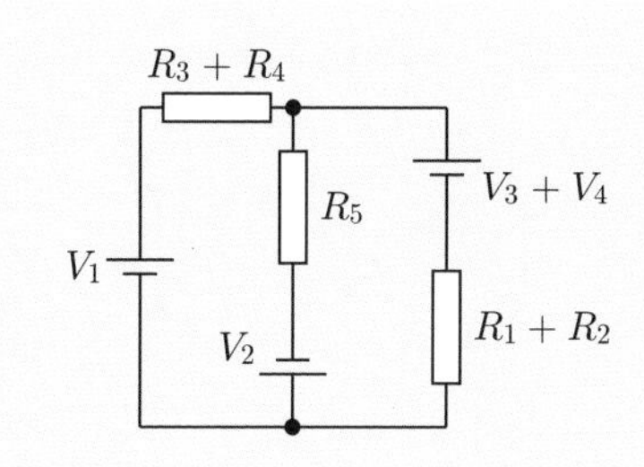

Step2 V_2 と $V_3 + V_4$ の電池を取り除いて短絡した場合の各抵抗に流れる電流を求める．R_1 と R_2 の抵抗に流れる電流は大きさ $I_{12} = \frac{9.0}{8.0}$ mA であり，向きは上から下になる．R_3 と R_4 の抵抗に流れる電流は大きさ $I_{34} = \frac{27.0}{8.0}$ mA であり，向きは左から右になる．R_5 の抵抗に流れる電流は大きさ $I_5 = \frac{9.0}{4.0}$ mA であり，向きは上から下になる． Step3 $V_3 + V_4$ と V_1 の電池を取り除いて短絡した場合の各抵抗に流れる電流を求める．R_1 と R_2 の抵抗に流れる電流は大きさ $I'_{12} = \frac{3.0}{4.0}$ mA であり，向きは下から上になる．R_3 と R_4 の抵抗に流れる電流は大きさ $I'_{34} = \frac{3.0}{4.0}$ mA であり，向きは左から右になる．R_5 の抵抗に流れる電流は大きさ $I'_5 = \frac{3.0}{2.0}$ mA であり，向きは上から下になる． Step4 V_1 と V_2 の電池を取り除いて短絡した場合の各抵抗に流れる電流を求める．R_1 と R_2 の抵抗に流れる電流は大きさ $I''_{12} = \frac{27.0}{8.0}$ mA であり，向きは下から上になる．R_3 と R_4 の抵抗に流れる電流は大きさ $I''_{34} = \frac{9.0}{8.0}$ mA であり，向きは右から左になる．R_5 の抵抗に流れる電流は大きさ $I''_5 = \frac{9.0}{4.0}$ mA であり，向きは上から下になる． Step5 重ね合わせの原理より，元の回路において各抵抗に流れる電流を求める．電流の向きに注意して足すと，$R_1 + R_2$ の抵抗に流れる電流は大きさ

$$|-I_{12} + I'_{12} + I''_{12}| = \left|-\frac{9.0}{8.0} + \frac{3.0}{4.0} + \frac{27.0}{8.0}\right| = 3.0\,\text{mA}$$

であり，向きは下から上になる．R_3 と R_4 の抵抗に流れる電流は大きさ

$$|-I_{34} - I'_{34} + I''_{34}| = \left|-\frac{27.0}{8.0} - \frac{3.0}{4.0} + \frac{9.0}{8.0}\right| = 3.0\,\text{mA}$$

であり，向きは左から右になる．R_5 の抵抗に流れる電流は大きさ

$$I_5 + I'_5 + I''_5 = \frac{9.0}{4.0} + \frac{3.0}{2.0} + \frac{9.0}{4.0} = 6.0\,\text{mA}$$

であり，向きは上から下になる．

4.11 Step1 V_1 の電池を取り除いて短絡した場合の各抵抗に流れる電流を求める．これは問題 4.6 と同じ回路になる．したがって，それぞれの抵抗に流れる電流は図 (a) のようになる． Step2 V_2 の電池を取り除いて短絡した場合の各抵抗に流れる電流を求める．これは図 (a) の左右を反転したものなので，それぞれの抵抗に流れる電流は図 (b) のようになる． Step3 重ね合わせの原理より，元の回路において各電池から流れ出る電流を求める．電池から流れ出る電流は共に大きさ $I = \frac{8.0}{3.0} + \frac{1.0}{3.0} = 3.0\,\mathrm{mA}$ となる．

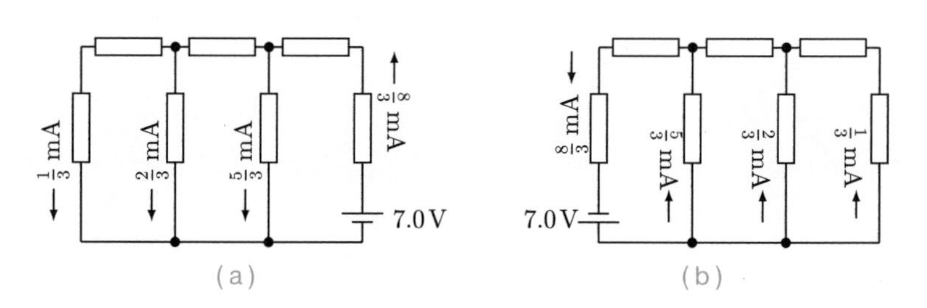

(a) (b)

4.12 Step1 V_2 と V_3 の電池を取り除いて短絡した場合の R_4 の抵抗に流れる電流 I_4 を求める．$I_4 = 0$． Step2 V_1 と V_3 の電池を取り除いて短絡した場合の R_4 の抵抗に流れる電流 I'_4 を求める．この場合の等価回路は図 (a) のようになる．ただし，図の矢印は図 4.22 に示した矢印と同じ向きであることに注意する．R_2 の抵抗を流れる電流 I'_2 は

$$I'_2 = \frac{V_2}{R_2 + \frac{R_3 R_4}{R_3 + R_4}} = \frac{6.0\,\mathrm{V}}{2.0 \times 10^3\,\Omega + \frac{(2.0\times 10^3\,\Omega)\times(1.5\times 10^3\,\Omega)}{(2.0\times 10^3\,\Omega)+(1.5\times 10^3\,\Omega)}} = 2.1 \times 10^{-3}\,\mathrm{A}$$

であり，図の右から左向きである．したがって

$$I'_4 = I'_2 \times \frac{R_3}{R_3 + R_4} = 2.1 \times 10^{-3}\,\mathrm{A} \times \frac{2.0 \times 10^3\,\Omega}{(2.0 \times 10^3\,\Omega) + (1.5 \times 10^3\,\Omega)}$$
$$= 1.2 \times 10^{-3}\,\mathrm{A}$$

であり，図の右から左向きである．

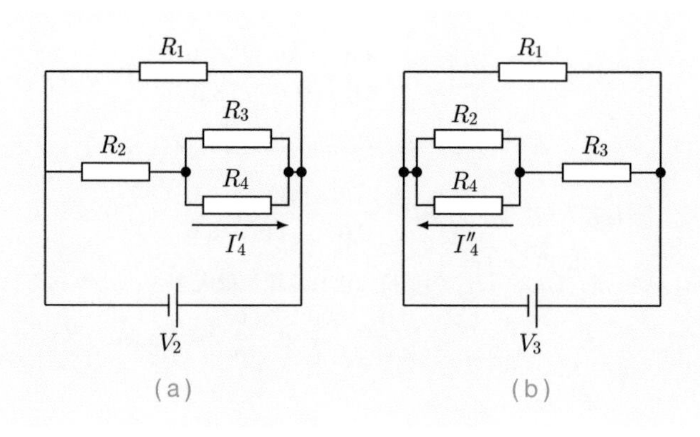

(a) (b)

Step3 V_1 と V_2 の電池を取り除いて短絡した場合の R_4 の抵抗に流れる電流 I_4'' を求める．この場合の等価回路は図 (b) のようになる．ただし，こちらも，図の矢印は図 4.22 に示した矢印と同じ向きであることに注意する．R_3 の抵抗を流れる電流 I_3'' は

$$I_3'' = \frac{V_3}{R_3 + \frac{R_2 R_4}{R_2+R_4}} = \frac{V_3}{2.0 \times 10^3\ \Omega + \frac{(2.0\times10^3\ \Omega)\times(1.5\times10^3\ \Omega)}{(2.0\times10^3\ \Omega)+(1.5\times10^3\ \Omega)}} = 0.35 \times 10^{-3} V_3$$

であり，図の右から左向きである．したがって

$$I_4'' = (0.35 \times 10^{-3} V_3) \times \frac{R_2}{R_2 + R_4}$$
$$= (0.35 \times 10^{-3} V_3) \times \frac{2.0 \times 10^3\ \Omega}{(2.0 \times 10^3\ \Omega) + (1.5 \times 10^3\ \Omega)} = 0.20 \times 10^{-3} V_3$$

であり，図の右から左向きである． Step4 R_4 に流れる電流が矢印の向きに大きさ 0.60 mA であったという条件より V_3 を求める．条件は

$$-1.2 \times 10^{-3} + V_3 \times 0.20 \times 10^{-3} = 0.60 \times 10^{-3}$$

であるから，V_3 について解いて，$V_3 = 9.0\ \text{V}$ を得る．

4.13 Step1 図 (a) の矢印の向きを電流の正の向きとして，V_2 の電池を取り除いて短絡した場合の R_1，R_2，R_3，R_4，R_5 の抵抗を流れる電流 I_1，I_2，I_3，I_4，I_5 [A] を求める．$R_1 R_4 = R_2 R_3$ が成り立っているので，$I_5 = 0$．したがって $I_1 = I_3 = 2.0\ \text{mA}$，$I_2 = I_4 = 1.0\ \text{mA}$． Step2 V_1 を取り除いて短絡した場合の R_1, R_2, R_3, R_4, R_5 の抵抗を流れる電流 I_1', I_2', I_3', I_4', I_5' [A] を求める．回路を変形すると，図 (b) のようになる．したがって，$I_1' = 2.0\ \text{mA}$, $I_2' = -2.0\ \text{mA}$, $I_3' = -1.0\ \text{mA}$, $I_4' = 1.0\ \text{mA}$, $I_5' = -3.0\ \text{mA}$.

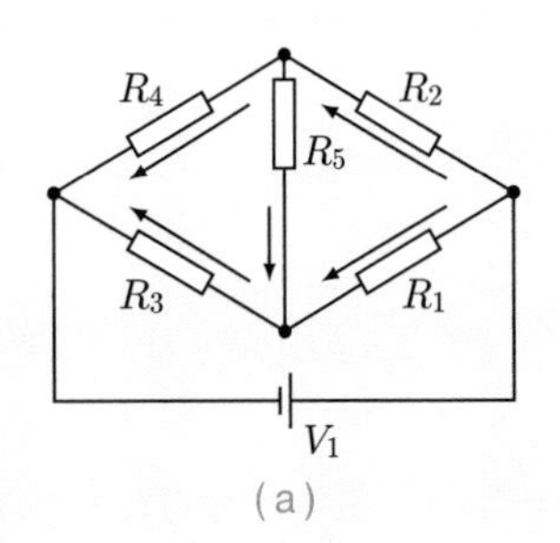

(a)

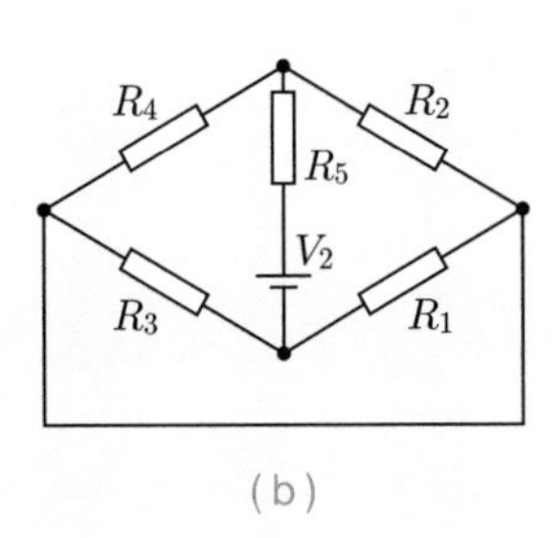

(b)

Step3 重ね合わせの原理より，元の回路において各電池から流れ出る電流を求める．電流の向きに注意して足し合わせると，各抵抗に流れる電流は次のようになる．

$$\begin{cases} R_1 : 2.0 + 2.0 = 4.0\ \text{mA} & (\text{大きさ } 4.0\ \text{mA で左向き}) \\ R_2 : 1.0 - 2.0 = -1.0\ \text{mA} & (\text{大きさ } 1.0\ \text{mA で右向き}) \\ R_3 : 2.0 - 1.0 = 1.0\ \text{mA} & (\text{大きさ } 1.0\ \text{mA で左向き}) \\ R_4 : 1.0 + 1.0 = 2.0\ \text{mA} & (\text{大きさ } 2.0\ \text{mA で左向き}) \\ R_5 : 0.0 - 3.0 = -3.0\ \text{mA} & (\text{大きさ } 3.0\ \text{mA で上向き}) \end{cases}$$

4.14 (Step1) S を入れてから十分に時間が経った後の等価回路を描く．コンデンサを取り外した回路になる（図）． (Step2) S を入れてから十分に時間が経った後のコンデンサの両端の電圧 V_C を求める．R_3 の抵抗には電流は流れていないから，R_3 の抵抗での電圧降下はない．そのためコンデンサの両端の電圧は，R_2 の抵抗の両端の電圧と等しくなる．したがって，

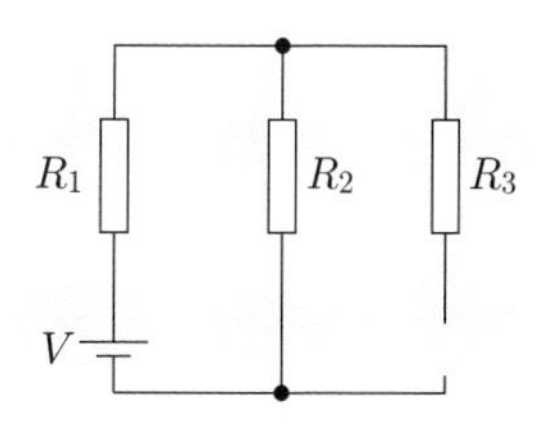

$$V_C = \frac{R_2}{R_1 + R_2} V = \frac{1.2 \times 10^3\ \Omega}{(1.5 \times 10^3\ \Omega) + (1.2 \times 10^3\ \Omega)} \times 9.0\ \mathrm{V} = 4.0\ \mathrm{V}$$

(Step3) コンデンサに蓄えられている電荷 Q を求める．

$$Q = CV_C = (2.0 \times 10^{-6}\ \mathrm{F}) \times (4.0\ \mathrm{V}) = 8.0 \times 10^{-6}\ \mathrm{C} = 8.0\ \mu\mathrm{C}$$

(Step4) コンデンサに蓄えられている静電エネルギー U_E を求める．

$$U_E = \frac{1}{2} C {V_C}^2 = \frac{1}{2} \times (2.0 \times 10^{-6}\ \mathrm{F}) \times (4.0\ \mathrm{V})^2 = 16 \times 10^{-6}\ \mathrm{J} = 16\ \mu\mathrm{J}$$

4.15 (Step1) 各コンデンサの両端の電圧を求める．問題 4.6 より横桟の抵抗器の両端の電圧は左から，$\frac{1.0}{3.0} \times 10^{-3}$ A，$\frac{2.0}{3.0} \times 10^{-3}$ A，$\frac{5.0}{3.0} \times 10^{-3}$ A であるから，コンデンサの両端の電圧は左から

$$\begin{cases} (1.0 \times 10^3\ \Omega) \times \left(\frac{1.0}{3.0} \times 10^{-3}\ \mathrm{A}\right) = \frac{1.0}{3.0}\ \mathrm{V} \\ (1.0 \times 10^3\ \Omega) \times \left(\frac{2.0}{3.0} \times 10^{-3}\ \mathrm{A}\right) = \frac{2.0}{3.0}\ \mathrm{V} \\ (1.0 \times 10^3\ \Omega) \times \left(\frac{5.0}{3.0} \times 10^{-3}\ \mathrm{A}\right) = \frac{5.0}{3.0}\ \mathrm{V} \end{cases}$$

(Step2) $Q = CV$ よりコンデンサに蓄えられている電荷の電気量を求める．電気量は左から

$$\begin{cases} (1.5 \times 10^{-6}\ \mathrm{F}) \times \left(\frac{1.0}{3.0}\ \mathrm{V}\right) = 0.50 \times 10^{-6}\ \mathrm{C} = 0.50\ \mu\mathrm{C} \\ (1.5 \times 10^{-6}\ \mathrm{F}) \times \left(\frac{2.0}{3.0}\ \mathrm{V}\right) = 1.0 \times 10^{-6}\ \mathrm{C} = 1.0\ \mu\mathrm{C} \\ (1.5 \times 10^{-6}\ \mathrm{F}) \times \left(\frac{5.0}{3.0}\ \mathrm{V}\right) = 2.5 \times 10^{-6}\ \mathrm{C} = 2.0\ \mu\mathrm{C} \end{cases}$$

4.16 (a) (Step1) S を入れた瞬間の等価回路を描く．コンデンサを取り外し，そこを短絡した場合の回路になる（図 (a)）． (Step2) S を入れた瞬間の回路全体の合成抵抗 $R_{合成}$ を求める．

$$R_{合成} = \frac{R_3 R_4}{R_3 + R_4} = \frac{(2.0\ \mathrm{k\Omega}) \times (4.0\ \mathrm{k\Omega})}{(2.0\ \mathrm{k\Omega}) + (4.0\ \mathrm{k\Omega})} = \frac{4.0}{3.0}\ \mathrm{k\Omega}$$

(Step3) S を入れた瞬間に電源から流れ出る電流 I を求める．

$$I = \frac{V}{R_{合成}} = \frac{6.0\ \mathrm{V}}{\frac{4.0}{3.0} \times 10^3\ \Omega} = 4.5 \times 10^{-3}\ \mathrm{A} = 4.5\ \mathrm{mA}$$

(b) (Step1) S を入れてから十分に時間が経った後の等価回路を描く．コンデンサを取り外した回路になる（図 (b)）． (Step2) S を入れてから十分に時間が経った後の回路全体の合成抵抗 $R'_{合成}$ を求める．

$$R'_{合成} = \frac{8.0}{6.0} \times 10^3\ \Omega + R_2 = \frac{10.0}{3.0} \times 10^3\ \Omega$$

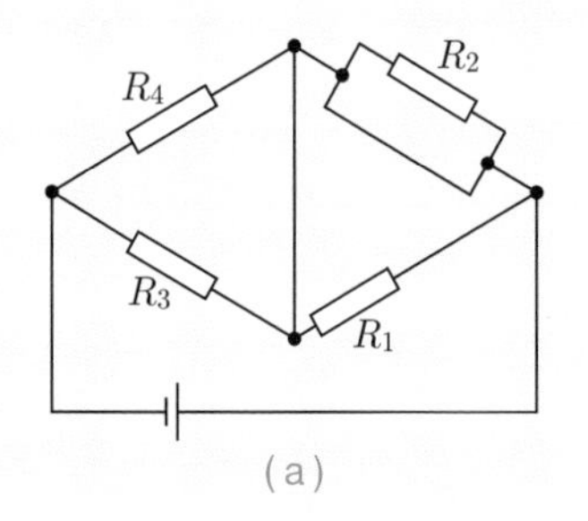

(a)

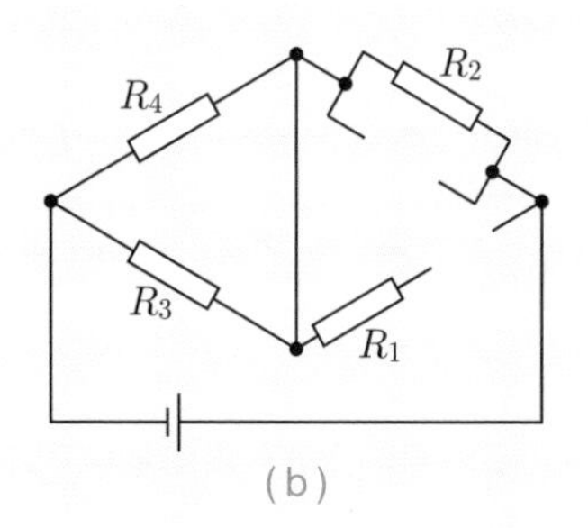

(b)

Step3 S を入れてから十分に時間が経った後の電源から流れ出る電流 I' を求める.

$$I' = \frac{V}{R'_{合成}} = \frac{6.0\ \mathrm{V}}{\frac{10.0}{3.0} \times 10^3\ \Omega} = 1.8 \times 10^{-3}\ \mathrm{A} = 1.8\ \mathrm{mA}$$

(c) Step1 S を入れてから十分に時間が経った後のコンデンサ両端の電圧 V_1, V_2 を求める.

$$V_1 = V_2 = R_2 I' = (2.0 \times 10^3\ \Omega) \times (1.8 \times 10^{-3}\ \mathrm{A}) = 3.6\ \mathrm{V}$$

Step2 C_1, C_2 のコンデンサに蓄えられる電荷の電気量 Q_1, Q_2 を求める.

$$\begin{cases} Q_1 = C_1 V_1 = (1.0 \times 10^{-6}\ \mathrm{F}) \times (3.6\ \mathrm{V}) = 3.6 \times 10^{-6}\ \mathrm{C} = 3.6\ \mu\mathrm{C} \\ Q_2 = C_2 V_2 = (1.5 \times 10^{-6}\ \mathrm{F}) \times (3.6\ \mathrm{V}) = 5.4 \times 10^{-6}\ \mathrm{C} = 5.4\ \mu\mathrm{C} \end{cases}$$

Step3 C_1, C_2 のコンデンサに蓄えられる静電エネルギー U_{E1}, U_{E2} を求める.

$$\begin{cases} U_{\mathrm{E1}} = \frac{1}{2} C_1 {V_1}^2 = \frac{1}{2} \times (1.0 \times 10^{-6}\ \mathrm{F}) \times (3.6\ \mathrm{V})^2 = 6.48 \times 10^{-6}\ \mathrm{J} = 3.6\ \mu\mathrm{J} \\ U_{\mathrm{E2}} = \frac{1}{2} C_2 {V_2}^2 = \frac{1}{2} \times (1.5 \times 10^{-6}\ \mathrm{F}) \times (3.6\ \mathrm{V})^2 = 9.72 \times 10^{-6}\ \mathrm{J} = 9.7\ \mu\mathrm{J} \end{cases}$$

4.17 Step1 S_2 を閉じてから十分に時間が経過した後に電源から流れ出る電流 I を求める.

$$I = \frac{9.0\ \mathrm{V}}{(1.0 \times 10^3\ \Omega) + (1.5 \times 10^3\ \Omega)} = 3.6 \times 10^{-3}\ \mathrm{A} = 3.6\ \mathrm{mA}$$

Step2 C_1, C_2 のコンデンサの両端の電圧 V_1, V_2 を求める.

$$\begin{cases} V_1 = R_1 I = (1.0 \times 10^3\ \Omega) \times (3.6 \times 10^{-3}\ \mathrm{A}) = 3.6\ \mathrm{V} \\ V_2 = R_2 I = (1.5 \times 10^3\ \Omega) \times (3.6 \times 10^{-3}\ \mathrm{A}) = 5.4\ \mathrm{V} \end{cases}$$

Step3 C_1, C_2 のコンデンサに蓄えられる電荷 Q_1, Q_2 を求める.

$$\begin{cases} Q_1 = C_1 V_1 = (2.0 \times 10^{-6}\ \mathrm{F}) \times (3.6\ \mathrm{V}) = 7.2 \times 10^{-6}\ \mathrm{C} = 7.2\ \mu\mathrm{C} \\ Q_2 = C_2 V_2 = (1.5 \times 10^{-6}\ \mathrm{F}) \times (5.4\ \mathrm{V}) = 8.1 \times 10^{-6}\ \mathrm{C} = 8.1\ \mu\mathrm{C} \end{cases}$$

Step4 ab 間を通過する電荷を求める.

$$Q_2 - Q_1 = (8.1 \times 10^{-6}\ \mathrm{C}) - (7.2 \times 10^{-6}\ \mathrm{C}) = 0.9 \times 10^{-6}\ \mathrm{C} = 0.9\ \mu\mathrm{C}$$

向きは b → a の向きになる．

4.18 Step1 キルヒホッフの法則のループを描く（図 (a)）． Step2 スイッチを b 側に入れた時刻を $t=0$ とし，コンデンサに蓄えられた電荷 q [C] についての微分方程式を立てる．抵抗の両端の電圧を V_{R} [V]，コンデンサの両端の電圧を V_{C} [V] とすると，キルヒホッフの法則より $V_{\mathrm{R}}-V_{\mathrm{C}}=0$ が成り立つ．抵抗を流れる電流を I [A] とすれば $V_{\mathrm{R}}=-RI$ であり，また，$V_{\mathrm{C}}=\frac{q}{C}$ であるから $RI=-\frac{q}{C}$ を得る．ここで，I と q の間には $I=\frac{dq}{dt}$ の関係があるから，これを代入して整理すると

$$\frac{dq}{dt}=-\frac{1}{CR}q$$

を得る． Step3 上式の両辺を q で割った後で，t について積分を行い，q の一般解を求める．積分定数を A として

$$\int \frac{1}{q}\frac{dq}{dt}\,dt=-\int \frac{1}{CR}\,dt+A$$

より，$\ln q=-\frac{t}{CR}+A$ となる．これを q について解くと $q=e^{-\frac{t}{CR}+A}$． Step4 積分定数 A を決定する．初期条件 $t=0$ のとき $q=CV_0$ より $CV_0=e^{A}$ となる．したがって

$$q=CV_0e^{-\frac{t}{CR}}\ \text{[C]}$$

Step5 抵抗の両端の電圧 V_{R} を求める．抵抗の両端の電圧はコンデンサの両端の電圧と等しいので

$$V_{\mathrm{R}}=V_{\mathrm{C}}=\frac{q}{C}=V_0e^{-\frac{t}{CR}}$$

となり，時間変化の様子は図 (b) のようになる．電気容量の値 C を固定した場合には，抵抗値 R が大きいほどスイッチを b 側に入れたときに，コンデンサの放電にかかる時間が長くなる．

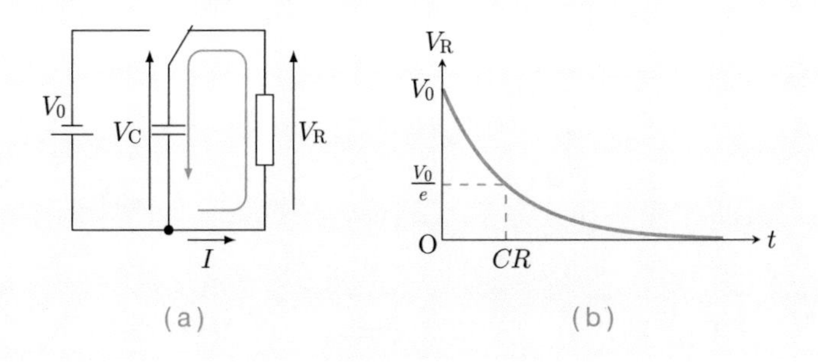

(a) (b)

4.19 Step1 話を簡単にするために，$t=0$ でコンデンサには $Q=CV_0$ [C] の電荷が蓄えられていたとする（十分に時間が経てば，$\cos(\omega t)=1$ の時刻でコンデンサには $Q=CV_0$ の電荷が蓄えられるとしてよい）．コンデンサの両端の電圧が電源電圧よりも高いと，ダイオードに電流が流れなくなり，コンデンサの放電がはじまる．そこでまず，コンデンサの放電がはじまる時刻を求める．電源電圧は余弦関数で表されるため，$\cos(\omega t)=1$ の時刻から時間変化の割合の大きさはだんだんと大きくなり，ある時刻で電源電圧よりもコンデンサの両端

の電圧の方が高くなる．この時刻を t_0 [s] とする．コンデンサの両端の電圧の方が高くなる時刻は，その時刻で放電がはじまったとした瞬間のコンデンサの両端の電圧の時間変化の割合の大きさが，電源電圧のものより小さくなるときである．時刻 t_0 で放電がはじまったとした瞬間のコンデンサの両端の電圧の時間変化の割合は

$$\frac{d}{dt} V_0 \cos(\omega t_0) e^{-\frac{t-t_0}{CR}} \bigg|_{t=t_0} = -\frac{1}{CR} V_0 \cos(\omega t_0)$$

であり，時刻 t_0 での電源電圧の時間変化の割合は

$$\frac{d}{dt} V_0 \cos(\omega t) \bigg|_{t=t_0} = -\omega V_0 \sin(\omega t_0)$$

であるから

$$\frac{1}{CR} V_0 \cos(\omega t_0) = \omega V_0 \sin(\omega t_0)$$

を満たす．これを解くと

$$\begin{aligned}\omega t_0 &= \tan^{-1}\left(\frac{1}{\omega CR}\right) \\ &= \tan^{-1}\left(\frac{1}{2.0 \times 10^3\ \mathrm{rad/s} \times 0.5 \times 10^{-6}\ \mathrm{F} \times 1.0 \times 10^3\ \Omega}\right) = \tan^{-1}(1.0) = \frac{\pi}{4}\end{aligned}$$

この時刻までは，ダイオードに電流が流れるので，抵抗の両端の電圧は電源電圧と等しくなる． Step2 放電後の電圧の変化を求める．コンデンサが放電されるときには，抵抗の両端の電圧は問題 4.18 より，$V_0 \cos(\omega t_0) e^{-\frac{t-t_0}{CR}}$ と表される．電源電圧は最小値 $-V_0$ になった後で，また増加していく．そしてコンデンサの両端の電圧よりも再び大きくなると，ダイオードに電流が流れ，抵抗の両端の電圧は電源電圧と等しくなる．いまの場合，電源電圧がコンデンサの両端の電圧より高くなる時刻は数値計算でしか求めることはできないが，電源電圧が再び正の値になる $\omega t = \frac{3\pi}{2}$ では，$V_0 \cos(\frac{\pi}{4}) e^{-\frac{5}{2\omega CR}} \fallingdotseq 0.08 V_0$ であるから，ほぼ $\omega t = \frac{3\pi}{2}$ でコンデンサの両端の電圧より高くなることがわかる．これが繰り返されるので，抵抗の両端の電圧は図 (a) のような曲線になる．

ここで，$CR \gg 1$ のときの近似はよく使うので導いておこう．$CR \gg 1$ のとき，波形は図 (b) のように，変動が小さくなり，交流電圧から直流電圧への変換に使える．波形が平滑化されるので，この回路は**平滑回路**（へいかつかいろ）と呼ばれている．直流電圧を得る目的では電圧の変動の幅がなるべく小さい方がよい．変動の幅はどのように表されるのだろうか．$CR \gg 1$ のときに，C の放電時の減衰曲線において $e^{-\frac{t}{CR}} \fallingdotseq 1 - \frac{t}{CR}$ の近似を行う．これは減衰曲線を直線で近似したことに相当する．また，放電開始時の電圧を電源電圧の振幅 V_0 とし，放電時間 $t_{放電}$ [s] を交流電源の周期 T [s] で近似する．これらの近似を行えば，電圧の変動幅は

$$\frac{T}{CR} = \frac{1}{fCR}$$

と見積もることができる．ただし，$f = \frac{1}{T}$ [Hz] は電源の周波数である．つまり，周波数 f と抵抗値 R を固定した場合には，コンデンサの電気容量 C が大きいほど電圧の変動幅は小さくなる．

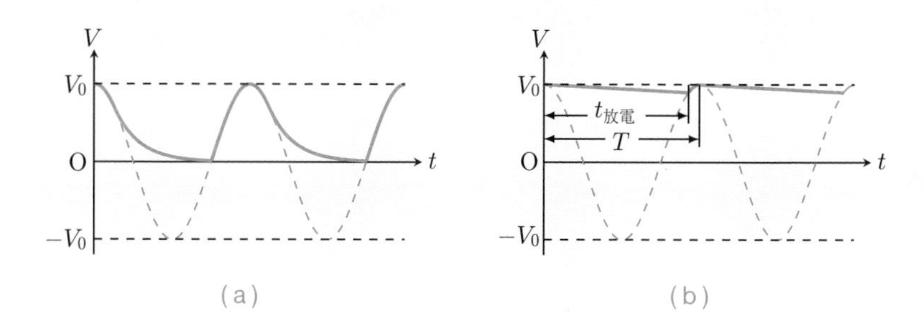

第5章

5.1　導線を流れる電流を扱う際には，導線の中には伝導電子と同じ電気量の正イオンがあるため，電気的には中性になっている．したがって，導線間に働く静電気力は0であり，静電気力を考える必要はない．もちろん，電子ビームのような電気的で中性でない電荷の流れを扱う際には，静電気力を考えなければならない．

観測者が正イオンに対して動いていた場合は注意が必要なので，本書のレベルを超えるが説明しておこう．例として，図(a)のような直線導線に大きさ I [A] の電流が流れており，導線から距離 r [m] だけ離れて電気量 q [C]（$q>0$）の荷電粒子が静止して置かれていた場合を考えよう（図は直線導線を太く描いてある）．導線の中には負の電荷をもった電子が電流とは逆向きに動いており，正イオンは静止していて，電気的には中性に保たれている．このときの電子の速さを v [m/s] とする．これを静止している人（K）から見ると，導線は中性なので静電気力は0であり，また，荷電粒子は静止しているためローレンツ力も0である．したがって，荷電粒子には力は働かない．これを電子と同じ一定の速さで図の左向きに動いている人（K′）が見たらどうだろうか．K′ から見ると図(b)のように電子は静止しており，静止していた正イオンは電流の向きに速さ v で動いている．K′ から見ると荷電粒子も速さ v で電流の向きに動いているので，真空の透磁率を μ_0 [N/A^2] とすると，荷電粒子には大きさ $\frac{\mu_0 qvI}{2\pi r}$ [N] で導線に向かう向きのローレンツ力が働くように思える．K が見たら力が働いていないのに，K に対して等速運動している K′ が見ると力が働いているのはおかしいと思うかもしれない．これを解決するには特殊相対性理論を使わなければならない．特殊相対性理論によれば，いまの場合，K′ からは c [m/s] を真空の光の速さとして，導線の線電荷密度が $\frac{vI}{c^2\sqrt{1-(\frac{v}{c})^2}}$ [C]，電流が $\frac{I}{\sqrt{1-(\frac{v}{c})^2}}$ [A] のように見える（導線は K′ から見ると電気的に中性ではないので，図(b)は間違っている．実際には，正イオンの密度は大きくなり，電子の密度は小さくなる）．それゆえ，真空の誘電率を ε_0 [F/m] とすると，荷電粒子には

$$F_{\mathrm{E}} = \frac{qvI}{2\pi\varepsilon_0 rc^2\sqrt{1-(\frac{v}{c})^2}} \text{ [N]}$$

の導線から離れる向きの静電気力と，

$$F_{\mathrm{M}} = \frac{\mu_0 q v I}{2\pi r\sqrt{1-(\frac{v}{c})^2}}\ [\mathrm{N}]$$

の導線に近づく向きのローレンツ力が働いている．ここで, $c^2 = \frac{1}{\varepsilon_0 \mu_0}$ を用いれば $F_{\mathrm{E}} - F_{\mathrm{M}} = 0$ となり，K′ から見ても荷電粒子には力が働いていないのである．

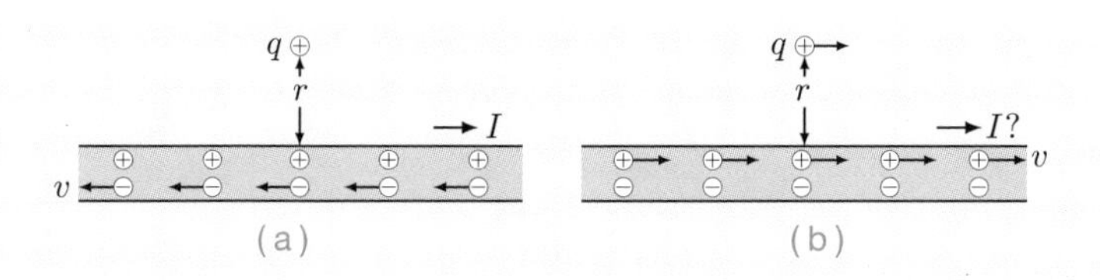

(a)　(b)

5.2 (Step1) 2 つの平行導線に共に大きさ I [A] の電流が流れているとし，平行電流間に働く単位長さ当たりの力の式 (5.1) を I について解く．$F = \frac{\mu_0 I^2}{2\pi r}$ [A] より $I = \sqrt{\frac{2\pi r F}{\mu_0}}$.

(Step2) 各数値を代入して，I の値を求める．

$$I = \sqrt{\frac{2 \times 3.14 \times (1.00\ \mathrm{m}) \times (2.00 \times 10^{-7}\ \mathrm{N})}{1.26 \times 10^{-6}\ \mathrm{N/A^2}}} = \overset{1.00}{\cancel{0.998}} = 1.00\ \mathrm{A}$$

2019 年までの国際単位系では，真空中に 1 m の間隔で平行に配置された無限に小さい円形断面積を有する無限に長い 2 本の直線状導体のそれぞれを流れ，これらの導体の長さ 1 m につき 2×10^{-7} N の力を及ぼし合う一定の電流の大きさとして 1 A（アンペア）が定義されていた．現在は第 1 章で述べたように，電気素量を $1.602176634 \times 10^{-19}$ C と定義し，それをもとに 1 A が定義されている．

5.3 (a) (Step1) 静電気力 $\boldsymbol{F}_{\mathrm{E}}$ を求める．$\boldsymbol{F}_{\mathrm{E}} = q\boldsymbol{E} = (4.0, 0.0, 0.0)$ N.

(Step2) ローレンツ力 $\boldsymbol{F}_{\mathrm{M}}$ を求める．$\boldsymbol{F}_{\mathrm{M}} = q\boldsymbol{v} \times \boldsymbol{B} = (0, 5.0, -2.0)$ N.

(Step3) 静電気力とローレンツ力の合力を求める．$\boldsymbol{F}_{\mathrm{E}} + \boldsymbol{F}_{\mathrm{M}} = (4.0, 5.0, -2.0)$ N.

(b) (Step1) 静電気力 $\boldsymbol{F}_{\mathrm{E}}$ を求める．$\boldsymbol{F}_{\mathrm{E}} = q\boldsymbol{E} = (4.0, 2.0, 3.0)$ N.

(Step2) ローレンツ力 $\boldsymbol{F}_{\mathrm{M}}$ を求める．$\boldsymbol{F}_{\mathrm{M}} = q\boldsymbol{v} \times \boldsymbol{B} = (3.0, 3.0, -3.0)$ N.

(Step3) 静電気力とローレンツ力の合力を求める．$\boldsymbol{F}_{\mathrm{E}} + \boldsymbol{F}_{\mathrm{M}} = (7.0, 5.0, 0.0)$ N.

(c) (Step1) 静電気力 $\boldsymbol{F}_{\mathrm{E}}$ を求める．$\boldsymbol{F}_{\mathrm{E}} = q\boldsymbol{E} = (4.0, 4.0, 4.0)$ N.

(Step2) ローレンツ力 $\boldsymbol{F}_{\mathrm{M}}$ を求める．$\boldsymbol{F}_{\mathrm{M}} = q\boldsymbol{v} \times \boldsymbol{B} = (-4.0, -4.0, 4.0)$ N.

(Step3) 静電気力とローレンツ力の合力を求める．$\boldsymbol{F}_{\mathrm{E}} + \boldsymbol{F}_{\mathrm{M}} = (0.0, 0.0, 8.0)$ N.

5.4 (Step1) 導線とコイルの距離が x [m] のときの左の辺に働く力 $\boldsymbol{F}_{左}$ を求める．

$$F_{左} = \frac{\mu_0 I_1 I_2 a}{2\pi x}\ [\mathrm{N}]$$

であり，左向きになる． (Step2) 右の辺に働く力 $\boldsymbol{F}_{右}$ を求める．

$$F_{右} = \frac{\mu_0 I_1 I_2 a}{2\pi (x + a)}\ [\mathrm{N}]$$

であり，右向きになる． (Step3) 上と下の辺に働く力の合力を求める．上と下の辺に働く力は同じ大きさで逆向きなので 0 になる． (Step4) コイルに働く力の合力 $\boldsymbol{F}$ を求める．

$$F = F_{左} - F_{右} = \frac{\mu_0 I_1 I_2 a}{2\pi x} - \frac{\mu_0 I_1 I_2 a}{2\pi(x+a)}\ [\mathrm{N}]$$

であり，図の左向きになる． (Step5) d から $d + \Delta d$ まで動かすときの，外力のする仕事 $W_{外力}$ を求める．

$$W_{外力} = \int_d^{d+\Delta d} F\,dx = \frac{\mu_0 I_1 I_2 a}{2\pi}\Big[\ln(x)\Big]_d^{d+\Delta d} - \frac{\mu_0 I_1 I_2 a}{2\pi}\Big[\ln(x+a)\Big]_d^{d+\Delta d}$$

$$= \frac{\mu_0 I_1 I_2 a}{2\pi}\ln\left[\frac{\{d^2 + (\Delta d)d + ad\} + a(\Delta d)}{d^2 + (\Delta d)d + ad}\right]\ [\mathrm{J}]$$

5.5 (Step1) 重ね合わせの原理を用いて計算しやすい 2 つの電荷配置に分ける．図 5.5 は，下図 (a), (b) の重ね合わせと考えられる． (Step2) 重心 G における磁束密度 $\boldsymbol{B}$ を求める．対称性より，下図 (a) の電流配置の場合の G の位置の磁束密度は 0 である．したがって，(b) の電流配置の場合の G の位置の磁束密度を求めればよい．電流と重心との間の距離は $\sqrt{3.0} \times 10^{-3}$ m であるから，(5.3) より

$$B = \frac{(1.3 \times 10^{-6}\ \mathrm{N/A^2}) \times (1.0\ \mathrm{A})}{2 \times 3.14 \times (\sqrt{3.0} \times 10^{-3}\ \mathrm{m})} = 1.10 \times 10^{-4}\ \mathrm{Wb/m^2}$$

であり，図の左向きになる．

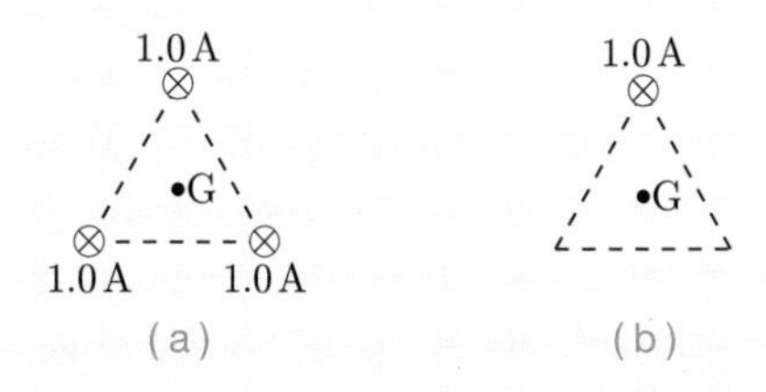

5.6 (Step1) 図のように磁束密度の向きを考え，合成磁束密度の大きさが 0 になる位置をみつける．AB を結ぶ線分上では A, B のつくる磁束密度の向きが同じ向きになるので，合成磁束密度の大きさが 0 にはならない．AB を結ぶ線分を延長した直線上で AB 間の外側では，A, B のつくる磁束密度の向きが逆向きになるので，A, B のつくる磁束密度の大きさが等しいときに，合成磁束密度の大きさが 0 になる．いま，A より B の方が電流の大きさが大きいので，磁束密度の大きさが等しいのは，A より外側になる．

$\boldsymbol{B}_\mathrm{A}$ $\boldsymbol{B}_\mathrm{B}$ I A $\boldsymbol{B}_\mathrm{A}$ $\boldsymbol{B}_\mathrm{B}$ $2I$ B $\boldsymbol{B}_\mathrm{A}$ $\boldsymbol{B}_\mathrm{B}$

(Step2) A から B と逆側に r [m] だけ離れた位置に A のつくる磁束密度 $\boldsymbol{B}_\mathrm{A}$ を求める．真空の透磁率を μ_0 [N/A^2] とすると，(5.3) より $B_\mathrm{A} = \frac{\mu_0 I}{2\pi r}$ [Wb/m^2] であり，右ねじの法

則に従う向きになる． Step3 A から B と逆側に r だけ離れた位置に B のつくる磁束密度 $\boldsymbol{B}_{\mathrm{B}}$ を求める．同様に，$B_{\mathrm{B}} = \frac{\mu_0 I}{\pi(r+d)}$ [Wb/m^2] であり，右ねじの法則に従う向きになる． Step4 合成磁束密度の大きさ B を求め，$B=0$ となる r の値を求める．A, B のつくる磁束密度の向きが逆向きになるので

$$B = |B_{\mathrm{A}} - B_{\mathrm{B}}| = \frac{\mu_0 I}{2\pi}\left|\frac{1}{r} - \frac{2}{r+d}\right| = \frac{\mu_0 I}{2\pi}\left|\frac{d-r}{r(r+d)}\right| \ [\mathrm{Wb/m^2}]$$

となる．したがって，$B=0$ となるのは，$r=d$ の位置である．

5.7 Step1 イオン A の軌道半径 r_{A} を求める．入射した速さを v_0 [m/s] とすると基本例題メニュー 5.1 より，軌道半径は $r_{\mathrm{A}} = \frac{mv_0}{eB}$ [m]． Step2 イオン B の軌道半径 r_{B} を求める．同様に，$r_{\mathrm{B}} = \frac{m'v_0}{2eB}$ [m]． Step3 軌道半径の比 $\frac{r_{\mathrm{A}}}{r_{\mathrm{B}}}$ を求める．$\frac{r_{\mathrm{A}}}{r_{\mathrm{B}}} = \frac{2m}{m'}$．

このように軌道半径を測定すれば，電気量がわかっているイオンの質量 m が，基準となる質量 m' の何倍かを知ることができる．これは質量分析装置の原理である．

5.8 Step1 線電流密度を求める．$\lambda = \frac{I}{2a}$ [A/m]． Step2 対称性より，y 軸上の磁場の向きは x 軸の正の向きになる．そこで，図のように $(x,0)$ [m] の位置の微小幅 dx [m] の電流が y 軸上 r の位置につくる磁束密度の x 成分を求め，それを $-a$ から a まで x について積分すればよい．そこでまず，$(x,0)$ の位置の微小幅 dx の電流が y 軸上 r の位置につくる磁束密度の x 成分 dB_x を求める．dx の電流が r の位置につくる磁束密度の大きさは，(5.3) より

$$dB = \frac{\mu_0}{2\pi\sqrt{x^2+r^2}}\lambda\, dx = \frac{\mu_0 I}{4\pi a\sqrt{x^2+r^2}}\, dx \ [\mathrm{Wb/m^2}]$$

であるから

$$dB_x = dB \times \frac{r}{\sqrt{x^2+r^2}} = \frac{\mu_0 I r}{4\pi a(x^2+r^2)}\, dx \ [\mathrm{Wb/m^2}]$$

Step3 dB_x を $-a$ から a まで x について積分して，磁束密度 $\boldsymbol{B}$ を求める．

$$B = \int_{x=-a}^{x=a} dB_x = \frac{\mu_0 I r}{4\pi a}\int_{-a}^{a}\frac{dx}{x^2+r^2}$$

$$= \frac{\mu_0 I r}{4\pi a}\left[\frac{1}{r}\tan^{-1}\left(\frac{x}{r}\right)\right]_{-a}^{a} = \frac{\mu_0 I}{2\pi a}\tan^{-1}\left(\frac{a}{r}\right) [\mathrm{Wb/m^2}]$$

であり，向きは右向きになる．特に $r \gg a$ のときには $\tan^{-1}(\frac{a}{r}) \fallingdotseq \frac{a}{r}$ であるから，$B = \frac{\mu_0 I}{2\pi r}$ [Wb/m^2] となり直線電流がつくる磁束密度 (5.3) と一致する．また，無限に広い平面に一様に電流が流れているときには，線電流密度の大きさを $j = \frac{I}{2a}$ [A/m] とすると，$a \to \infty$ のときに $\tan^{-1}(\frac{a}{r}) \to \frac{\pi}{2}$ であるから，$B = \frac{\mu_0 j}{2}$ [Wb/m^2] になる．

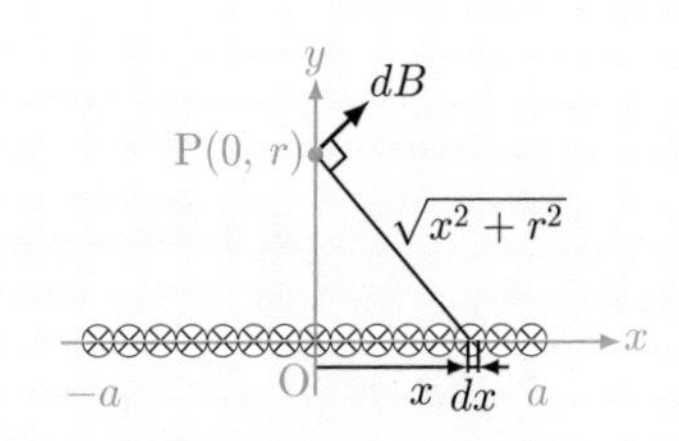

5.9 (Step1) 1辺の電流が中心の位置につくる磁束密度 $\boldsymbol{B}_1$ を求める．基本例題メニュー 5.3 より

$$B_1 = \frac{\mu_0 I}{2\pi(\frac{a}{2})} \frac{\frac{a}{2}}{\sqrt{(\frac{a}{2})^2 + (\frac{a}{2})^2}} = \frac{\mu_0 I}{\sqrt{2}\,\pi a} \ [\mathrm{Wb/m^2}]$$

であり，円に垂直方向で右ねじの法則に従う向きになる． (Step2) 4つ全ての辺の電流が中心の位置につくる合計の磁束密度 $\boldsymbol{B}_{正方形}$ を求める．それぞれの辺の電流が中心の位置につくる磁束密度の大きさは，全て同じなので，合計の磁束密度は

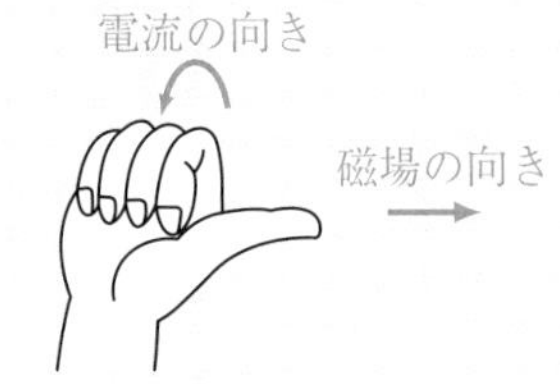

$$B_{正方形} = 4 \times B_1 = \frac{2\sqrt{2}\,\mu_0 I}{\pi a} \ [\mathrm{Wb/m^2}]$$

であり，向きは，図のように親指を立てて右手の4本の指の指先をコイルに流れる電流の向きに合わせてにぎるとき，親指の向きが磁場の向きになる（**右手の法則**(みぎてのほうそく)）．

5.10 (Step1) 半径 a の円に内接する正 n 角形の1辺の長さと，辺の中点から中心までの距離を求める．1辺の長さは $2a\sin(\frac{\pi}{n})$ [m]，中心までの距離は $a\cos(\frac{\pi}{n})$ [m] である．
(Step2) 1辺の電流が中心の位置につくる磁束密度 $\boldsymbol{B}_1$ を求める．基本例題メニュー 5.3 より

$$B_1 = \frac{\mu_0 I}{2\pi a\cos(\frac{\pi}{n})} \frac{a\sin(\frac{\pi}{n})}{a} = \frac{\mu_0 I}{2\pi a} \tan\left(\frac{\pi}{n}\right) [\mathrm{Wb/m^2}]$$

であり，向きはコイルに垂直で右手の法則に従う向きになる． (Step3) 全ての辺の電流が中心の位置につくる合成磁束密度 $\boldsymbol{B}$ を求める．それぞれの辺の電流が中心の位置につくる磁束密度の大きさは全て同じなので

$$B = n \times B_1 = \frac{\mu_0 nI}{2\pi a} \tan\left(\frac{\pi}{n}\right) [\mathrm{Wb/m^2}]$$

であり，向きは右手の法則に従う向きになる．n が大きい極限では $\tan(\frac{\pi}{n}) \to \frac{\pi}{n}$ であるから，$B \to \frac{\mu_0 I}{2a}$ [Wb/m^2] となり，実践例題メニュー 5.4 の円形コイルの結果と一致することが確かめられる．また，正方形（$n=4$）のとき，1辺の長さは $\sqrt{2}\,a$ であり，$\tan(\frac{\pi}{4}) = 1$ であるから，問題 5.9 において，1辺の長さを $\sqrt{2}\,a$ とした結果と一致する．

5.11 (Step1) コイルを n 個の微小部分に分け，i 番目の微小部分のつくる P での磁束密度 $d\boldsymbol{B}$ を求める．微小部分の長さは $ds = \frac{2\pi a}{n}$ [m] である．図のようにコイルの接線と微小部分 ds から P に向けて引いた線分は垂直なので，ビオ–サバールの法則 (5.27) において $\theta = \frac{\pi}{2}$，$r = \sqrt{a^2 + z^2}$ [m] を代入すればよい．したがって，$d\boldsymbol{B}$ はどの微小部分も等しく

$$dB = \frac{\mu_0 I\, ds}{4\pi(a^2 + z^2)} \ [\mathrm{Wb/m^2}]$$

であり，コイルの接線および O から P に引いた線分に垂直になる．
(Step2) 対称性より，磁束密度はコイルに平行な成分は打ち消し合い，コイルに垂直な成分のみ残る．そこで，$d\boldsymbol{B}$ のコイルに垂直な成分 $dB_\perp$ を求める．

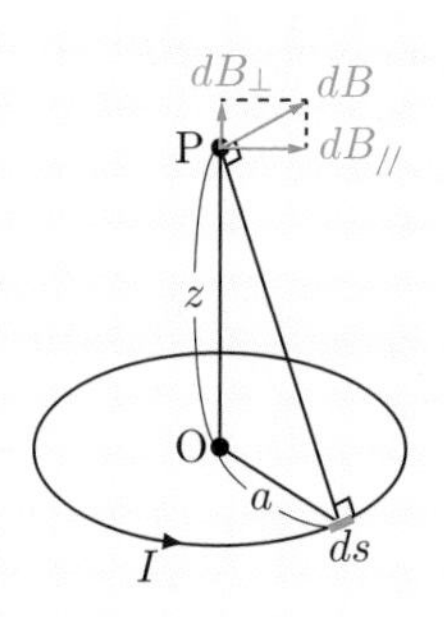

$$dB_\perp = \frac{\mu_0 I\,ds}{4\pi(a^2+z^2)}\,\frac{a}{\sqrt{a^2+z^2}} = \frac{\mu_0 I a\,ds}{4\pi(a^2+z^2)^{\frac{3}{2}}}\ [\mathrm{Wb/m^2}]$$

Step3 コイル全体の電流がつくる磁束密度 $\boldsymbol{B}$ を求める．$dB_\perp$ はどの微小部分のものも等しいので

$$B = \int_0^{2\pi a} \frac{\mu_0 I a\,ds}{4\pi(a^2+z^2)^{\frac{3}{2}}} = \frac{\mu_0 I a}{4\pi(a^2+z^2)^{\frac{3}{2}}}\int_0^{2\pi a} ds = \frac{\mu_0 I a^2}{2(a^2+z^2)^{\frac{3}{2}}}\ [\mathrm{Wb/m^2}]$$

であり，右手の法則に従う向きである．特に，$z=0$ では $B=\frac{\mu_0 I}{2a}$ [Wb/m^2] であり，実践例題メニュー 5.4 と一致していることが確かめられる．

5.12 (a) Step1 図のようにソレノイドの軸に沿った方向を z 軸とする．$z \sim z+dz$ の部分のコイルが中心の位置につくる磁束密度 $d\boldsymbol{B}$ を求める．問題 5.11 より

$$dB = \frac{\mu_0 n I a^2\,dz}{2(a^2+z^2)^{\frac{3}{2}}}\ [\mathrm{Wb/m^2}]$$

であり，向きは z 軸の正の向きになる．

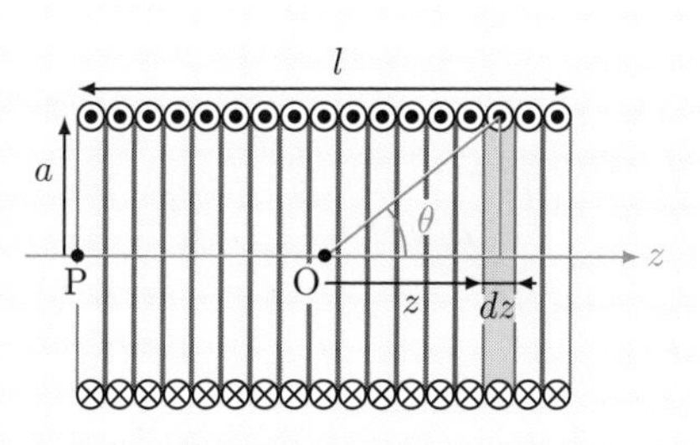

Step2 ソレノイド全体が O につくる磁束密度 $\boldsymbol{B}_\mathrm{O}$ を求める．$\cos\theta = \frac{z}{\sqrt{a^2+z^2}}$ とすると

$$\frac{d}{dz}\cos\theta = -\sin\theta\,\frac{d\theta}{dz},$$

$$\frac{d}{dz}\left(\frac{z}{\sqrt{a^2+z^2}}\right) = \frac{1}{\sqrt{a^2+z^2}} - \frac{z^2}{(a^2+z^2)^{\frac{3}{2}}} = \frac{a^2}{(a^2+z^2)^{\frac{3}{2}}}$$

であるから

$$dB = -\frac{\mu_0 nI}{2}\sin\theta\, d\theta \ [\mathrm{Wb/m^2}]$$

となる．これを $\cos\theta_1 = -\frac{l}{2\sqrt{a^2+(\frac{l}{2})^2}}$ から $\cos\theta_2 = \frac{l}{2\sqrt{a^2+(\frac{l}{2})^2}}$ まで積分すれば B_{O} が求められる．したがって

$$B_{\mathrm{O}} = -\frac{\mu_0 nI}{2}\int_{\theta_1}^{\theta_2}\sin\theta\, d\theta = \frac{\mu_0 nI}{2}(\cos\theta_2 - \cos\theta_1) = \frac{\mu_0 nI}{2}\frac{l}{\sqrt{a^2+(\frac{l}{2})^2}} \ [\mathrm{Wb/m^2}]$$

であり，z 軸の正の向きである．特に，l が十分に大きいときには，磁束密度の大きさは $B = \mu_0 nI$ $[\mathrm{Wb/m^2}]$ となる．

(b) Step3 ソレノイド全体が P につくる磁束密度 $\boldsymbol{B}_{\mathrm{P}}$ を求める．積分範囲を $\cos\theta_1' = 0$ から $\cos\theta_2' = \frac{l}{\sqrt{a^2+l^2}}$ に変更すればよい．したがって

$$B_{\mathrm{P}} = -\frac{\mu_0 nI}{2}\int_{\theta_1'}^{\theta_2'}\sin\theta\, d\theta = \frac{\mu_0 nI}{2}\cos\theta_2' = \frac{\mu_0 nI}{2}\frac{l}{\sqrt{a^2+l^2}} \ [\mathrm{Wb/m^2}]$$

であり，z 軸の正の向きになる．特に，l が十分に大きいときには，磁束密度の大きさは $B_{\mathrm{P}} = \frac{1}{2}\mu_0 nI$ となり，中心の $\frac{1}{2}$ になる．

5.13 Step1 左のコイルが P につくる磁束密度 $\boldsymbol{B}_{左}$ を求める．P の左のコイルから P までの距離は $\frac{R}{2}+x$ なので，問題 5.11 を用いれば

$$B_{左}(x) = \frac{\mu_0 NIR^2}{2\{R^2+(\frac{R}{2}+x)^2\}^{\frac{3}{2}}} \ [\mathrm{Wb/m^2}]$$

であり，コイルに垂直方向で図の右向きになる． Step2 右のコイルが P につくる磁束密度 $\boldsymbol{B}_{右}$ を求める．コイルから P までの距離は $\frac{R}{2}-x$ なので，同様に

$$B_{右}(x) = \frac{\mu_0 NIR^2}{2\{R^2+(\frac{R}{2}-x)^2\}^{\frac{3}{2}}} \ [\mathrm{Wb/m^2}]$$

であり，コイルに垂直方向で図の右向きになる． Step3 中心軸に沿って O から x だけ離れた位置の磁束密度 $\boldsymbol{B}(x)$ を求める．

$$B(x) = B_{左}(x) + B_{右}(x) = \frac{\mu_0 NIR^2}{2\{R^2+(\frac{R}{2}+x)^2\}^{\frac{3}{2}}} + \frac{\mu_0 NIR^2}{2\{R^2+(\frac{R}{2}-x)^2\}^{\frac{3}{2}}} \ [\mathrm{Wb/m^2}]$$

であり，コイルに垂直方向で図の右向きになる．これを $x=0$ のまわりでテイラー展開すると

$$B(x) = \mu_0 NIR^2\left\{\left(\frac{4}{5}\right)^{\frac{3}{2}}\frac{1}{R^3} - \frac{2^7\times 3^2}{5^{\frac{9}{2}}}\frac{x^4}{R^7} + \cdots\right\} [\mathrm{Wb/m^2}]$$

となり，x^2 の項が 2 つのコイルで打ち消し合うために，x^4 の項から現れる．O 付近では大きさ $\left(\frac{4}{5}\right)^{\frac{3}{2}}\frac{\mu_0 NI}{R}$ のほぼ一様な磁束密度が得られるので，ヘルムホルツコイルは一様な磁束密度を必要とするときに使われる．

5.14 Step1 図 (a) のように閉曲線 C として，円筒の中心軸を中心とし，円筒軸に垂直な，半径 r [m] の円を考え，C を縁とする面を貫く電流を求める．C を縁とする面を貫く電流は，

$r \geqq a$ では I であり，$r < a$ では 0 である．

Step2 C に沿った磁場の接線線積分を求める．磁場は C 上の至る所で同じ大きさで，C の接線方向右ねじの法則に従う向きである．したがって，磁場を $\boldsymbol{H}$ [A/m] とすると $\oint_C \boldsymbol{H} \cdot d\boldsymbol{l} = H \times (2\pi r) = 2\pi r H$ [A] となる．

Step3 アンペールの法則 (5.50) より磁場 $\boldsymbol{H}$ を求め，$\boldsymbol{B} = \mu_0 \boldsymbol{H}$ より磁束密度 $\boldsymbol{B}$ を求める．

$$H = \begin{cases} \frac{I}{2\pi r} \ [\mathrm{A/m}] & (r \geqq a) \\ 0 & (r < a) \end{cases}, \quad B = \begin{cases} \frac{\mu_0 I}{2\pi r} \ [\mathrm{Wb/m^2}] & (r \geqq a) \\ 0 & (r < a) \end{cases}$$

であり，共に右ねじの法則に従う向きである．B の r 依存性のグラフは図 (b) のようになる．

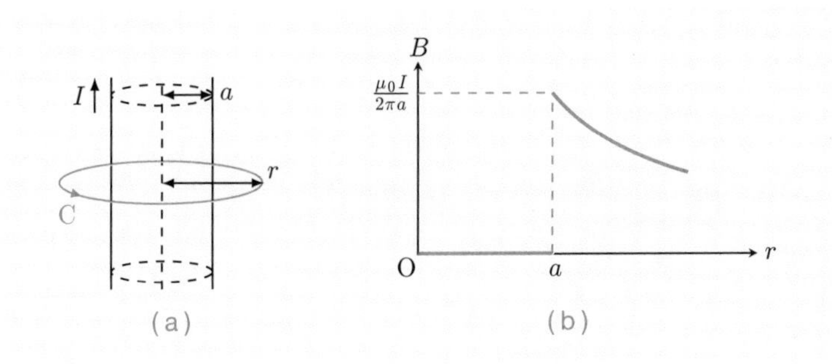

(a) (b)

5.15 Step1 断面の半径 a の円筒を流れる電流のつくる磁場 $\boldsymbol{H}_a$ および磁束密度 $\boldsymbol{B}_a$ を求める．問題 5.14 より

$$B_a = \begin{cases} \frac{\mu_0 I}{2\pi r} \ [\mathrm{Wb/m^2}] & (r \geqq a) \\ 0 & (r < a) \end{cases}$$

であり，半径 a の円筒を流れる電流に対して右ねじの法則に従う向きである．Step2 断面の半径 b の円筒を流れる電流のつくる磁場 $\boldsymbol{H}_b$ および磁束密度 $\boldsymbol{B}_b$ を求める．同様に

$$B_b = \begin{cases} \frac{\mu_0 I}{2\pi r} \ [\mathrm{Wb/m^2}] & (r \geqq b) \\ 0 & (r < b) \end{cases}$$

であり，半径 b の円筒を流れる電流に対して右ねじの法則に従う向きである．

Step3 重ね合わせの原理より，合成磁場 $\boldsymbol{H}$ および合成磁束密度 $\boldsymbol{B}$ を求める．

$$B = B_a - B_b = \begin{cases} 0 & (r \geqq b) \\ \frac{\mu_0 I}{2\pi r} \ [\mathrm{Wb/m^2}] & (b > r \geqq a) \\ 0 & (r < a) \end{cases}$$

であり，半径 a の円筒を流れる電流に対して右ねじの法則に従う向きになる（磁場は $\boldsymbol{B} = \mu_0 \boldsymbol{H}$ より求められる）．B の r 依存性のグラフは図 (a) のようになる．

別解 図 (b) のように閉曲線 C として，円筒の中心軸を中心とし，円筒軸に垂直な，半径 r [m] の円を考え，C を縁とする面を貫く電流を求めると，0 ($r \geqq b$)，I [A] ($b > r \geqq a$)，0 ($r < a$) であるので，アンペールの法則 (5.50) より求めることができる．

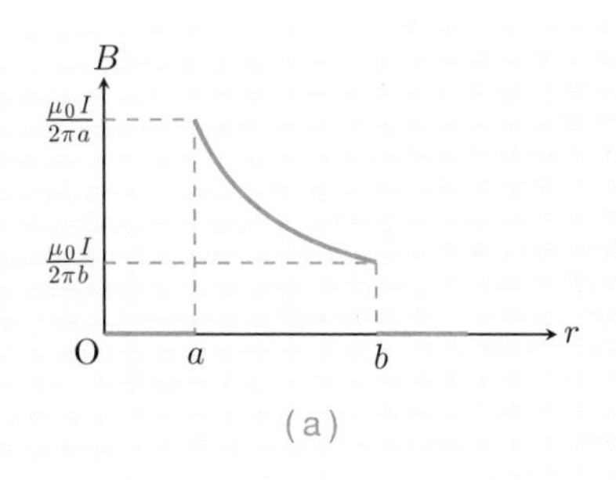

(a)

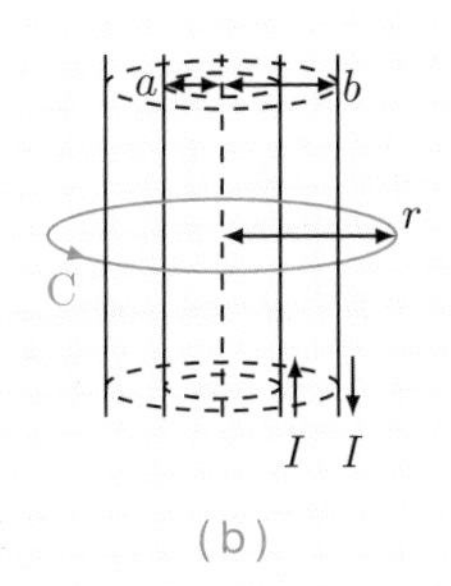

(b)

5.16 Step1 電流密度の大きさ j を求める．断面積は $\pi(b^2 - a^2)$ [m^2] だから

$$j = \frac{I}{\pi(b^2 - a^2)} \ [\mathrm{A/m^2}]$$

Step2 断面の半径 b の無限に長い円柱状の導体に流れている大きさ $\pi b^2 j$ [A] の電流と，それと同軸で断面の半径 a の無限に長い円柱状の導体に逆向きに流れている大きさ $\pi a^2 j$ [A] の電流の重ね合わせと考えられる．まず，半径 b の無限に長い円柱状の導体に流れている大きさ $\pi b^2 j$ の電流のつくる磁束密度 $\boldsymbol{B}_b$ を求める．実践例題メニュー 5.8 より

$$B_b = \begin{cases} \frac{\mu_0 j b^2}{2r} \ [\mathrm{Wb/m^2}] & (r \geqq b) \\ \frac{\mu_0 j r}{2} \ [\mathrm{Wb/m^2}] & (r < b) \end{cases}$$

であり，半径 b の円柱を流れる電流に対して右ねじの法則に従う向きである．

Step2 半径 a の無限に長い円柱状の導体に流れている大きさ $\pi a^2 j$ の電流のつくる磁束密度 $\boldsymbol{B}_a$ を求める．同様に

$$B_a = \begin{cases} \frac{\mu_0 j a^2}{2r} \ [\mathrm{Wb/m^2}] & (r \geqq a) \\ \frac{\mu_0 j r}{2} \ [\mathrm{Wb/m^2}] & (r < a) \end{cases}$$

であり，半径 a の円柱を流れる電流に対して右ねじの法則に従う向きである． Step3 重ね合わせの原理より，元の電流のつくる磁束密度 $\boldsymbol{B}$ を求める．向きに注意して足し合わせれば

$$B = \begin{cases} \frac{\mu_0 j b^2}{2r} - \frac{\mu_0 j a^2}{2r} = \frac{\mu_0 I}{2\pi r} \ [\mathrm{Wb/m^2}] & (r \geqq b) \\ \frac{\mu_0 j r}{2} - \frac{\mu_0 j a^2}{2r} = \frac{\mu_0 I}{2\pi(b^2 - a^2)}\left(r - \frac{a^2}{r}\right) \ [\mathrm{Wb/m^2}] & (b > r \geqq a) \\ 0 & (r < a) \end{cases}$$

であり，右ねじの法則に従う向きである（磁場は $\boldsymbol{B} = \mu_0 \boldsymbol{H}$ より求められる）．B の r 依存

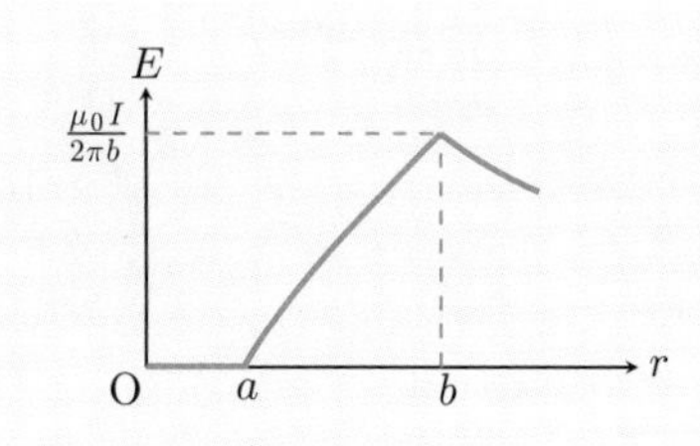

性のグラフは図のようになる．

別解　前問と同様に閉曲線 C として，円柱の中心軸を中心とし，円柱軸に垂直な，半径 r [m] の円を考え，C を縁とする面を貫く電流を求めると，$r \geqq b$ では I [A]，$b > r \geqq a$ では $I\,\frac{r^2-a^2}{b^2-a^2}$ [A]，$r < a$ では 0 であるので，アンペールの法則 (5.50) より求めることができる．

5.17　Step1　図のように紙面の表から裏に電流が流れているとする．閉曲線 C として 1 つの辺が平面に平行で，平面に垂直な 1 辺の長さ a [m] の正方形を考え，C を縁とする面を貫く電流を求める．$-ja$ [A]．

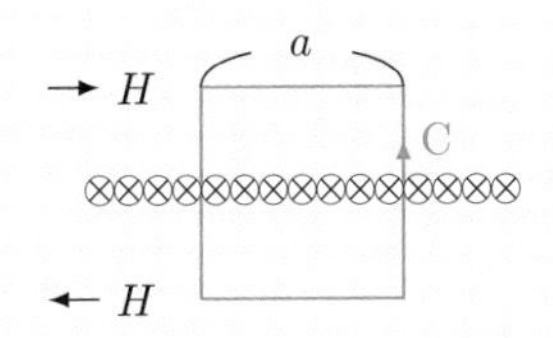

Step2　C に沿った磁場の接線線積分を求める．対称性より，磁場は至るところで同じ大きさ，平面に平行で平面より上は右向き，平面より下は左向きになる．したがって，磁場を $\boldsymbol{H}$ [A/m] とすると $\oint_{\mathrm{C}} \boldsymbol{H}\cdot d\boldsymbol{l} = -H\times(2a) = -2aH$．　Step3　アンペールの法則 (5.50) より磁場 $\boldsymbol{H}$ を求め，$\boldsymbol{B} = \mu_0 \boldsymbol{H}$ より磁束密度 $\boldsymbol{B}$ を求める．$-2aH = -ja$ であるから，$H = \frac{j}{2}$ [A/m]，$B = \frac{\mu_0 j}{2}$ [Wb/m^2] であり，向きは共に平面に平行で平面より上は右向き，平面より下は左向きになる．これは，問題 5.8 の平面が広い極限の解答と一致する．

5.18　Step1　対称性より，図のように無限に長いソレノイドのつくる磁場および磁束密度は一様で，軸対称になっているはずである．またビオ–サバールの法則 (5.27) より磁束密度は軸に平行でソレノイド内で図の右向きになる．そこで，閉曲線として軸に沿った長さ a [m] の長方形 ABCD, EFGH, IJKL を考えアンペールの法則 (5.50) を適用する．まず，ABCD についてアンペールの法則を適用する．AB および CD 上の磁場の大きさを H_{AB} および H_{CD} とすると $H_{\mathrm{AB}}a - H_{\mathrm{CD}}a = 0$．これより，$H_{\mathrm{AB}} = H_{\mathrm{CD}}$ である．Step2　次に，EFGH についてアンペールの法則を適用する．EF および GH 上の磁場の大きさを H_{EF} および H_{GH} とすると $H_{\mathrm{EF}}a - H_{\mathrm{GH}}a = 0$．これより，$H_{\mathrm{EF}} = H_{\mathrm{GH}}$ であるが，HG を図の矢印のように十分に遠方にとれば，十分に離れたところでは磁場は 0 であるから $H_{\mathrm{GH}} = 0$ である．EF

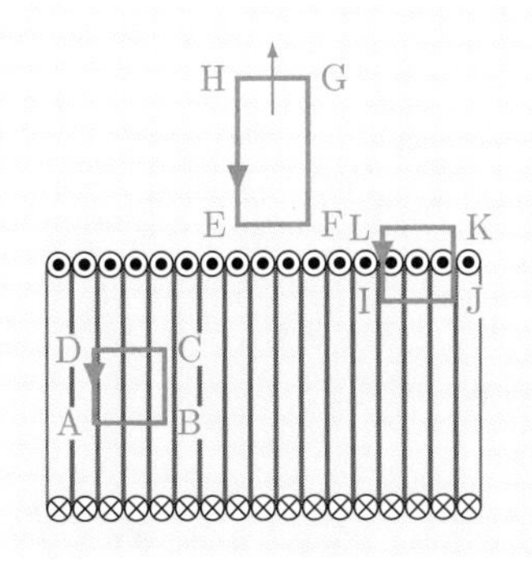

はソレノイドの外側であれば軸からの距離に依らないので，結局，ソレノイドの外側では至る所で磁束密度は0になる． Step3 最後に，IJKLについてアンペールの法則を適用し，ソレノイド内の磁場 $\boldsymbol{H}$ および磁束密度 $\boldsymbol{B}$ を求める．IJおよびKL上の磁場の大きさを H_{IJ} および H_{KL} とするとIJKLを貫く電流は naI であるから $H_{\mathrm{IJ}}a - H_{\mathrm{KL}}a = naI$．ここでソレノイド外部の磁場は0であるから，ソレノイドの内部の磁場および磁束密度の大きさは $H = H_{\mathrm{IJ}} = nI$ [A/m], $B = \mu_0 H = \mu_0 nI$ [Wb/m^2] で，軸に平行で共に図の右向きになる．これは問題5.12の中心での磁束密度と一致している．

5.19 Step1 閉曲線Cとして，図のような，円環の中心軸を中心として軸と垂直な半径 r [m] の円を考え，Cを縁とする面を貫く電流を求める．Cを縁とする面を貫く電流は，$r \geqq b$ のとき0，$b > r \geqq a$ のとき NI [A]，$r < a$ のとき0となる． Step2 Cに沿った磁場の接線線積分を求める．対称性より，磁場はC上の至るところで同じ大きさ，Cの接線方向，右手の法則に従う向き（右手の4本の指をコイルに流れる電流の向きに合わせてにぎったときに親指の向き）となる．したがって，磁場を $\boldsymbol{H}$ とすると $\oint_{\mathrm{C}} \boldsymbol{H} \cdot d\boldsymbol{l} = H \times 2\pi r$ となる． Step3 アンペールの法則 (5.50) より，磁場 $\boldsymbol{H}$ を求め，$\boldsymbol{B} = \mu \boldsymbol{H}$ より磁束密度 $\boldsymbol{B}$ を求める．アンペールの法則より

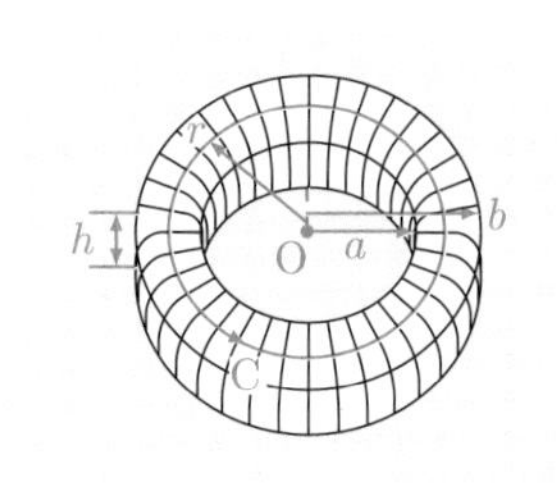

$$H = \begin{cases} 0 & (r \geqq b) \\ \frac{NI}{2\pi r}\ [\mathrm{A/m}] & (b > r \geqq a) \\ 0 & (r < a) \end{cases}, \quad B = \begin{cases} 0 & (r \geqq b) \\ \frac{\mu NI}{2\pi r}\ [\mathrm{Wb/m^2}] & (b > r \geqq a) \\ 0 & (r < a) \end{cases}$$

であり，円環の接線方向で，右手の法則に従う向きである．

5.20 Step1 円柱状導体内で導体の軸から距離 r [m] の位置の磁束密度を求める．導体内では正電荷が一様に分布しているとし，軸方向に一様に負電荷をもつ電子が運動しているとする．電流密度は $n_{\mathrm{e}}ev$ であるから，実践例題メニュー5.8より，軸から距離 r の位置の磁束密度 $\boldsymbol{B}$ は

$$B = \frac{\mu_0(\pi r^2 n_{\mathrm{e}} ev)}{2\pi r} = \frac{1}{2}\,\mu_0 r n_{\mathrm{e}} ev\ [\mathrm{Wb/m^2}]$$

であり，電流の向きに対して右ねじの法則に従う向きである（電流の向きと電子の速度の向きは逆になることに注意する）． Step2 ローレンツ力 $\boldsymbol{F}_{\mathrm{M}}$ を求める．電子の速度と磁場は直交しているので

$$F_{\mathrm{M}} = evB = \frac{1}{2}\,\mu_0 r n_{\mathrm{e}} e^2 v^2\ [\mathrm{N}]$$

であり，円柱軸に垂直で軸に向かう向きである．したがって，電流のつくる磁場は，軸に向かって電流を縮めようとする向きの力を生じさせる．これを**ピンチ効果**（こうか）という．

Step3 定常状態ではローレンツ力と静電気力がつり合っている．そこで，力のつり合いより，軸から距離 r の位置の電場 $\boldsymbol{E}$ を求める．

$$E = vB = \frac{1}{2}\,\mu_0 r n_{\mathrm{e}} ev^2\ [\mathrm{N/C}]$$

であり，円柱軸に垂直で軸から離れる向きである．(Step4) 導体内の電荷分布を求める．電荷密度を $\rho(r)$ としたとき，軸から距離 $r \sim r+dr$ の位置に含まれる単位長さ当たりの電荷は $\rho(r) \times (2\pi r)\,dr$ であるから，電場に関するガウスの法則より

$$2\pi r E = \frac{1}{\varepsilon_0}\int_0^r \rho(r) \times (2\pi r)\,dr$$

となる．よって，電荷密度は

$$\rho = \varepsilon_0 \mu_0 n_\mathrm{e} e v^2 = n_\mathrm{e} e^2 \frac{v^2}{c^2}\ [\mathrm{C/m^3}]$$

となり，r に依存しないことがわかる．ただし，真空の光の速さを c として，$c^2 = \frac{1}{\varepsilon_0 \mu_0}$ の関係を用いた．ここで，正イオンの密度を n_+ [個/m^3]，電気量を Ze [C]（Z：自然数）とすると，電荷密度は $\rho = e(Zn_+ - n_\mathrm{e})$ であるから

$$n_\mathrm{e} = \frac{Zn_+}{1-\frac{v^2}{c^2}}\ [\text{個}/\mathrm{m^3}]$$

となる．よって，電子の速さが大きくなると n_e が大きくなる．このとき，電流は軸方向に縮み，導体表面には正電荷が現れる．ただし，数 mA ～ 数 A 程度の通常の伝導電流では v は真空中の光の速さ c に比べて十分に小さいので，この効果は無視することができる．

ピンチ効果は通常の伝導電流を考えるときには無視できるほど小さいが，高密度プラズマのような大電流では顕著になる．

第 6 章

6.1 (Step1) 磁場の時間変化がないときのファラデーの法則を書く．$\oint_\mathrm{C} \boldsymbol{E}\cdot d\boldsymbol{l} = 0$.
(Step2) 図 (a) のような閉曲線 C を図 (b) のように点 P と点 Q で $\mathrm{C_1}$ と $\mathrm{C_2}$ に分ける．

$$\oint_\mathrm{C} \boldsymbol{E}\cdot d\boldsymbol{l} = \oint_{\mathrm{C_1}} \boldsymbol{E}\cdot d\boldsymbol{l} + \oint_{\mathrm{C_2}} \boldsymbol{E}\cdot d\boldsymbol{l} = 0$$

(Step3) 図 (c) のように $\mathrm{C_2}$ の向きを逆向き（$-\mathrm{C_2}$）にして整理する．$\oint_{\mathrm{C_1}} \boldsymbol{E}\cdot d\boldsymbol{l} - \oint_{-\mathrm{C_2}} \boldsymbol{E}\cdot d\boldsymbol{l} = 0$ であるから $\oint_{\mathrm{C_1}} \boldsymbol{E}\cdot d\boldsymbol{l} = \oint_{-\mathrm{C_2}} \boldsymbol{E}\cdot d\boldsymbol{l}$ となる．両辺に電気量 q [C] を掛けると $q\oint_{\mathrm{C_1}} \boldsymbol{E}\cdot d\boldsymbol{l} = q\oint_{-\mathrm{C_2}} \boldsymbol{E}\cdot d\boldsymbol{l}$ である．ここで左辺は電気量 q の電荷を $\mathrm{C_1}$ に沿って P から Q まで移動させたときに静電気力のする仕事であり，右辺は電気量 q の電荷を $-\mathrm{C_2}$ に沿っ

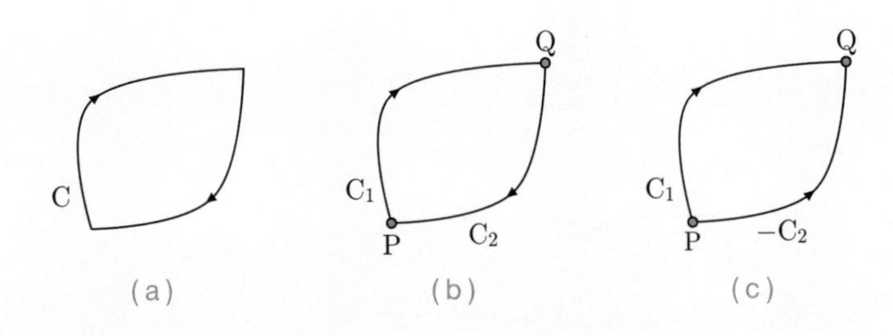

(a)　(b)　(c)

てPからQまで移動させたときに静電気力のする仕事である．仕事が経路に依らないので，静電気力は保存力である．

6.2 Step1 正方形の右の辺が $x=0$ の位置に到達した時刻を $t=0$ とすると，$t=0$ から $t=\frac{10\text{ cm}}{5.0\text{ cm/s}}=2.0\text{ s}$ まではコイルを貫く磁束が変化するので，その間はコイルに電流が流れる．そこで時刻 t（$0 \leqq t \leqq 2.0\text{ s}$）での磁束密度の領域（$x \geqq 0$）内にあるコイルの面積の変化率 $\frac{dS}{dt}$ を求める．正方形の1辺の長さを a [m]，コイルの速さを v [m/s] とすると，時刻 t から $t+\Delta t$ までの面積の変化 ΔS は

$$\Delta S = av\,\Delta t \ [\text{m}^2]$$

であるから

$$\frac{dS}{dt} = av \ [\text{m}^2/\text{s}]$$

Step2 コイルを貫く磁束の変化率 $\frac{d\Phi_{\text{M}}}{dt}$ を求める．

$$\frac{d\Phi_{\text{M}}}{dt} = B\frac{dS}{dt} = Bav \ [\text{V}]$$

Step3 ファラデーの法則 (6.2) より，コイルに生じる誘導起電力 $V_{\text{誘導}}$ を求める．

$$V_{\text{誘導}} = -\frac{d\Phi_{\text{M}}}{dt} = -Bav \ [\text{V}]$$

各値を代入して $V_{\text{誘導}} = -1.5\times10^{-3}\text{ V} = -1.5\text{ mV}$ と求まる．負符号は磁場の変化を妨げようと電流を流す向き（いまの場合，反時計回り）であることを意味する． Step4 オームの法則よりコイルを流れる電流 $I_{\text{誘導}}$ を求める．コイルの抵抗値を R [Ω] とすると

$$I_{\text{誘導}} = \frac{V_{\text{誘導}}}{R} = -\frac{Bav}{R} \ [\text{A}]$$

となる．各値を代入して $I_{\text{誘導}} = -62.5\times10^{-3}\text{ A} = -63\text{ mA}$ と求まる．負符号は磁場の変化を妨げようとする向きに流れる（いまの場合，反時計回り）ことを意味する．

6.3 Step1 円の右端が $x=0$ の位置に到達した時刻を $t=0$ とすると，$t=0$ から $t=\frac{2a}{v}$ まではコイルを貫く磁束が変化するので，その間はコイルに電流が流れる．そこで時刻 t（$0 \leqq t \leqq \frac{2a}{v}$）での磁束密度の領域（$x \geqq 0$）内にあるコイルの面積の変化率 $\frac{dS}{dt}$ を求める．時刻 t から $t+\Delta t$ までの面積の変化 ΔS は

$$\Delta S = 2\int_{x=vt}^{x=vt+v\,\Delta t} \sqrt{a^2-(a-x)^2}\,dx \ [\text{m}^2]$$

であるが，$v\Delta t$ が小さいとすると被積分関数を一定とみなすことができて

$$\Delta S = 2v\,\Delta t\sqrt{a^2-(a-vt)^2} \ [\text{m}^2]$$

とすることができる．したがって

$$\frac{dS}{dt} = \lim_{\Delta t\to 0}\frac{\Delta S}{\Delta t} = 2v\sqrt{a^2-(a-vt)^2} \ [\text{m}^2/\text{s}]$$

Step2 コイルを貫く磁束の変化率 $\frac{d\Phi_{\text{M}}}{dt}$ を求める．

$$\frac{d\Phi_\mathrm{M}}{dt} = B\,\frac{dS}{dt} = 2Bv\sqrt{a^2-(a-vt)^2}\ [\mathrm{V}]$$

(Step3) ファラデーの法則 (6.2) より，コイルに生じる誘導起電力 $V_{誘導}$ を求める．

$$V_{誘導} = -\frac{d\Phi_\mathrm{M}}{dt} = -2Bv\sqrt{a^2-(a-vt)^2}\ [\mathrm{V}]$$

であり，負符号は磁場の変化を妨げようと電流を流す向き（いまの場合，反時計回り）であることを意味する． (Step4) コイルに流れる電流 $I_{誘導}$ を求める．

$$I_{誘導} = \frac{V_{誘導}}{R} = -\frac{2Bv}{R}\sqrt{a^2-(a-vt)^2}\ [\mathrm{A}]$$

負符号は磁場の変化を妨げようとする向きに流れる（いまの場合，反時計回り）ことを意味する．

6.4 (Step1) 導体棒に働く重力のレールに平行な成分を求める．大きさ $F = mg\sin\theta$ [N] で，レールに沿って下向き． (Step2) 導体棒がレールに沿って下向きに速さ v で運動しているとして，eadf に働く誘導起電力の大きさを求める．$V = Blv\cos\theta$ [V]． (Step3) オームの法則 (4.4) より eadf を流れる電流の大きさを求める．$I = \frac{V}{R} = \frac{Blv\cos\theta}{R}$ [A]．

(Step4) 導体棒に働くローレンツ力を求める．大きさ $F' = IBl\cos\theta = \frac{(Bl\cos\theta)^2 v}{R}$ [N] で，レールに沿って上向き． (Step5) 一定の速さのとき，合力が 0 なので，$F = F'$ として，それを v について解く．$mg\sin\theta = \frac{(Bl\cos\theta)^2 v}{R}$ より

$$v = \frac{mgR\sin\theta}{(Bl\cos\theta)^2}\ [\mathrm{m/s}]$$

6.5 (Step1) d から $d+\Delta d$ まで一定の速さで時間 Δt [s] だけ掛けて移動したとする．このときの磁束の変化を $\Delta\Phi_\mathrm{M}$ [Wb] として，誘導起電力を求める．$V_{誘導} = -\frac{\Delta\Phi_\mathrm{M}}{\Delta t}$ [V]．

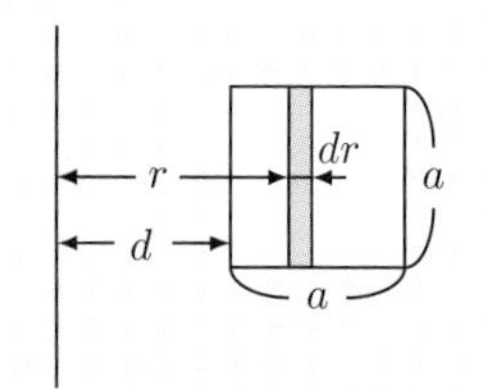

(Step2) 電流を一定に保つために，$V_{誘導}$ を打ち消す起電力 $V = \frac{\Delta\Phi_\mathrm{M}}{\Delta t}$ [V] を外部につないだ電源（図には描かれていない）から供給する必要がある．このとき Δt の間にコイルに流れ込む電荷は $Q = I_2\,\Delta t$ [C] であり，電源がする仕事 W_2 は Q と V の積である．

(Step3) W_2 を $\Delta\Phi_\mathrm{M}$ を用いて書く．

$$W_2 = QV = I_2\,\Delta t \times \frac{\Delta\Phi_\mathrm{M}}{\Delta t} = I_2\,\Delta\Phi_\mathrm{M}\ [\mathrm{J}]$$

(Step4) $\Delta\Phi_\mathrm{M}$ を求め，W_2 を求める．図のように，コイルを短冊状に分ける．直線電流から r [m] の位置にある微小な幅 dr [m] の短冊を貫く磁束は，(5.3) より $d\Phi_\mathrm{M} = B\times a\,dr = \frac{\mu_0 I_1 a\,dr}{2\pi r}$ [Wb] であり，紙面に垂直で表から裏向きである．したがって，コイルが d だけ離れた位置にあるときのコイルを貫く磁束 Φ_M は

$$\Phi_\mathrm{M} = \int_{r=d}^{r=d+a} d\Phi_\mathrm{M} = \frac{\mu_0 I_1 a}{2\pi}\int_d^{d+a}\frac{1}{r}\,dr = \frac{\mu_0 I_1 a}{2\pi}\ln\left(\frac{d+a}{d}\right)\ [\mathrm{Wb}]$$

であり，紙面に垂直で表から裏向きである．同様にコイルが $d + \Delta d$ だけ離れた位置にあるときのコイルを貫く磁束 $\varPhi'_{\mathrm{M}}$ は

$$\varPhi'_{\mathrm{M}} = \frac{\mu_0 I_1 a}{2\pi} \ln\left(\frac{d + \Delta d + a}{d + \Delta d}\right) \text{[Wb]}$$

であり，紙面に垂直で表から裏向きである．したがって

$$\Delta\varPhi_{\mathrm{M}} = \varPhi'_{\mathrm{M}} - \varPhi_{\mathrm{M}} = \frac{\mu_0 I_1 a}{2\pi} \ln\left[\frac{d^2 + (\Delta d)d + ad}{\{d^2 + (\Delta d)d + ad\} + a(\Delta d)}\right] \text{[Wb]}$$

であり

$$W_2 = I_2 \Delta\varPhi_{\mathrm{M}} = \frac{\mu_0 I_1 I_2 a}{2\pi} \ln\left[\frac{d^2 + (\Delta d)d + ad}{\{d^2 + (\Delta d)d + ad\} + a(\Delta d)}\right] \text{[J]}$$

と求まる．ここでは，コイルの電流を一定に保つために要する仕事を計算したが，直線導線の電流を一定に保つためにも仕事 W_1 を要する．計算は本書のレベルを超えるので省略するが $W_1 = W_2$ となる．

6

6.6 (Step1) (6.12) の両辺を $\widetilde{I}(t)$ で割った後で，t についての積分を行い，$\widetilde{I}(t)$ の一般解を求める．

$$\frac{1}{\widetilde{I}(t)} \frac{d\widetilde{I}(t)}{dt} = -\frac{R}{L}$$

積分定数を A として

$$\int \frac{1}{\widetilde{I}(t)} \frac{d\widetilde{I}(t)}{dt}\, dt = -\int \frac{R}{L}\, dt + A$$

より $\ln \widetilde{I}(t) = -\frac{R}{L} t + A$ となる．これを $\widetilde{I}(t)$ について解くと，一般解

$$\widetilde{I}(t) = e^{-\frac{R}{L}t + A} = e^{A} e^{-\frac{R}{L}t}$$

(Step2) 初期条件 $t = 0$ のとき $\widetilde{I} = \frac{V}{R}$（$I = 0$）より，$\widetilde{I}(t)$ を求める．一般解に $t = 0$ および $\widetilde{I} = \frac{V}{R}$ を代入すると $\frac{V}{R} = e^{A}$ となる．したがって，$\widetilde{I}(t) = \frac{V}{R} e^{-\frac{R}{L}t}$． (Step3) (6.13) を導く．$\widetilde{I}(t) = \frac{V}{R} - I(t)$ より

$$I(t) = \frac{V}{R} - \frac{V}{R} e^{-\frac{R}{L}t} = \frac{V}{R}\left(1 - e^{-\frac{R}{L}t}\right) \text{[A]}$$

6.7 (Step1) 自己インダクタンス L [H] のコイルに電流が流れるとき，自己誘導によって $L\frac{dI}{dt}$ の起電力が生じる．問題 6.2 の場合は，時刻 $t = 0$ と $t = 2.0\,\mathrm{s}$ で $\frac{dI}{dt}$ が発散するので注意しなければならない．そこで，コイルを流れる電流を I [A]，紙面に垂直な磁場による誘導起電力を V [V]（$= Bvl$），コイルの抵抗を R [Ω] として，I についての方程式を立てる．

$$V = RI + L\frac{dI}{dt} \quad (0.0\,\mathrm{s} \leqq t \leqq 2.0\,\mathrm{s}),$$

$$0 = RI + L\frac{dI}{dt} \quad (t > 2.0\,\mathrm{s})$$

Step2 $0.0\,\mathrm{s} < t < 2.0\,\mathrm{s}$ の方程式を解いて I を求める．これは，(6.11) と同じ方程式なので，問題 6.6 と同様にして

$$I(t) = \frac{Bvl}{R}\left(1 - e^{-\frac{R}{L}t}\right)\,[\mathrm{A}]$$

を得る．ただし，$t = 0$ のとき $I = 0$ とした．ここで

$$\frac{L}{R} = \frac{0.42 \times 10^{-6}\ \mathrm{H}}{24 \times 10^{-3}\ \Omega} = 17.5 \times 10^{-6}\ \mathrm{s}$$

であり $2.0\,\mathrm{s}$ に比べて十分に小さい．立ち上がりは指数関数的になるが $2.0\,\mathrm{s}$ に比べて十分に小さい時間で $I = \frac{Bvl}{R}$ になるので自己誘導の影響は無視することができる． Step3 $t > 2.0\,\mathrm{s}$ の方程式を解いて I を求める．

$$I(t) = \frac{Bvl}{R}\,e^{-\frac{R}{L}(t-2.0)}\ [\mathrm{A}]$$

を得る．ただし，$t = 2.0\,\mathrm{s}$ のとき $I = \frac{Bvl}{R}$ [A] とした．この場合も立ち下がりは指数関数的になるが，$t = 0$ の場合と同様に自己誘導の影響は無視できる．立ち上がりも立ち下がりも，$t = \frac{L}{R}$ [s] 程度の短い時間を考えない限りは自己誘導の影響は無視できるのである．

ところで，導線の断面の半径 r [m]，1 辺の長さ a [m] の 1 巻きの正方形コイルの自己インダクタンス L は，$r \ll a$ のときに

$$L \fallingdotseq \frac{2\mu_0 a}{\pi}\left(\ln\frac{a}{r} - 0.5\right)[\mathrm{H}]$$

と書くことができる（問題 6.2，問題 6.7 では，半径 0.30 mm 程度の銅製の導線を考えている）．導線が細い極限 $r \to 0$ では $L \to \infty$ となり発散する．それでは，導線が細くなると自己誘導の影響は無視できなくなるのだろうか．実はそうではない．r を小さくしていくと，L は $\ln(\frac{1}{r})$ で大きくなるのに対して，R は $\frac{1}{r^2}$ で大きくなる．したがって，r を小さくしていくと $\frac{L}{R}$ は小さくなり，自己誘導の影響は小さくなるのである．

6.8 Step1 円筒軸から距離 r [m] だけ離れた位置の磁束密度 $\boldsymbol{B}$ を求める．問題 5.15 より，円筒間（$a \leqq r < b$）では $B = \frac{\mu_0 I}{2\pi r}$ [Wb/m²]，内円筒を流れる電流に対して右ねじの法則に従う向きであり，内円筒の内側（$r < a$），外円筒の外側（$r \geqq b$）では $B = 0$ となる．

Step2 図のように 1 つの辺が円筒軸に平行で長さ l [m] の長方形領域を考え，そこを貫く磁束 Φ_M を求める．

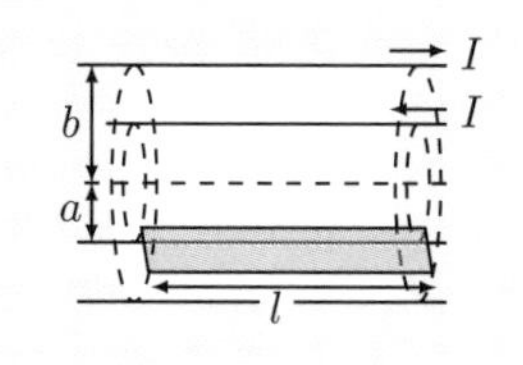

$$\Phi_\mathrm{M} = N \times \int_a^b Bl\,dr = \int_a^b \frac{\mu_0 Il}{2\pi r}\,dr$$
$$= \frac{\mu_0 Il}{2\pi}\ln\left(\frac{b}{a}\right)[\mathrm{Wb}]$$

Step3 長さ l の部分の自己インダクタンス L を求める．

$$L = \frac{\Phi_\mathrm{M}}{I} = \frac{\mu_0 l}{2\pi}\ln\left(\frac{b}{a}\right)[\mathrm{H}]$$

別解 Step1 円筒軸から距離 r [m] だけ離れた位置の円筒間の磁場のエネルギー密度 u_M を求める．

$$u_{\mathrm{M}} = \frac{1}{2}BH = \frac{1}{2}\frac{\mu_0 I^2}{(2\pi r)^2}\ [\mathrm{J/m^3}]$$

Step2 長さ l の部分の磁場のエネルギー U_{M} を求める．

$$U_{\mathrm{M}} = \int_a^b \frac{1}{2}\frac{\mu_0 I^2 l}{(2\pi r)^2} \times (2\pi r)\,dr = \frac{\mu_0 I^2 l}{4\pi}\ln\left(\frac{b}{a}\right)[\mathrm{J}]$$

Step3 $U_{\mathrm{M}} = \frac{1}{2}LI^2$ と比較して，自己インダクタンス L を求める．

$$L = \frac{2U_{\mathrm{M}}}{I^2} = \frac{\mu_0 l}{2\pi}\ln\left(\frac{b}{a}\right)[\mathrm{H}]$$

6.9 Step1 トロイダルコイルの中心から距離 r [m]（$a \leqq r < b$）だけ離れた位置の磁束密度 $\boldsymbol{B}$ を求める．問題 5.19 より，$B = \frac{\mu NI}{2\pi r}$ [Wb/m^2] であり，向きはトロイダルコイルの中心と同心でトロイダルコイルに平行な円環の接線方向，右手の法則に従う向きになる．
Step2 トロイダルコイルの断面を貫く正味の磁束 Φ_{M} を求める．

$$\Phi_{\mathrm{M}} = \int_a^b NBh\,dr = \int_a^b \frac{\mu N^2 Ih}{2\pi r}\,dr = \frac{\mu N^2 Ih}{2\pi}\ln\left(\frac{b}{a}\right)[\mathrm{Wb}]$$

Step3 自己インダクタンス L を求める．

$$L = \frac{\Phi_{\mathrm{M}}}{I} = \frac{\mu N^2 h}{2\pi}\ln\left(\frac{b}{a}\right)[\mathrm{H}]$$

別解 Step1 中心軸から距離 r [m] だけ離れた位置のコイル内部の磁場のエネルギー密度 u_{M} を求める．

$$u_{\mathrm{M}} = \frac{1}{2}BH = \frac{1}{2}\frac{\mu N^2 I^2}{(2\pi r)^2}\ [\mathrm{J/m^3}]$$

Step2 磁場のエネルギー U_{M} を求める．

$$U_{\mathrm{M}} = \int_a^b \frac{1}{2}\frac{\mu N^2 I^2 h}{(2\pi r)^2} \times (2\pi r)\,dr = \frac{\mu N^2 I^2 h}{4\pi}\ln\left(\frac{b}{a}\right)[\mathrm{J}]$$

Step3 $U_{\mathrm{M}} = \frac{1}{2}LI^2$ と比較して，自己インダクタンス L を求める．

$$L = \frac{2U_{\mathrm{M}}}{I^2} = \frac{\mu N^2 h}{2\pi}\ln\left(\frac{b}{a}\right)[\mathrm{H}]$$

6.10 Step1 まず，ソレノイド A に対するソレノイド B の相互インダクタンスを求める．そのために，ソレノイド B に電流 I [A] が流れたとき，ソレノイド B の内部に生じる磁束密度 $\boldsymbol{B}_{\mathrm{B}}$ を求める．問題 5.18 より，$B_{\mathrm{B}} = \mu_0 n_{\mathrm{B}} I$ [Wb/m^2] であり，ソレノイド B の軸に平行で右手の法則に従う向きになる． Step2 ソレノイド A の長さ l の部分を貫く正味の磁束 $\Phi_{\mathrm{B}\to\mathrm{A}}$ を求める．

$$\Phi_{\mathrm{B}\to\mathrm{A}} = (n_{\mathrm{A}} l) \times (\pi a^2 B_{\mathrm{B}}) = \pi a^2 \mu_0 n_{\mathrm{A}} n_{\mathrm{B}} l I\ [\mathrm{Wb}]$$

Step3 長さ l の部分の相互インダクタンス $M_{\mathrm{B}\to\mathrm{A}}$ を求める．

$$M_{\mathrm{B}\to\mathrm{A}} = \frac{\Phi_{\mathrm{B}\to\mathrm{A}}}{I} = \pi a^2 \mu_0 n_{\mathrm{A}} n_{\mathrm{B}} l \ [\mathrm{H}]$$

(Step4) 次にソレノイドBに対するソレノイドAの相互インダクタンスを求める．そのために，アンペールの法則 (5.50) を用いてソレノイドAに電流 I [A] が流れたとき，ソレノイドAの内部に生じる磁束密度 $\boldsymbol{B}_{\mathrm{A}}$ を求める．$B_{\mathrm{A}} = \mu_0 n_{\mathrm{A}} I$ [Wb/m^2] であり，ソレノイドAの軸に平行で右手の法則に従う向きになる． (Step5) ソレノイドBの長さ l の部分を貫く正味の磁束 $\Phi_{\mathrm{A}\to\mathrm{B}}$ を求める．$\Phi_{\mathrm{A}\to\mathrm{B}} = (n_{\mathrm{B}} l) \times (\pi a^2 B_{\mathrm{A}}) = \pi a^2 \mu_0 n_{\mathrm{A}} n_{\mathrm{B}} l I$ [Wb].
(Step6) 長さ l の部分の相互インダクタンス $M_{\mathrm{A}\to\mathrm{B}}$ を求める．

$$M_{\mathrm{A}\to\mathrm{B}} = \frac{\Phi_{\mathrm{A}\to\mathrm{B}}}{I} = \pi a^2 \mu_0 n_{\mathrm{A}} n_{\mathrm{B}} l \ [\mathrm{H}]$$

となる．したがって，$M_{\mathrm{B}\to\mathrm{A}} = M_{\mathrm{A}\to\mathrm{B}}$ が確かめられる．

詳しい証明は本書のレベルを超えるので省略するが，この関係はソレノイドだけでなく，一般的に示せる．これは**相互**(そうご)**インダクタンスの相反定理**(そうはんていり)と呼ばれる．そのため，相互インダクタンスというときには，通常は「Aに対するBの相互インダクタンス」という言い方はせず，「AとBの相互インダクタンス」という言い方をする．

6.11 (Step1) ソレノイドAに大きさ I_{A} [A]，ソレノイドBに大きさ I_{B} [A] の電流が同じ向きに流れているときの，ソレノイドA, Bのつくる磁束密度 B を求める．$r < a$ で $B = \mu_0(n_{\mathrm{A}} I_{\mathrm{A}} + n_{\mathrm{B}} I_{\mathrm{B}})$ [Wb/m^2], $a \leqq r < b$ で $B = \mu_0 n_{\mathrm{B}} I_{\mathrm{B}}$ [Wb/m^2] であり，ソレノイドの軸と平行で右手の法則に従う向きになる． (Step2) 磁場のエネルギー密度 u_{M} を求める．$r < a$ で $u_{\mathrm{M}} = \frac{1}{2}\mu_0(n_{\mathrm{A}} I_{\mathrm{A}} + n_{\mathrm{B}} I_{\mathrm{B}})^2$ [J/m^3], $a \leqq r < b$ で $u_{\mathrm{M}} = \frac{1}{2}\mu_0(n_{\mathrm{B}} I_{\mathrm{B}})^2$ [J/m^3].
(Step3) 長さ l の部分の磁場のエネルギー U_{M} を求める．

$$U_{\mathrm{M}} = \frac{\pi a^2 l \mu_0}{2}(n_{\mathrm{A}} I_{\mathrm{A}} + n_{\mathrm{B}} I_{\mathrm{B}})^2 + \frac{\pi(b^2 - a^2) l \mu_0}{2}(n_{\mathrm{B}} I_{\mathrm{B}})^2 \ [\mathrm{J}]$$

(Step4) $\frac{1}{2} L_{\mathrm{A}} {I_{\mathrm{A}}}^2 + \frac{1}{2} L_{\mathrm{B}} {I_{\mathrm{B}}}^2 + M I_{\mathrm{A}} I_{\mathrm{B}}$ を求め，上で求めた U_{M} と一致することを確かめる．基本例題メニュー6.3 より $L_{\mathrm{A}} = \pi a^2 \mu_0 n_{\mathrm{A}} l$ [H], $L_{\mathrm{B}} = \pi b^2 \mu_0 n_{\mathrm{B}} l$ [H], 問題6.10 より $M = \pi a^2 \mu_0 n_{\mathrm{A}} n_{\mathrm{B}} l$ [H] であるから

$$\begin{aligned}
&\frac{1}{2} L_{\mathrm{A}} {I_{\mathrm{A}}}^2 + \frac{1}{2} L_{\mathrm{B}} {I_{\mathrm{B}}}^2 + M I_{\mathrm{A}} I_{\mathrm{B}} \\
&= \frac{\pi a^2 l \mu_0}{2} {n_{\mathrm{A}}}^2 {I_{\mathrm{A}}}^2 + \frac{\pi b^2 l \mu_0}{2} {n_{\mathrm{B}}}^2 {I_{\mathrm{B}}}^2 + \pi a^2 l \mu_0 n_{\mathrm{A}} n_{\mathrm{B}} I_{\mathrm{A}} I_{\mathrm{B}} \\
&= \frac{\pi a^2 l \mu_0}{2}(n_{\mathrm{A}} I_{\mathrm{A}} + n_{\mathrm{B}} I_{\mathrm{B}})^2 - \frac{\pi a^2 l \mu_0}{2} {n_{\mathrm{B}}}^2 {I_{\mathrm{B}}}^2 + \frac{\pi b^2 l \mu_0}{2} {n_{\mathrm{B}}}^2 {I_{\mathrm{B}}}^2 = U_{\mathrm{M}}
\end{aligned}$$

となり，一致することが確かめられる．

ここで求めた，磁場のエネルギーの式

$$U_{\mathrm{M}} = \frac{1}{2} L_{\mathrm{A}} {I_{\mathrm{A}}}^2 + \frac{1}{2} L_{\mathrm{B}} {I_{\mathrm{B}}}^2 + M I_{\mathrm{A}} I_{\mathrm{B}} \ [\mathrm{J}] \quad \text{（複数の電流の磁場のエネルギー）}$$

は2つのソレノイドだけでなく，一般的に成り立つ．

6.12 (Step1) 直線電流に上向きに電流 I_1 [A] を流したときの，直線電流から距離 r [m] の

位置に生じる磁束密度 $\boldsymbol{B}$ を求める．基本例題メニュー 5.7 より $B = \frac{\mu_0 I_1}{2\pi r}$ [Wb] であり，右ねじの法則に従う向きである． Step2 コイルを貫く磁束 $\varPhi_{\mathrm{M}}$ を求める．

$$\varPhi_{\mathrm{M}} = \frac{\mu_0 I_1 a}{2\pi} \ln\left(\frac{d+a}{d}\right) [\mathrm{Wb}]$$

であり，紙面に垂直で表から裏向きである． Step3 相互インダクタンス M を求める．

$$M = \frac{\varPhi_{\mathrm{M}}}{I_1} = \frac{\mu_0 a}{2\pi} \ln\left(\frac{d+a}{d}\right) [\mathrm{H}]$$

6.13 Step1 自己インダクタンスは変化しないので，磁場のエネルギーの変化に寄与するのは，相互インダクタンスの項である．そこで，距離が d のときの磁場のエネルギーの相互インダクタンスの項 $M_d I_1 I_2$ を求める（問題 6.10 参照）．距離が d のときの直線導線と正方形コイルの相互インダクタンス M_d は，問題 6.12 より

$$M_d = \frac{\mu_0 a}{2\pi} \ln\left(\frac{d+a}{d}\right) [\mathrm{H}]$$

であるので，相互インダクタンスの項は

$$M_d I_1 I_2 = \frac{\mu_0 I_1 I_2 a}{2\pi} \ln\left(\frac{d+a}{d}\right) [\mathrm{J}]$$

Step2 距離が $d + \varDelta d$ のときの磁場のエネルギーの相互インダクタンスの項 $M_{d+\varDelta d} I_1 I_2$ を求める．同様に

$$M_{d+\varDelta d} I_1 I_2 = \frac{\mu_0 I_1 I_2 a}{2\pi} \ln\left(\frac{d+\varDelta d+a}{d+\varDelta d}\right) [\mathrm{J}]$$

Step3 磁場のエネルギーの変化を求める．

$$\begin{aligned}\varDelta U_{\mathrm{M}} &= \frac{\mu_0 I_1 I_2 a}{2\pi} \ln\left(\frac{d+\varDelta d+a}{d+\varDelta d}\right) - \frac{\mu_0 I_1 I_2 a}{2\pi} \ln\left(\frac{d+a}{d}\right) \\ &= \frac{\mu_0 I_1 I_2 a}{2\pi} \ln\left[\frac{d^2 + (\varDelta d)d + ad}{\{d^2 + (\varDelta d)d + ad\} + a(\varDelta d)}\right] [\mathrm{J}]\end{aligned}$$

ここで，コイルを直線導線から遠ざける場合（$\varDelta d > 0$）を考えてみよう．このとき，

$$\ln\left[\frac{d^2 + (\varDelta d)d + ad}{\{d^2 + (\varDelta d)d + ad\} + a(\varDelta d)}\right] < 0$$

であるから，磁場のエネルギーは減少する．問題 5.4 で計算したように，コイルを遠ざけるには仕事を要する．それにも関わらずエネルギーが減るという結果は奇妙に思うかもしれない．これは，遠ざけることによって直線電流とコイルに生じる誘導起電力を考慮していないからである．コイルを近づけたとき，誘導起電力は直線電流とコイルの電流を増やす方向に生じる．そのため，電流を一定に保つには電源（図 5.4 には描かれていない）が負の仕事をしなければならない（問題 6.5 参照）．外力のする仕事を $W_{外力}$，直線電流の電源のする仕事を W_1，コイルの電源のする仕事を W_2 とすると

$$W_{外力} = \frac{\mu_0 I_1 I_2 a}{2\pi} \ln\left[\frac{\{d^2 + (\Delta d)d + ad\} + a(\Delta d)}{d^2 + (\Delta d)d + ad}\right] \text{[J]},$$

$$W_1 = \frac{\mu_0 I_1 I_2 a}{2\pi} \ln\left[\frac{d^2 + (\Delta d)d + ad}{\{d^2 + (\Delta d)d + ad\} + a(\Delta d)}\right] \text{[J]},$$

$$W_2 = \frac{\mu_0 I_1 I_2 a}{2\pi} \ln\left[\frac{d^2 + (\Delta d)d + ad}{\{d^2 + (\Delta d)d + ad\} + a(\Delta d)}\right] \text{[J]}$$

であるので，全体として

$$W = W_{外力} + W_1 + W_2 = \frac{\mu_0 I_1 I_2 a}{2\pi} \ln\left[\frac{d^2 + (\Delta d)d + ad}{\{d^2 + (\Delta d)d + ad\} + a(\Delta d)}\right] \text{[J]}$$

となり，エネルギー保存則が成り立っているのである．

6.14 (Step1) コイル 1 の自己インダクタンス L_1 を求める．コイル 1 に電流 I_1 [A] を流したときに，コイル 1 がつくる磁束 ϕ_1 は，コイル 1 の巻き数 N_1 と電流 I_1 に比例する．比例定数を a として，$\phi_1 = aN_1 I_1$ [Wb] と書く．コイル 1 を貫くコイル 1 がつくる正味の磁束は $\Phi_1 = N_1\phi_1 = aN_1{}^2 I_1$ [Wb] であるから，$L_1 = aN_1{}^2$ [H]． (Step2) コイル 1 に対するコイル 2 の相互インダクタンス $M_{1\to2}$ を求める．コイル 2 を貫くコイル 1 がつくる正味の磁束は $\Phi_{1\to2} = N_2\phi_1 = aN_1 N_2\phi_1$ [Wb] であるから，$M_{1\to2} = aN_1 N_2$． (Step3) コイル 2 の自己インダクタンス L_2 を求める．同様にコイル 2 に電流 I_2 [A] を流したときに，コイル 2 がつくる磁束 ϕ_2 は，コイル 2 の巻き数 N_2 と電流 I_2 に比例する．比例定数を b として，$\phi_2 = bN_2 I_2$ [Wb] と書く．コイル 2 を貫くコイル 2 がつくる正味の磁束は $\Phi_2 = N_2\phi_2 = bN_2{}^2 I_2$ [Wb] であるから，$L_2 = bN_2{}^2$ [H]． (Step4) コイル 2 に対するコイル 1 の相互インダクタンス $M_{1\to2}$ を求める．コイル 1 を貫くコイル 2 がつくる正味の磁束は $\Phi_{2\to1} = N_1\phi_2 = bN_1 N_2\phi_1$ [Wb] であるから，$M_{2\to1} = bN_1 N_2$ [H]． (Step5) L_1，L_2，$M_{1\to2}$，$M_{2\to1}$ の間の関係を求める．$M_{1\to2} = M_{2\to1}$ であるから（問題 6.10 参照），$a = b$ である．これらより，$\frac{L_1}{M} = \frac{N_1}{N_2}$，$\frac{L_2}{M} = \frac{N_2}{N_1}$ が成り立つことが示せる．

実際にはコイルによってつくられた磁束が外に漏れるので，その程度を表す量として**結合定数**（けつごうていすう）$k = \frac{M}{\sqrt{L_1 L_2}}$ $(0 \leqq k \leqq 1)$ が用いられる．磁束の漏れがない場合が $k = 1$ であり，k の値が小さいほど漏れる割合が大きい．

6.15 (Step1) 1 次コイルによって鉄心内には磁束がつくられる．この磁束の時間についての導関数を求める．$V = -N_1 \frac{d\Phi}{dt}$ [V] となる．これより

$$\frac{d\Phi}{dt} = -\frac{V}{N_1} = -\frac{V_0}{N_1}\sin(\omega t) \text{ [Wb/s]}$$

(Step2) 2 次コイルに生じる誘導起電力を磁束の時間についての導関数を用いて書く．ファラデーの法則 (6.2) より $V' = -N_2 \frac{d\Phi}{dt}$ [V]． (Step3) $\frac{d\Phi}{dt}$ を V' の式に代入する．$V' = \frac{N_2}{N_1} V_0 \sin(\omega t)$ [V] となり，2 次コイルの電圧の振幅は 1 次コイルの $\frac{N_2}{N_1}$ 倍になる．

6.16 (Step1) 2 次コイルに流れる電流 I_2 を求める．2 次コイルの両端の電圧は $V_2 = \frac{N_2}{N_1} V_0 \sin(\omega t)$ [V] であるから

$$I_2 = \frac{V_2}{R} = \frac{N_2 V_0}{R N_1} \sin(\omega t) \text{ [A]}$$

Step2 抵抗器で消費される電力の平均値 $\overline{P_2}$ を求める．$T = \frac{2\pi}{\omega}$ とすると

$$\overline{P_2} = \frac{1}{T} \left| \int_0^T V_2 I_2 \, dt \right| = \frac{1}{T} \int_0^T \frac{{N_2}^2 {V_0}^2}{R {N_1}^2} \sin^2(\omega t) \, dt = \frac{{N_2}^2 {V_0}^2}{2R {N_1}^2} \text{ [W]} \tag{a}$$

Step3 1 次コイルに流れる電流 I_1 を求める．1 次コイルの自己インダクタンスを L_1 [H]，相互インダクタンスを M [H] とすると

$$V_1 = -L_1 \frac{dI_1}{dt} - M \frac{dI_2}{dt} \text{ [V]}$$

より

$$\frac{dI_1}{dt} = -\frac{V_1}{L_1} - \frac{M}{L_1} \frac{dI_2}{dt} = -\frac{V_0}{L_1} \sin(\omega t) - \frac{M}{L_1} \frac{\omega N_2 V_0}{R N_1} \cos(\omega t) \text{ [A/s]}$$

これを時間で積分すると

$$I_1 = \frac{V_0}{\omega L_1} \cos(\omega t) - \frac{M}{L_1} \frac{N_2 V_0}{R N_1} \sin(\omega t) \text{ [A]}$$

Step4 電源の送り出す電力の平均値 $\overline{P_1}$ を求め，それが $\overline{P_2}$ と等しいことを確かめる．

$$\begin{aligned}
\overline{P_1} &= \frac{1}{T} \left| \int_0^T V_1 I_1 \, dt \right| \\
&= \frac{1}{T} \left| \int_0^T \frac{{V_0}^2}{\omega L_1} \sin(\omega t) \cos(\omega t) \, dt \right| - \frac{1}{T} \left| \int_0^T \frac{M}{L_1} \frac{N_2 {V_0}^2}{R N_1} \sin^2(\omega t) \, dt \right| \\
&= \frac{M}{L_1} \frac{N_2 {V_0}^2}{2R N_1} \text{ [W]}
\end{aligned} \tag{b}$$

ここで，磁束が漏れないとすると，問題 6.14 より，$\frac{M}{L_1} = \frac{N_2}{N_1}$ であるから

$$\overline{P_1} = \frac{{N_2}^2 {V_0}^2}{2R {N_1}^2} \text{ [W]}$$

となり，$\overline{P_2}$ と一致することが確かめられる．なお，(a), (b) の計算では

$$\frac{1}{2\pi} \int_0^{2\pi} \sin^2(x) \, dx = \frac{1}{2}, \quad \frac{1}{2\pi} \int_0^{2\pi} \sin(x) \cos(x) \, dx = 0$$

を用いた．

第7章

7.1 (a) Step1 電流の実効値 I_e を求める．角周波数を ω [rad/s] とすると $V_{in} = I_e \times \sqrt{R^2 + \left(\frac{1}{\omega C}\right)^2}$ [V] であるから，$I_e = \frac{V_{in}}{\sqrt{R^2 + \left(\frac{1}{\omega C}\right)^2}}$ [A]． Step2 出力電圧と入力電圧の実効値の比 $\frac{V_{out}}{V_{in}}$ を求める．$V_{out} = \frac{I_e}{\omega C}$ [V] であるから $V_{out} = \frac{V_{in}}{\sqrt{(\omega C R)^2 + 1}}$ [V]．した

がって，$\frac{V_{\mathrm{out}}}{V_{\mathrm{in}}} = \frac{1}{\sqrt{(\omega CR)^2+1}}$．Step3 $\frac{V_{\mathrm{out}}}{V_{\mathrm{in}}}$ が $\frac{1}{\sqrt{2}}$ になる角周波数の値を求める．$\frac{1}{\sqrt{2}} = \frac{1}{\sqrt{(\omega CR)^2+1}}$ より，$\omega = \frac{1}{RC}$ である．$\frac{V_{\mathrm{out}}}{V_{\mathrm{in}}}$ の角周波数依存性は図(a)のようになり，角周波数が小さい信号を通過する回路になっている．このような回路を**ローパスフィルタ**という．

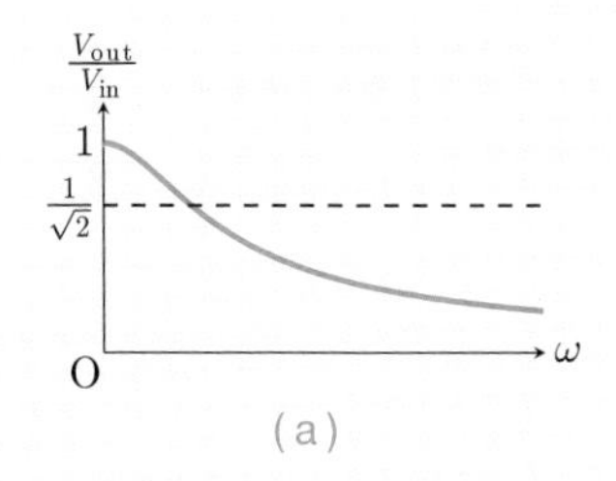

(a)

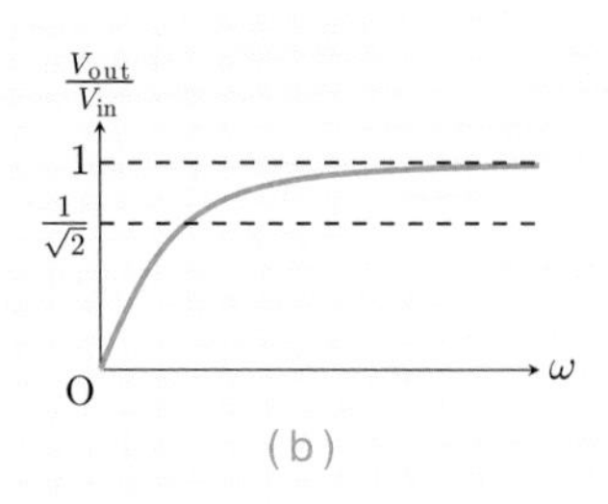

(b)

(b) Step1 電流の実効値 I_{e} を求める．角周波数を ω [rad/s] とすると，$I_{\mathrm{e}} = \frac{V_{\mathrm{in}}}{\sqrt{R^2+\left(\frac{1}{\omega C}\right)^2}}$ [A].

Step2 出力電圧と入力電圧の実効値の比 $\frac{V_{\mathrm{out}}}{V_{\mathrm{in}}}$ を求める．$V_{\mathrm{out}} = RI_{\mathrm{e}}$ [V] であるから $V_{\mathrm{out}} = \frac{\omega RCV_{\mathrm{in}}}{\sqrt{(\omega RC)^2+1}}$ [V]．Step3 $\frac{V_{\mathrm{out}}}{V_{\mathrm{in}}}$ が $\frac{1}{\sqrt{2}}$ になる角周波数の値を求める．$\frac{1}{\sqrt{2}} = \frac{\omega RC}{\sqrt{(\omega RC)^2+1}}$ より，$\omega = \frac{1}{CR}$ である．$\frac{V_{\mathrm{out}}}{V_{\mathrm{in}}}$ の角周波数依存性は図(b)のようになり，角周波数が大きい信号を通過する回路になっている．このような回路を**ハイパスフィルタ**という．

入力電圧に対して出力電圧が $\frac{1}{\sqrt{2}}$ のとき，入力電力に対して出力電力は $\frac{1}{2}$ になる．そのため，この $\frac{1}{\sqrt{2}}$ という基準の値は，フィルタ回路などでよく用いられる．

別解　フェザー図を描けば，抵抗もしくはコンデンサの両端の電圧の実効値が電源電圧の実効値の $\frac{1}{\sqrt{2}}$ になるのは，$\phi = 45°$ のときなのは明らかであるから $R = \frac{1}{\omega C}$ であり，$\omega = \frac{1}{RC}$ と直ちにわかる．

7.2 (a) Step1 抵抗とコイルを流れる電流を基準にフェザー図を描く．抵抗とコイルに流れる電流を I_1 [A]，コンデンサに流れる電流を I_2 [A] とすると，図のようになる．抵抗の両端の電圧 V_{R} [V] は I_1 と同位相であり，コイルの両端の電圧 V_{L} [V] は I_1 より $\frac{\pi}{2}$ だけ進んでいる．また，コンデンサを流れる電流 I_2 [A] はコンデンサの両端の電圧より $\frac{\pi}{2}$ だけ進んでいる．

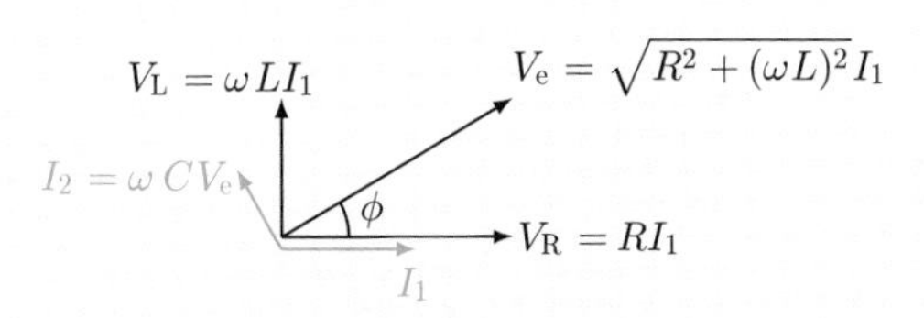

Step2 電源から流れ出る電流の実効値 I_{e} を求める．$\sin\phi = \frac{\omega L}{\sqrt{R^2+(\omega L)^2}}$，$\cos\phi = \frac{R}{\sqrt{R^2+(\omega L)^2}}$ であるから，電源から流れる電流の電圧に平行な成分および垂直な成分は

$$I_{/\!/} = I_1 \cos\phi = \frac{I_1 R}{\sqrt{R^2 + (\omega L)^2}} = \frac{RV_\mathrm{e}}{R^2 + (\omega L)^2} \text{ [A]},$$

$$I_\perp = I_2 - I_1 \sin\phi = \omega C V_\mathrm{e} - \frac{I_1 \omega L}{\sqrt{R^2 + (\omega L)^2}} = \omega C V_\mathrm{e} - \frac{\omega L V_\mathrm{e}}{R^2 + (\omega L)^2} \text{ [A]}$$

となる．したがって，電源から流れ出る電流は

$$I_\mathrm{e} = \sqrt{{I_{/\!/}}^2 + {I_\perp}^2} = \sqrt{\left\{\frac{R}{R^2 + (\omega L)^2}\right\}^2 + \left\{\omega C - \frac{\omega L}{R^2 + (\omega L)^2}\right\}^2}\, V_\mathrm{e} \text{ [A]}$$

(Step3) 電源電圧と電源から流れ出る電流が同位相になる条件式を求める．$I_\perp = 0$ より，$C = \frac{L}{R^2 + (\omega L)^2}$．(Step4) 条件式を ω について解いて，同位相になる角周波数 ω_0 を求める．

$$\omega_0 = \sqrt{\frac{1}{LC} - \left(\frac{R}{L}\right)^2} \text{ [rad/s]}$$

(b) (Step1) 電源から流れ出る電流の実効値を I_e として，抵抗とコンデンサの両端の電圧を基準にフェザー図を描く．抵抗とコンデンサの両端の電圧を V_1 [V]，コイルの両端の電圧 V_2 [V] とすると，図のようになる．抵抗に流れる電流 I_R [A] は V_1 と同位相であり，コンデンサに流れ込む電流 I_C [A] は V_1 より $\frac{\pi}{2}$ だけ遅れている．また，コイルの両端の電圧 V_2 は電源から流れ出る電流より $\frac{\pi}{2}$ だけ遅れている．

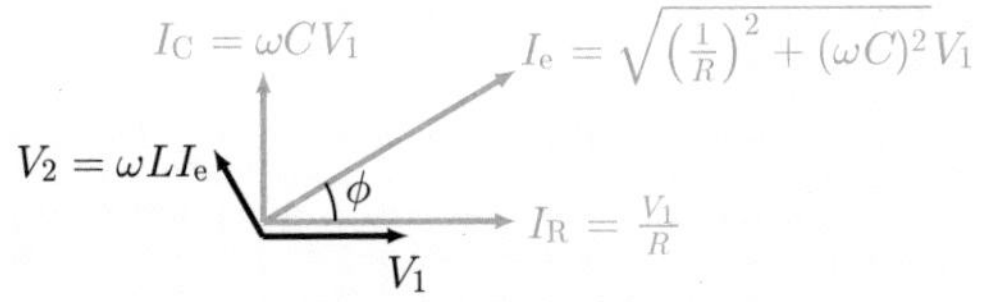

(Step2) 電源から流れ出る電流 I_e を求める．$\sin\phi = \frac{\omega CR}{\sqrt{1+(\omega CR)^2}}$，$\cos\phi = \frac{1}{\sqrt{1+(\omega CR)^2}}$ であるから，電源電圧の電源から流れる電流に平行な成分および垂直な成分は

$$V_{/\!/} = V_1 \cos\phi = \frac{V_1}{\sqrt{1 + (\omega CR)^2}} = \frac{RI_\mathrm{e}}{1 + (\omega CR)^2} \text{ [V]},$$

$$V_\perp = V_2 - V_1 \sin\phi = \omega L I_\mathrm{e} - \frac{\omega CRV_1}{\sqrt{1 + (\omega CR)^2}} = \omega L I_\mathrm{e} - \frac{\omega CR^2 I_\mathrm{e}}{1 + (\omega CR)^2} \text{ [V]}$$

となる．したがって

$$V_\mathrm{e} = \sqrt{{V_{/\!/}}^2 + {V_\perp}^2} = \sqrt{\left\{\frac{R}{1 + (\omega CR)^2}\right\}^2 + \left\{\omega L - \frac{\omega CR}{1 + (\omega CR)^2}\right\}^2}\, I_\mathrm{e} \text{ [V]}$$

であるから

$$I_\mathrm{e} = \frac{V_\mathrm{e}}{\sqrt{\left\{\frac{R}{1+(\omega CR)^2}\right\}^2 + \left\{\omega L - \frac{\omega CR}{1+(\omega CR)^2}\right\}^2}}$$

Step3 電源電圧と電源から流れ出る電流が同位相になる条件式を求める．$V_{\perp}=0$ より，$L=\frac{CR}{1+(\omega CR)^2}$． Step4 条件式を ω について解いて，同位相になる角周波数 ω_0 を求める．

$$\omega_0=\sqrt{\frac{1}{LC}-\left(\frac{1}{CR}\right)^2}\ \text{[rad/s]}$$

7.3 Step1 角周波数を ω_0 [rad/s] に保ったまま，コイルのインダクタンスだけを $L_0+\Delta L$ としたときの，電圧の実効値 V'_{e} と電流の実効値 I_{e} の関係の式を導く．実践例題メニュー 7.2 の (7.23) より

$$V'_{\mathrm{e}}=\frac{I_{\mathrm{e}}}{\sqrt{\frac{1}{R^2}+\left\{\omega_0 C-\frac{1}{\omega_0(L_0+\Delta L)}\right\}^2}}=\frac{I_{\mathrm{e}}}{\sqrt{\frac{1}{R^2}+\left\{\omega_0 C-\frac{1}{\omega_0 L_0\left(1+\frac{\Delta L}{L_0}\right)}\right\}^2}}$$

$$\fallingdotseq\frac{I_{\mathrm{e}}}{\sqrt{\frac{1}{R^2}+\left\{\omega_0 C-\frac{1}{\omega_0 L_0}\left(1-\frac{\Delta L}{L_0}\right)\right\}^2}}\ \text{[V]}$$

ここで，2 項展開近似 $\left(1+\frac{\Delta L}{L_0}\right)^{-1}\fallingdotseq 1-\frac{\Delta L}{L_0}$ を用いた．さらに，$\omega_0 C-\frac{1}{\omega_0 L_0}=0$ を用いると

$$V'_{\mathrm{e}}=\frac{I_{\mathrm{e}}}{\sqrt{\frac{1}{R^2}+\left(\frac{\Delta L}{\omega_0 {L_0}^2}\right)^2}}\ \text{[V]}$$

Step2 電圧の実効値が $V'_{\mathrm{e}}=\frac{V_{\mathrm{e}}}{\sqrt{2}}=\frac{RI_{\mathrm{e}}}{\sqrt{2}}$ となるときの ΔL を求める．

$$\frac{I_{\mathrm{e}}}{\sqrt{\frac{1}{R^2}+\left(\frac{\Delta L}{\omega_0 {L_0}^2}\right)^2}}=\frac{RI_{\mathrm{e}}}{\sqrt{2}}$$

より，$\frac{\Delta L}{\omega_0 {L_0}^2}=\pm\frac{1}{R}$ であるから

$$\left|\frac{\Delta L}{L_0}\right|=\frac{\omega_0 L_0}{R}=\frac{1}{Q}$$

7.4 (a) Step1 電圧を基準にして，RL 並列回路のフェザー図を描く（図 (a)）．ただし，$\phi=\tan^{-1}\left(\frac{R}{\omega L}\right)$ である． Step2 図 (a) を ϕ だけ反時計回りに回転して電流を基準に描き直し，電圧を電流に平行な成分と垂直な成分に分解する．ϕ だけ回転すると図 (b) のようになる．

$$\cos\phi=\frac{\omega L}{\sqrt{R^2+(\omega L)^2}},\quad \sin\phi=\frac{R}{\sqrt{R^2+(\omega L)^2}}$$

であるから，電圧の電流に平行な成分および垂直な成分は

$$V_{\mathrm{e}}\cos\phi=\frac{\omega^2 RL^2 I_{\mathrm{e}}}{R^2+(\omega L)^2}\ \text{[V]},\quad V_{\mathrm{e}}\sin\phi=\frac{\omega R^2 LI_{\mathrm{e}}}{R^2+(\omega L)^2}\ \text{[V]}$$

Step3 図 (b) と RL 直列回路のフェザー図（図 7.7）を見比べると抵抗値 $R'=\frac{\omega^2 RL^2}{R^2+(\omega L)^2}$，

誘導リアクタンス $\omega L' = \frac{\omega R^2 L}{R^2+(\omega L)^2}$ の RL 直列回路と等価であることがわかる．特に，$R \gg \omega L$ のときには $R^2+(\omega L)^2 \fallingdotseq R^2$ として $R' = \frac{\omega^2 L^2}{R}$, $L' = L$ となる．

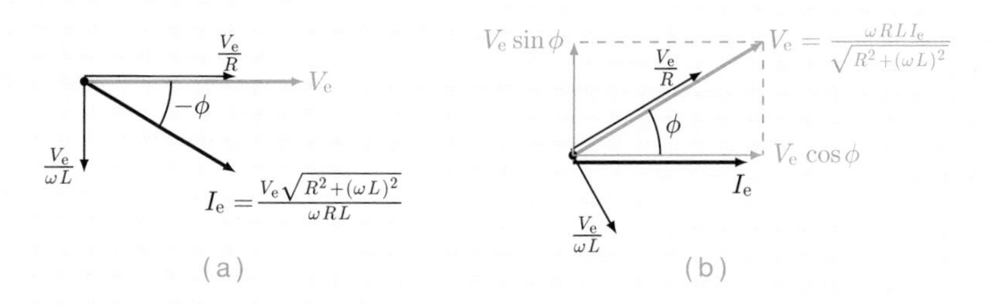

(b) Step1 電圧を基準にして，RC 並列回路のフェザー図を描く（図 (c)）．ただし，$\phi = \tan^{-1}(\frac{1}{\omega CR})$ である． Step2 図 (c) を ϕ だけ時計回りに回転して電流を基準に描き直し，電圧を電流に平行な成分と垂直な成分に分解する．ϕ だけ回転すると図 (d) のようになる．

$$\cos\phi = \frac{1}{\sqrt{(\omega RC)^2+1}}, \quad \sin\phi = \frac{\omega CR}{\sqrt{(\omega RC)^2+1}}$$

であるから，電圧の電流に平行な成分および垂直な成分は

$$V_e\cos\phi = \frac{RI_e}{(\omega RC)^2+1}\ [\mathrm{V}], \quad V_e\sin\phi = \frac{\omega R^2 CI_e}{(\omega RC)^2+1}\ [\mathrm{V}]$$

Step3 図 (d) と RC 直列回路のフェザー図（図 7.8）を見比べると抵抗値 $R' = \frac{R}{(\omega RC)^2+1}$，容量リアクタンス $\frac{1}{\omega C'} = \frac{\omega R^2 C}{(\omega RC)^2+1}$ の RC 直列回路と等価であることがわかる．特に，$R \gg \omega C$ のときには $(\omega RC)^2+1 \fallingdotseq (\omega RC)^2$ として $R' = \frac{1}{\omega^2 RC^2}$, $C' = C$ となる．

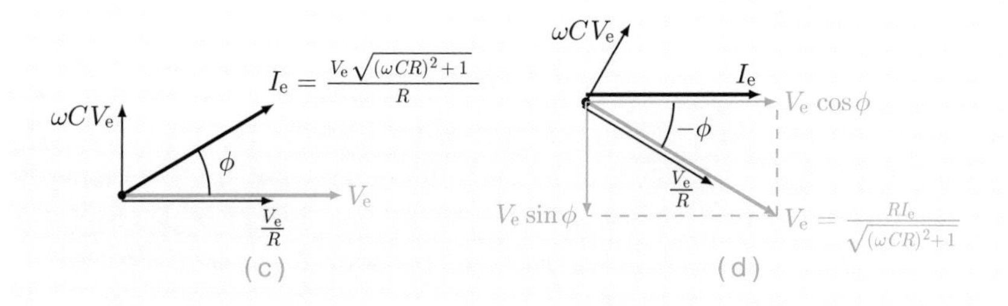

ここで，抵抗値 R [Ω] の抵抗器の RL および RC 直列回路から抵抗値 R' [Ω] の抵抗器の RL および RC 並列回路に変換するときの条件は $\frac{\omega L}{R} \gg 1$ および $\frac{1}{\omega CR} \gg 1$ であった．逆に，抵抗値 R' [Ω] の RL および RC 抵抗器の並列回路から抵抗値 R [Ω] の抵抗器の RL および RC 直列回路に変換するときの条件は $\frac{\omega L}{R'} \ll 1$ および $\frac{1}{\omega CR'} \ll 1$ となることには注意する．

7.5 Step1 コイルの抵抗成分を無視して，共振角周波数 ω_0 [rad/s] を求める．

$$\omega_0 = \frac{1}{\sqrt{LC}} = \frac{1}{\sqrt{32.0\times10^{-12}\times2.0\times10^{-6}}} = 1.25\times10^8\ \mathrm{rad/s}$$

Step2 RLC 並列回路の場合は，コイルの直列抵抗成分を問題 7.4 の近似で並列抵抗に直すと計算しやすい．そこで，問題 7.4 の角周波数 $\omega_0 = 1.25 \times 10^8$ rad/s の場合の等価直列抵抗を求める．

$$R'_L = \frac{(\omega_0 L)^2}{R_L} = \frac{(1.25 \times 10^8 \text{ rad/s} \times 2.0 \times 10^{-6} \text{ H})^2}{5.0\,\Omega} = 12.5 \times 10^3\ \Omega$$

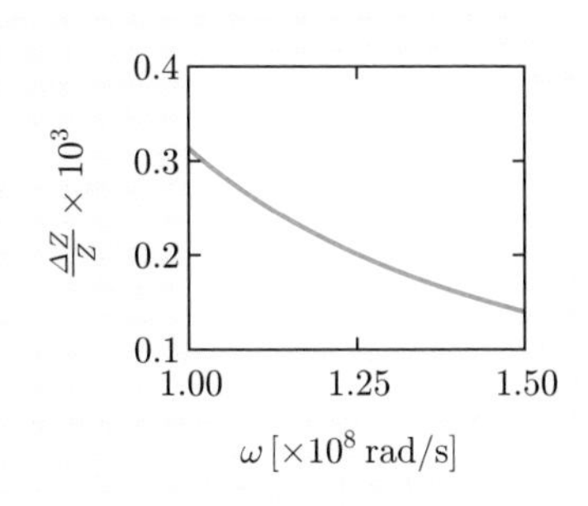

Step3 電源から流れ出る電流の実効値 I_e [A] を一定に保ったときの，電圧 V_e [V] の角周波数依存性を，近似をしなかった場合（問題 7.2 (a)）と比較する．直列並列変換をした場合のインピーダンス $Z' = \frac{V_\mathrm{e}}{I_\mathrm{e}}$ [Ω] の，変換せずに直接計算した場合のインピーダンス Z に対する相対誤差 $\frac{|\Delta Z|}{Z} = \frac{|Z'-Z|}{Z}$ をグラフに描くと図のようになる．直列並列変換は共振角周波数 ω_0 で行ったので，角周波数が ω_0 から外れると近似の精度が悪くなると思うかもしれないが，幅広い角周波数領域でよい近似になる．これは次のように直観的に理解できる．RLC 並列回路では，共振時にはコイルを流れる電流とコンデンサを流れる電流が打ち消し合うので，電源から流れ出た電流は全て抵抗に流れ込む．そのため，角周波数が ω_0 のときが最も抵抗の誤差の影響を受けやすい．角周波数が ω_0 から外れると抵抗の誤差の影響が少なくなる．したがって，ω_0 を用いて直列並列変換を行うと幅広い角周波数領域でよい近似になるのである．このような理由から，直列並列変換は共振回路でよく用いられる．

7.6 Step1 極板の面積を S [m^2]，極板間隔を d [m] として，極板間が真空のときと，誘電率 ε [F/m] の媒質で満たされているときの平行平板コンデンサの電気容量 $C_{\text{真空}}$, $C_{\text{媒質}}$ を求める．(3.17) より $C_{\text{真空}} = \frac{\varepsilon_0 S}{d}$ [F], $C_{\text{媒質}} = \frac{\varepsilon S}{d}$ [F]． Step2 抵抗器，自己インダクタンス L のコイル，このコンデンサを用いた RLC 直列回路の共振角周波数を求める．

$$\omega_0 = \frac{1}{\sqrt{LC_{\text{真空}}}} = \sqrt{\frac{d}{L\varepsilon_0 S}}\ \text{[rad/s]}, \quad \omega'_0 = \frac{1}{\sqrt{LC_{\text{媒質}}}} = \sqrt{\frac{d}{L\varepsilon S}}\ \text{[rad/s]}$$

Step3 比誘電率 ε_r を ω_0 と ω'_0 を用いて書く．$\frac{\omega_0}{\omega'_0} = \sqrt{\frac{\varepsilon}{\varepsilon_0}}$ であるから $\varepsilon_\mathrm{r} = \frac{\varepsilon}{\varepsilon_0} = \left(\frac{\omega_0}{\omega'_0}\right)^2$．

第 8 章

8.1 周波数 f [Hz] と波長 λ [m] の関係は，光の速さを c [m/s] として $\lambda = \frac{c}{f}$ である．したがって，50 Hz では $\frac{3.0\times10^8}{50} = 6.0 \times 10^6$ m $= 6.0 \times 10^3$ km，60 Hz では $\frac{3.0\times10^8}{60} = 5.0 \times 10^6$ m $= 5.0 \times 10^3$ km となる．

8.2 Step1 $E_x = E_0 \cos(kz - \omega t)$ の z についての 2 次導関数 $\frac{\partial^2 E_x}{\partial z^2}$ を計算する．

$$\frac{\partial^2 E_x}{\partial z^2} = -k^2 E_0 \cos(kz - \omega t)$$

8

Step2 同様に，t についての 2 次導関数 $\frac{\partial^2 E_x}{\partial t^2}$ を計算する．

$$\frac{\partial^2 E_x}{\partial t^2} = -\omega^2 E_0 \cos(kz - \omega t)$$

Step3 これらより，$\frac{\partial^2 E_x}{\partial z^2}$ と $\frac{\partial^2 E_x}{\partial t^2}$ 間の関係を求める．上の 2 式より

$$\frac{\partial^2 E_x}{\partial z^2} = \frac{k^2}{\omega^2}\frac{\partial^2 E_x}{\partial t^2}$$

の関係があることがわかる．$\frac{\omega}{k} = c$ とすれば (8.5) を満たしていることがわかる．

8.3 (a) Step1 磁束密度の振幅を求める．磁束密度の振幅は $B = \frac{E}{c} = \frac{3.0}{3.0\times 10^8} = 1.0 \times 10^{-8}\ \mathrm{Wb/m^2}$． Step2 磁束密度の向きを求め，磁束密度を求める．$\boldsymbol{n} = (-1, 0, 0)$ であり，電場の向きは $(0, 1, 0)$ であるから，磁束密度の向きは $(-1.0, 0, 0)\times(0, 1.0, 0) = (0, 0, -1.0)$．したがって

$$B_z = -1.0 \times 10^{-8} \cos(9.0 \times 10^8 t + 3.0x)\ [\mathrm{Wb/m^2}]$$

(b) Step1 磁束密度の振幅を求める．電場の振幅は $E = \sqrt{3.0^2 + 3.0^2} = 3.0\sqrt{2.0}$，磁束密度の振幅は $B = \frac{E}{c} = \frac{3.0\sqrt{2.0}}{3.0\times 10^8} = \sqrt{2.0} \times 10^{-8}\ \mathrm{Wb/m^2}$ である． Step2 磁束密度の向きを求め，磁束密度を求める．$\boldsymbol{n} = (-1, 0, 0)$ であり，電場の向きは $(0, \frac{1}{\sqrt{2}}, \frac{1}{\sqrt{2}})$ であるから，磁束密度の向きは $(-1.0, 0, 0) \times (0, \frac{1.0}{\sqrt{2.0}}, \frac{1.0}{\sqrt{2.0}}) = (0, \frac{1.0}{\sqrt{2.0}}, -\frac{1.0}{\sqrt{2.0}})$ である．したがって

$$\begin{aligned} B_y &= \frac{1}{\sqrt{2.0}} \times \sqrt{2.0} \times 10^{-8} \cos(9.0 \times 10^8 t + 3.0x) \\ &= 1.0 \times 10^{-8} \cos(9.0 \times 10^8 t + 3.0x)\ [\mathrm{Wb/m^2}], \\ B_z &= -\frac{1}{\sqrt{2.0}} \times \sqrt{2.0} \times 10^{-8} \cos(9.0 \times 10^8 t + 3.0x) \\ &= -1.0 \times 10^{-8} \cos(9.0 \times 10^8 t + 3.0x)\ [\mathrm{Wb/m^2}] \end{aligned}$$

(c) Step1 磁束密度の振幅を求める．磁束密度の振幅は $B = \frac{E}{c} = \frac{4.25}{3.0\times 10^8} = 1.4\overset{2}{\not{1}}\not{6} \times 10^{-8}\ [\mathrm{Wb/m^2}]$ である． Step2 磁束密度の向きを求め，磁束密度を求める．$\boldsymbol{n} = (-\frac{1.0}{\sqrt{2.0}}, 0, -\frac{1.0}{\sqrt{2.0}})$ であり，電場の向きは $(0, 1.0, 0)$ であるから，磁束密度の向きは $(-\frac{1.0}{\sqrt{2.0}}, 0, -\frac{1.0}{\sqrt{2.0}}) \times (0, 1.0, 0) = (\frac{1.0}{\sqrt{2.0}}, 0, -\frac{1.0}{\sqrt{2.0}})$ である．したがって

$$\begin{aligned} B_x &= \frac{1}{\sqrt{2.0}} \times 1.42 \times 10^{-8} \cos(4.2 \times 10^8 t + 1.0x + 1.0z) \\ &= 1.0\not{0} \times 10^{-8} \cos(4.2 \times 10^8 t + 1.0x + 1.0z)\ [\mathrm{Wb/m^2}], \\ B_z &= -\frac{1}{\sqrt{2.0}} \times 1.42 \times 10^{-8} \cos(4.2 \times 10^8 t + 1.0x + 1.0z) \\ &= -1.0\not{0} \times 10^{-8} \cos(4.2 \times 10^8 t + 1.0x + 1.0z)\ [\mathrm{Wb/m^2}] \end{aligned}$$

8

8.4 (Step1) 極板に $\pm Q$ [C] の電荷が蓄えられているときの極板間の電束密度 $\boldsymbol{D}$ を求める．問題 2.20 より $D = \frac{Q}{\pi a^2}$ [N/C] であり，$+Q$ の極板から $-Q$ の極板に向かう向きである． (Step2) 閉曲線 C として，極板間の真ん中で軸を中心とする極板に平行な円を考え，それを貫く電束 Φ_{E} を求める．$r < a$ のとき $\Phi_{\mathrm{E}} = D\pi r^2 = \frac{Qr^2}{a^2}$ [C]，$r \geqq a$ のとき $\Phi_{\mathrm{E}} = D\pi a^2 = Q$ [C]． (Step3) 対称性より，磁場 $\boldsymbol{H}$ は閉曲線 C 上の至る所で同じ大きさであり，向きは C の接線方向で電束密度を右ねじの進む向きとしたとき右ねじが回転する向きになる．そこでマクスウェル–アンペールの法則 (8.1) を用いて，磁場 $\boldsymbol{H}$ を求める．

$$2\pi r H = \frac{d\Phi_{\mathrm{E}}}{dt} = \begin{cases} \frac{Ir^2}{a^2} & (r < a) \\ I & (r \geqq a) \end{cases}$$

ただし，$I = \frac{dQ}{dt}$ を用いた．したがって

$$H = \begin{cases} \frac{Ir}{2\pi a^2} \ [\mathrm{A/m}] & (r < a) \\ \frac{I}{2\pi r} \ [\mathrm{A/m}] & (r \geqq a) \end{cases}$$

であり，軸に垂直で右ねじの法則に従う向きになる．H の r 依存性のグラフは図のようになる．

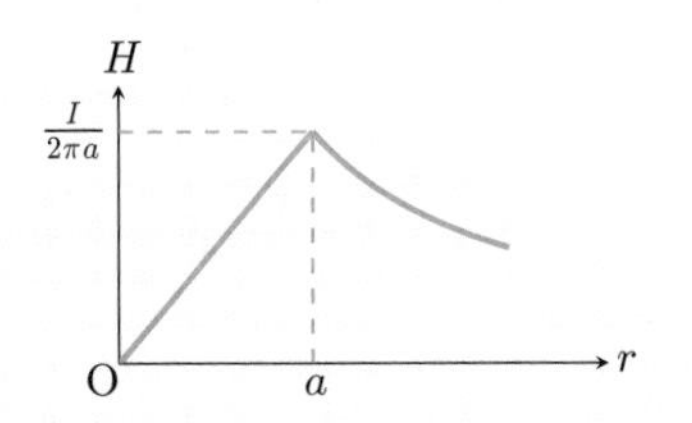

8.5 (Step1) 誘電率が ε，透磁率が μ の媒質中を伝搬する電磁波の速さを求める．$v = \frac{1}{\sqrt{\varepsilon\mu}}$． (Step2) 屈折率を求める．屈折率 n は，真空中の光の速さと媒質中の光の速さとの比であるから $n = \frac{c}{v} = \sqrt{\frac{\varepsilon\mu}{\varepsilon_0\mu_0}}$ となる．比誘電率 ε_{r}，比透磁率 μ_{r} を用いれば $n = \sqrt{\varepsilon_{\mathrm{r}}\mu_{\mathrm{r}}}$ と書くこともできる．

特に，非磁性媒質の場合には $\mu_{\mathrm{r}} \fallingdotseq 1$ であるので $n \fallingdotseq \sqrt{\varepsilon_{\mathrm{r}}}$ で見積もることができる．

8.6 (a) $E_x = E_y$ であり，xy 平面上で $x = y$ の直線に沿って直線上に振動する直線偏光である．

(b) $E_x = -E_y$ であり，xy 平面上で $x = -y$ の直線に沿って直線上に振動する直線偏光である．

(c) ${E_x}^2 + {E_y}^2 = {E_0}^2$ であり，右回り円偏光になる．

(d) ${E_x}^2 + {E_y}^2 = {E_0}^2$ であり，左回り円偏光になる．

8.7 (Step1) 電場 $\boldsymbol{E} = (E_x, E_y, 0)$ を求める．基本例題メニュー 8.1 より $E_x = -2.4 \times \sin(6.0 \times 10^8 t + 2.0z)$ [N/C], $E_y = 1.8 \sin(6.0 \times 10^8 t + 2.0z)$ [N/C]． (Step2) ポインティングベクトルを求める．ポインティングベクトルは z 成分のみをもち，その値は

$$\begin{aligned} P_z &= \frac{1}{\mu_0}(E_x B_y - E_y B_x) \\ &= \frac{1}{1.26 \times 10^{-6}}\left(-1.92 \times 10^{-8} - 1.08 \times 10^{-8}\right)\sin^2(6.0 \times 10^8 t + 2.0z) \\ &= -2.38 \times 10^{-2} \times \sin^2(6.0 \times 10^8 t + 2.0z) \ [\mathrm{W/m^2}] \end{aligned}$$

8.8 (Step1) 点光源から，1.0 m だけ離れた位置のポインティングベクトルの平均値を求める．球の表面積は $S = 4\pi r^2 = 4 \times 3.14 \times 1.0^2 = 12.56 = 12.6\ \mathrm{m}^2$ であるから

$$\overline{P}_{1.0\ \mathrm{m}} = \frac{100\ \mathrm{W} \times 0.10}{12.6\ \mathrm{m}^2} = 0.793 = 0.79\ \mathrm{W/m^2}$$

(Step2) $\overline{P} = c\left(\frac{1}{4}\varepsilon_0 {E_0}^2 + \frac{1}{4\mu_0}{B_0}^2\right) = \frac{1}{2}c\varepsilon_0 {E_0}^2$ より，電磁場の振幅 E_0 を求める．

$$E_0 = \sqrt{\frac{2\overline{P}_{1.0\ \mathrm{m}}}{c\varepsilon_0}} = \sqrt{\frac{2 \times 0.793}{3.0 \times 10^8 \times 8.9 \times 10^{-12}}} = 24.3 = 24\ \mathrm{N/C}$$

(Step3) $B_0 = \frac{E_0}{c}$ より磁束密度の振幅 B_0 を求める．

$$B_0 = \frac{24.3}{3.0 \times 10^8} = 8.12 \times 10^{-8}\ \mathrm{Wb/m^2}$$

8.9 等方的に電磁波が放射されるとすると

$$4 \times 3.14 \times (1.5 \times 10^{11}\ \mathrm{m})^2 \times 1.39 \times 10^3\ \mathrm{W/m^2} = 3.92 \times 10^{26}\ \mathrm{W}$$

これを**太陽光度**(たいようこうど)（正しい定義は 3.839×10^{26} W）といい，恒星の光度を表す基準として用いられる．

8.10 (Step1) ソレノイド内の磁束密度 $\boldsymbol{B}$ を求める．問題 5.18 より

$$B = \frac{\mu_0 N}{l} I(t) = \frac{\mu_0 N}{l} I_0 (1 - e^{-\frac{t}{\tau}})\ [\mathrm{Wb/m^2}]$$

であり，向きは右手の法則に従う向き．(Step2) 閉曲線 C としてソレノイドの軸を中心とする軸に垂直な半径 a [m] の円を考え，ファラデーの法則 (6.2) を適用してソレノイド内で軸から距離 a の位置の電場 $\boldsymbol{E}$ を求める．C を貫く磁束は $\Phi_\mathrm{M} = B \times \pi a^2 = \frac{\mu_0 (\pi a^2) N I_0}{l}(1 - e^{-\frac{t}{\tau}})$ [Wb] である．電場は C の接線方向で C の至る所で同じ大きさなので $\oint_\mathrm{C} \boldsymbol{E} \cdot d\boldsymbol{l} = 2\pi a E$ である．したがって

$$E = \frac{1}{2\pi a}\frac{d\Phi_\mathrm{M}}{dt} = \frac{\mu_0 N a}{2 l \tau} I_0 e^{-\frac{t}{\tau}}\ [\mathrm{N/C}]$$

であり，C の接線方向で電流と逆向きである．(Step3) ポインティングベクトルを求める．

$$P = \frac{1}{\mu_0}|\boldsymbol{E} \times \boldsymbol{B}| = \frac{\mu_0 N^2 a}{2 l^2 \tau} {I_0}^2 e^{-\frac{t}{\tau}}(1 - e^{-\frac{t}{\tau}})\ [\mathrm{W/m^2}]$$

であり，側面に垂直で外から内の向きになる．(Step4) 単位時間に表面から流入するエネルギー $\frac{dU_{\text{表面}}}{dt}$ を求める．ポインティングベクトルの大きさは側面の至る所で同じ大きさであるから，側面積を掛けて

$$\frac{dU_{\text{表面}}}{dt} = (2\pi a l) \times P = \frac{\pi \mu_0 N^2 a^2}{l \tau} {I_0}^2 e^{-\frac{t}{\tau}}(1 - e^{-\frac{t}{\tau}})\ [\mathrm{W}]$$

(Step5) 単位時間当たりの磁場のエネルギーの変化量を求める．磁場のエネルギー U_M は

$$U_\mathrm{M} = \frac{|\boldsymbol{B}|^2}{2\mu_0} \times (\pi a^2 l) = \frac{\pi \mu_0 N^2 a^2}{2l} {I_0}^2 (1 - e^{-\frac{t}{\tau}})^2\ [\mathrm{J}]$$

であるから，単位時間当たりの磁場のエネルギーの変化量は

$$\frac{dU_{\mathrm{M}}}{dt} = \frac{\pi\mu_0 N^2 a^2}{l\tau} {I_0}^2 e^{-\frac{t}{\tau}} (1 - e^{-\frac{t}{\tau}}) \ [\mathrm{W}]$$

となり，ポインティングベクトルで表される表面から流入したエネルギーだけ，ソレノイド内に磁場のエネルギーとして蓄えられることがわかる．

8.11 Step1 図 6.10 のように接続すると，半径 a の円筒には正の電荷，b の円筒には負の電荷が誘起される．この電荷の単位長さ当たりの電気量 λ を求める．この同軸円筒をコンデンサと見たときの単位長さ当たりの電気容量は問題 3.11 より $C = \frac{2\pi\varepsilon_0}{\ln(\frac{b}{a})}$ であるから，単位長さ当たりの電荷の電気量は $Q = CV$ より $\lambda = \frac{2\pi\varepsilon_0 V}{\ln(\frac{b}{a})}$ [C/m]． Step2 円筒間で円筒軸からの距離 r [m] の位置に生じる電場 $\boldsymbol{E}$ を求める．問題 2.22 より

$$E = \frac{\lambda}{2\pi\varepsilon_0 r} = \frac{V}{r\ln(\frac{b}{a})} \ [\mathrm{N/C}]$$

であり，円筒面に垂直で a の円筒から b の円筒の向き． Step3 円筒間で円筒軸からの距離 r [m] の位置に生じる磁束密度 $\boldsymbol{B}$ を求める．問題 5.15 より

$$B = \frac{\mu_0 I}{2\pi r} \ [\mathrm{Wb/m^2}]$$

であり，内側の半径 a の円筒を流れる電流に対して，右ねじの法則になる． Step4 ポインティングベクトル $\boldsymbol{P}$ を求める．$\boldsymbol{E}, \boldsymbol{B}$ は直交しているので

$$P = \frac{1}{\mu_0} |\boldsymbol{E} \times \boldsymbol{B}| = \frac{VI}{2\pi r^2 \ln(\frac{b}{a})} \ [\mathrm{W/m^2}]$$

であり，断面に垂直で電源から抵抗の向きになる． Step5 単位時間当たりに電源側の断面を通過するエネルギーを求める．軸からの距離が r から $r + dr$ の円環を単位時間当たりに通過するエネルギーは $P \times (2\pi r)\,dr$ であるから単位時間に断面を通過するエネルギーは

$$\frac{dU_{\mathrm{M}}}{dt} = \int_{r=a}^{r=b} P \times (2\pi r)\,dr = \int_a^b \frac{VI}{r\ln(\frac{b}{a})}\,dr = VI \ [\mathrm{W}]$$

となり，抵抗で消費される電力と一致する．すなわち，抵抗器で消費される電力は 2 つの円筒の間を伝わる電磁波によって電源から抵抗器へ運ばれる．

索　引

な 行

は 行

ま 行

や 行

ら 行

欧 字

著者略歴

轟　木　義　一
とどろ　き　のり　かず

2004年　東京大学大学院工学系研究科物理工学専攻博士課程修了
　　　　博士（工学）
　　　　神奈川大学工学部特別助手，千葉工業大学工学部助教，
　　　　千葉工業大学工学部准教授，千葉工業大学創造工学部
　　　　准教授を経て，
現　在　千葉工業大学創造工学部教授

主要著書

『レシピ de 演習力学』（サイエンス社）
『新・基礎電磁気学演習』（サイエンス社，共著）
『新・基礎力学演習』（サイエンス社，共著）
『演習形式で学ぶ相転移・臨界現象』（サイエンス社，共著）
『理工系のリテラシー 物理学入門』（裳華房，共著）
『弱点克服 大学生の熱力学』（東京図書，共著）

ライブラリ レシピ de 演習［物理学］＝2

レシピ de 演習電磁気学

2024年4月10日© 　　初　版　発　行

著　者　轟 木 義 一　　　発行者　森 平 敏 孝
　　　　　　　　　　　　印刷者　大 道 成 則

発行所　　株式会社　サ イ エ ン ス 社

〒151-0051　東京都渋谷区千駄ヶ谷1丁目3番25号
営業　☎ (03)5474–8500（代）　振替 00170–7–2387
編集　☎ (03)5474–8600（代）
FAX　☎ (03)5474–8900

印刷・製本　（株）太洋社

ISBN978–4–7819–1588–3

PRINTED IN JAPAN

サイエンス社のホームページのご案内
https://www.saiensu.co.jp
ご意見・ご要望は
rikei@saiensu.co.jp　まで．